UNIX Shell

UNIX Shell

Abdelmadjid BERLAT
Jean-François BOUCHAUDY
Gilles GOUBET

Deuxième édition 2002
Troisième tirage 2007

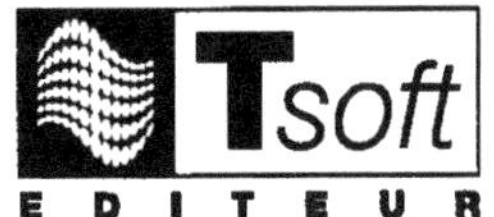

EYROLLES

ÉDITIONS EYROLLES
61, Bld Saint-Germain
75240 Paris Cedex 05
www.editions-eyrolles.com

Avant-propos

Le terme script fait parfois peur aux utilisateurs d'un système UNIX. Ils savent qu'un script est un programme écrit en shell et tous les utilisateurs ne sont pas nécessairement des programmeurs. Nous ne chercherons pas à vous convaincre des bienfaits de la programmation pour le corps et l'esprit, nous voulons simplement vous donner la connaissance d'un outil pour être paresseux et efficaces, nous voulons dire productifs !

Un script automatise une suite d'opérations et de contrôles, c'est une nouvelle commande : moins de saisies, moins d'erreurs.
Mais alors, n'est-il pas nécessaire d'avoir une expérience de la construction d'algorithmes pour écrire des scripts ?

Les scripts écrits en **shell** sont souvent construits selon des modèles que l'on peut facilement adapter à ses besoins spécifiques. L'ouvrage donne suffisamment d'exemples pour que les utilisateurs apprennent à contourner les pièges, connaître les astuces et construire leurs propres programmes.

La maîtrise des expressions régulières est également importante pour bien utiliser le filtre **sed** et le processeur de texte **awk**.

Nous sommes certains que vous allez écrire de très beaux scripts. Pensez à les commenter !
Il est vrai que cela empêchera, dans les siècles à venir, l'apparition de nouveaux "Champollion".

A vos marques, scriptez !

Table des matières

Préambule

Ce guide a pour objectif de former les utilisateurs du système UNIX à l'écriture de scripts écrits en shell. La connaissance préalable de la programmation n'est pas nécessaire, même si c'est un atout dans la progression.

Support de formation

Le guide de formation concerne tous les utilisateurs d'un système UNIX qui ont fréquemment à exécuter des suites répétitives de commandes, configurer l'environnement logiciel des utilisateurs et bien évidemment tous les informaticiens qui, de près ou de loin, ont à administrer des machines fonctionnant avec UNIX.

Il est valable pour tous les systèmes UNIX existants et bien évidemment pour Linux, sans restriction aucune. Le shell et les outils présentés sont présents dans toutes les familles de systèmes UNIX : sur stations de travail ou serveurs fabriqués par les grands acteurs du marché aussi bien que sur les systèmes que l'on trouve gratuitement sur un grand nombre de sites internet.

L'ouvrage comporte un grand nombre d'exercices. Le lecteur n'est pas obligé de traiter tous les exercices d'un module avant de passer au suivant. Il est possible de les réaliser ultérieurement après avoir effectué une première lecture.

La durée des ateliers est donnée à titre purement indicatif et dépend du nombre d'exercices que le lecteur souhaite réaliser et de son expérience en programmation.

Les thèmes abordés sont donc universels et peuvent être mis à profit dans des cursus proposés par certains éditeurs de systèmes UNIX et qui conduisent à des certifications.

Le support convient à des formations dont la durée peut être comprise entre trois et cinq jours.

Progression pédagogique

Introduction
Le rappel de commandes
Utilisation du shell en interactif
Les scripts shell

Les variables
Les instructions de contrôle

Les alias et les fonctions
L'arithmétique

Les expressions régulières
Les chaînes de caractères
La gestion de fichiers
La programmation multi-tâche
en shell
Quelques commandes utiles
Des commandes simples et
pratiques
Le filtre sed
Le processeur de texte awk
shell et l'administration UNIX
et Linux

Introduction

Le lecteur apprend à situer les différents shells existants et à connaître leurs fonctionnalités respectives.

Le rappel de commandes

Le lecteur apprend à rappeler une commande mémorisée dans l'historique.

Utilisation du shell en interactif

Le lecteur révise les principaux caractères spéciaux du shell et complète sa connaissance en apprenant à utiliser le remplacement de commandes, utile en mode interactif et, plus tard, en programmation.

Les scripts shell

Le lecteur apprend à écrire des scripts et étudie les différentes méthodes pour les exécuter.

Les variables

Le lecteur complète sa connaissance des variables et apprend tout ce qui est nécessaire pour les utiliser dans un script.

Les instructions de contrôle

Le lecteur apprend à contrôler l'exécution d'un script en y intégrant des instructions de test ou d'itération.

Les alias et les fonctions

Le lecteur apprend à construire des scripts modulaires qui contiennent des alias et des fonctions.

L'arithmétique

Bien que cela soit peu fréquent, le lecteur doit savoir réaliser des calculs dans un script. Il apprend dans ce module à effectuer des calculs simples ou complexes.

Les expressions régulières

Les expressions régulières sont la clé de l'utilisation des filtres élaborés. Le lecteur en complète sa connaissance dans ce module.

Les chaînes de caractères

La manipulation de chaînes de caractères est souvent indispensable dans un script. Le module donne les clés pour les traiter, en shell ou avec la commande **expr**.

La gestion de fichiers

Le module fournit le moyen de gérer des fichiers en shell de manière plus approfondie que celui déjà étudié dans les redirections de base.

La programmation multitâche en shell

Le module explique aux programmeurs qui en auraient besoin la façon de programmer des scripts en mode multi-tâche. Ce module peut être ignoré à un premier niveau de lecture, dans ses aspects les plus élaborés : groupe de processus, verrou et coprocessus.

Quelques commandes utiles

Le module présente des commandes du shell qui sont utiles dans certains cas particuliers de programmation de scripts.

Des commandes simples et pratiques

Le module présente des commandes peu complexes mais qui peuvent s'avérer très utiles pour améliorer le fonctionnement ou la lisibilité d'un script.

Le filtre sed

Le module présente les fonctionnalités indispensables du filtre sed. L'étude détaillée de ce chapitre est obligatoire.

Le processeur de texte awk

Le module présente les fonctionnalités de base et avancées du processeur de texte awk. Le lecteur peut se contenter, dans une première approche, d'étudier les caractéristiques essentielles de la commande **awk**.

Shell et l'administration UNIX et Linux

Le lecteur apprend quelques commandes qui peuvent être utiles pour l'écriture de scripts d'exploitation ou d'administration. Il réalise, s'il le souhaite, un grand nombre d'exercices de synthèse qui mettent en œuvre tout ce qui a été appris dans le manuel.

- *Rôle du shell*
- *Principes de fonctionnement*
- *Les différents shells : shell POSIX, Korn. shell, C shell, rsh, rksh*
- *Comparaison des fonctionnalités*

Introduction

Objectifs

Le système d'exploitation UNIX met plusieurs interpréteurs de commandes à la disposition des utilisateurs. Connaître leurs origines, leurs possibilités et les standards d'aujourd'hui est un préalable nécessaire à l'étude détaillée de leurs fonctionnalités.

Contenu

Le rôle de l'interpréteur de commandes.
L'historique des shells et la normalisation.
Le comparatif des shells.

Le rôle du shell

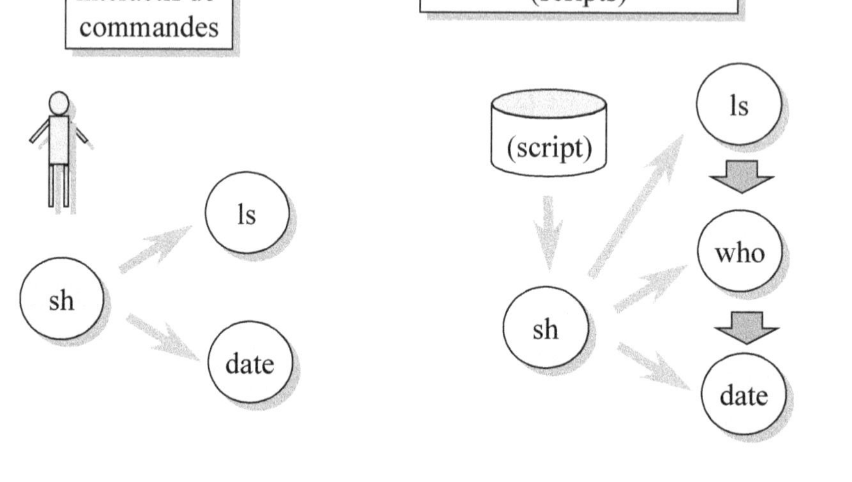

Introduction

Il existe deux catégories d'outils pour travailler avec le système UNIX.

- Les interfaces graphiques qui simplifient l'exécution des tâches courantes de l'utilisateur. L'interface CDE (« *Common Desktop Environment* ») est le standard actuel du monde UNIX. On note l'émergence des bureaux Gnome et KDE, très liés au monde Linux.

- Les shells qui permettent aux utilisateurs de saisir le texte des commandes à exécuter. Ce mode de travail est le seul accessible à partir d'un terminal de type texte. Il l'est également en mode graphique. Il devient rapidement incontournable pour les utilisateurs qui souhaitent exploiter au mieux les ressources du système UNIX et des logiciels applicatifs.

Le terme « shell » est générique. Il désigne les interpréteurs de commandes. Les shells sont indépendants des commandes externes, les fichiers exécutables du répertoire */usr/bin*. Ils en font eux-mêmes partie. La documentation des shells existe, comme pour toutes les commandes, dans la section 1 du Manuel de référence de l'utilisateur. Les fonctionnalités de base sont, en grande partie, communes à tous les interpréteurs shell. Les différences, essentiellement de syntaxe, sont beaucoup plus nombreuses dans les programmes, les « scripts », qui utilisent les commandes internes des shells (« *built in commands* »). Ces commandes internes peuvent être assimilées à ce que l'on appelle les instructions dans les langages de programmation informatique.

Nature d'une commande

Il peut être utile de connaître la nature d'une commande. C'est le rôle de la commande interne **type** qui nous indique s'il s'agit d'une commande interne du shell, d'un alias ou d'une commande externe. Sa syntaxe est triviale :

type commande

Exemples

```
$ type ls
ls is a tracked alias for /usr/bin/ls

$ type df
df is /usr/bin/df

$ type cd
cd is a shell builtin
```

Remarque

La commande **which**, disponible dans de nombreux systèmes UNIX, recherche la localisation des commandes externes dans les principaux répertoires *bin*. Elle reconnaît également les alias.

Ordre d'exécution d'une commande

Le premier mot de la ligne saisie par l'utilisateur est l'action à exécuter. Pour la réaliser, le shell recherche dans les différentes rubriques de composants exécutables dans l'ordre suivant :

1) Les alias.

2) Les fonctions.

3) Les commandes internes (cd, umask…).

4) Les commandes externes (binaires exécutables ou scripts).

Le manuel du shell

L'utilisateur qui souhaite retrouver, dans la documentation officielle, les informations présentées dans cet ouvrage doit exécuter la commande suivante :

```
$ man ksh          # pour le Korn shell

$ man sh           # pour le shell Bourne ou le shell POSIX
```

Les différents shells

- **sh**   Le shell POSIX
- **ksh**   Le Korn shell
- **sh**   Le shell Bourne (/usr/old/bin/sh)
- **csh**   Le C-shell
- **rksh**   Le Korn shell restreint
- **rsh**   Le shell restreint
- **bash**   Le shell de Linux
- **perl**   L'interpréteur du langage PERL

Introduction

Le shell Bourne, œuvre de Steve Bourne, est le plus ancien. Il a été créé pour le système UNIX développé au sein de la société AT&T. Anciennement défini par la commande **sh**, on le rencontre souvent aujourd'hui sous le nom de commande **bsh** ou /usr/old/bin/sh.

Le C-shell (**csh**), créé par Bill Joy pour les systèmes UNIX BSD de l'université de Berkeley, a introduit des nouveautés comme le rappel de commandes ou les alias de commandes. Il doit son nom à la très grande parenté entre sa syntaxe et celle du langage C. Il n'est pas compatible avec le shell Bourne.

Le Korn shell (**ksh**) est aussi une réalisation de la société AT&T. Il a été créé par David Korn. Il complète le shell Bourne avec de nouvelles fonctionnalités comprenant notamment les avantages du C-shell.

Le shell POSIX (**sh**) est dérivé du shell Bourne et intègre de nombreuses fonctionnalités du Korn shell. Normalisé par l'IEEE et l'ISO (normes IEEE 1003.2 et ISO 9945-2), il est devenu le standard des interpréteurs et assure ainsi la portabilité des applications écrites en langage shell.

Le shell restreint (**rsh**) est un shell Bourne où la commande **cd** est inopérante, les chemins absolus sont interdits dans les noms de commandes, les redirections avec > et >> sont interdites et la variable PATH n'est pas modifiable par l'utilisateur.

Le shell **bash** («*Bourne Again Shell*») est un shell libre de droit et téléchargeable sur Internet (ftp://prep.ai.mit.edu/pub/gnu). Il a été écrit par Brian Fox et Chet Ramey. Il est compatible avec le shell POSIX. C'est le shell par défaut du système Linux (*cf. Annexe D : Le shell bash*).

Il existe d'autres shells, parmi lesquels **tcsh** et **zsh**.

Le shell **tcsh** est une version améliorée du célèbre C-shell de l'université de Berkeley (*cf. Annexe E : C shell*). Il est fourni dans les distributions Linux et BSD. Le site de ce shell est http://www.tcsh.org.

Le shell **zsh** est un shell conçu principalement pour une utilisation interactive. On peut cependant l'utiliser pour exécuter des scripts. Il incorpore la plupart des caractéristiques des shells **bash**, **ksh** et **tcsh** en plus de caractéristiques qui lui sont propres (http://www.zsh.org).

Le shell des utilisateurs

L'administrateur (root) définit le shell des utilisateurs dans le fichier */etc/passwd*. Il leur est cependant possible de le changer durant une session de travail en exécutant la commande qui suit :

$ exec Nom_du_Shell

Cette commande doit être inscrite dans le fichier de démarrage du shell pour que la modification devienne permanente.

Remarque

Certains systèmes Unix, dont Linux, disposent de la commande **chsh** qui permet à l'utilisateur de changer son shell de connexion.

Une fois la connexion d'un utilisateur réalisée, le shell affiche un texte, l'invite (« *prompt* »), pour signifier qu'il attend la saisie d'une commande.

La valeur par défaut de l'invite est :
\$ pour le shell Bourne, le Korn shell et le shell POSIX
%   pour le C-shell
#   pour l'administrateur (root)

Un utilisateur peut personnaliser son invite (*cf. Module 5 : Les variables*).

Les shells sont de véritables langages de programmation. Ils permettent d'écrire des programmes pour simplifier l'emploi de commandes à la syntaxe parfois complexe ou définir des procédures qui facilitent l'exploitation du système. Dans le monde UNIX, les programmes écrits en shell s'appellent des scripts.

A chaque connexion d'un utilisateur, le shell qui lui est associé (*cf.* /etc/passwd) exécute automatiquement, s'il existe, un script de démarrage. Le script de démarrage doit se trouver dans le répertoire de connexion de l'utilisateur et son nom dépend du shell :
.profile   pour les shells Bourne, Korn et POSIX
.login   pour le C-shell
.bash_profile   pour le shell bash

La frappe du caractère ^D termine le shell de connexion et provoque la déconnexion du système. Cependant, le C-shell, le Korn shell et le shell POSIX permettent de désactiver cette fonction. La déconnexion se fait alors obligatoirement avec une commande :
exit   pour le Korn shell et le shell POSIX
logout   pour le C-shell (qui lance alors le script .logout)

En Korn shell et en shell POSIX, l'utilisateur peut modifier le fichier *.profile* afin que le shell de connexion exécute un script .logout lors de la déconnexion.

Les autres outils

En sus des shells que l'on considère comme standard, il faut noter l'existence d'autres outils :

perl (« *Pratical Extraction And Report Language* ») est un langage de programmation qui rassemble les fonctionnalités du shell, des principaux filtres du système UNIX et permet l'utilisation de quelques primitives du système. Ce logiciel du domaine public a été développé par Larry Wall. Le fait qu'il puisse accéder aux primitives UNIX le rend utile pour développer très rapidement des applications client/serveur.

python, moins connu que perl, est aussi un langage de programmation interprété. C'est un langage orienté objet dont la syntaxe est réputée élégante. Il offre un grand éventail de bibliothèques pour communiquer avec de nombreux outils et s'interface facilement avec tous les gestionnaires de fenêtres connus (X11, Windows…).

Les fonctionnalités des différents shells

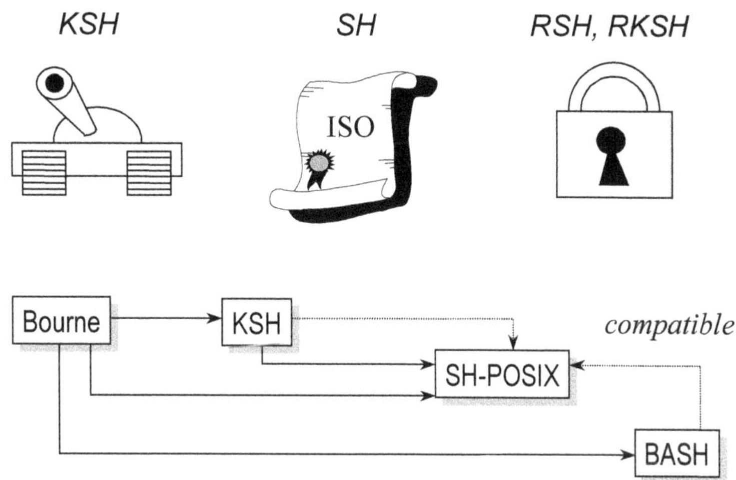

Introduction

Les fonctionnalités de base sont communes à tous les shells, même si la syntaxe diffère parfois. Il existe des possibilités complémentaires propres à certains shells. La liste qui suit en donne une vue assez complète.

Le rappel de commandes

Cette fonctionnalité, absente du shell Bourne, est complexe en C-shell. Elle est plus simple en Korn shell et en shell POSIX qui utilisent les éditeurs de texte **vi** ou **emacs** (*cf. Module 2 : Le rappel de commandes*). Elle est intuitive dans le shell bash où l'on utilise naturellement les touches de déplacement.

Les alias

Le shell Bourne ne permet pas de créer des alias. C'est possible dans tous les autres shells.

La génération de fin de noms de fichiers

Cette fonctionnalité existe en C-shell, en Korn shell, en shell POSIX et en shell bash.

Les variables tableaux

Cette fonctionnalité est absente du shell Bourne.

Les variables numériques et l'arithmétique du langage C

Cette fonctionnalité est absente du shell Bourne. Elle existe dans les autres shells. Elle est plus riche en Korn shell et en shell POSIX qu'en C-shell.

La gestion des chaînes de caractères

Le Korn shell et le shell POSIX disposent d'opérateurs de gestion de chaînes. Le Korn shell implémente en plus le concept d'expression générique, proche de celui d'expression régulière.

Les fonctions

Les fonctions sont des sous-programmes surtout définis et utilisés dans un script. Tous les interpréteurs en autorisent l'écriture. Il est possible, en Korn shell, de créer des bibliothèques de fonctions utilisables dans n'importe quel script.

Les coprocessus

Les coprocessus permettent l'exécution parallèle et l'échange dynamique de données entre un script et une commande. Les coprocessus existent en Korn shell.

La normalisation

Le shell POSIX est normalisé (normes ISO 9945-2 et IEEE 1003.2).

Atelier 1 : Introduction

Objectifs :

- **Connaître le rôle du shell.**

- **Connaître les caractéristiques des différents shells.**

Durée : 20 minutes.

Exercice n°1

Quels sont les noms des principaux shells d'un système UNIX ?

Exercice n°2

Quelles sont les invites («*prompts*») standard des shells UNIX ?

Exercice n°3

Quels sont les shells qui exécutent le script .profile lors de la connexion d'un utilisateur ?

Exercice n°4

Un utilisateur peut-il choisir son shell ?

Exercice n°5

Un script shell est-il portable entre plates-formes matérielles différentes ?

Exercice n°6

Par quels organismes le shell POSIX est-il normalisé ?

Exercice n° 7

La commande **exit** est-elle une commande interne du shell ou une commande externe ?

Exercice n° 8

Affichez la documentation de la commande interne **cd** du shell standard (sh).

Exercice n° 9

Quelles sont les shells installés sur votre système ?
Quelles sont les pages de manuels associées ?

2

Le rappel de commandes

Objectifs

Après l'étude du chapitre, le lecteur sait activer ou désactiver le mécanisme de rappel de commandes, rappeler et éditer une commande, définir le nombre maximum de commandes à mémoriser et choisir le fichier historique à utiliser.

Contenu

Le rappel des commandes en mode **vi**
Le rappel des commandes en mode **fc**
Le rappel des commandes en mode **emacs**
Le paramétrage du rappel de commandes
Atelier

Rappel de commandes, le mode vi

`<ESC>`	Passer en mode rappel de commande
`k,j`	Remonter ou descendre d'une commande
`h,l`	Déplacer le curseur à gauche ou à droite
`351G`	Rappel de la commande n°351
`/wh`	Rappel de la commande contenant la chaîne «wh»
`x`	Détruire le caractère courant
`a...<ESC>`	Ajout après le curseur
`i...<ESC>`	Ajout avant le curseur
`r`	Remplacer le caractère courant

Introduction

Le Korn shell et le shell POSIX sont capables de mémoriser, dans un fichier, les commandes saisies par les utilisateurs. Chacun d'entre eux possède son propre fichier historique, par défaut de nom ~/.sh_history, que le shell gère comme une file de type FIFO (« *First In First Out* ») contenant les 128 dernières lignes de commandes.

Basculement en édition de commandes

La frappe de la touche <ESC>, y compris pendant la saisie d'une commande, fait entrer en mode édition de commandes. Il suffit alors d'utiliser les commandes de l'éditeur **vi** pour éditer la commande en cours de saisie ou l'historique.

Remarque

L'édition d'une commande manque de convivialité et nécessite une bonne connaissance de l'éditeur de texte **vi**. A défaut, il est souvent plus rapide de saisir à nouveau le texte d'une commande, surtout si elle est courte.

La commande **history** affiche les seize dernières commandes précédées de leur numéro et il est possible d'en rappeler une en frappant son numéro suivi du caractère «G».

Les principales commandes à connaître de vi

La frappe de /<chaîne> rappelle la dernière commande contenant la <chaîne>. La commande **n** permet de passer à la suivante.

Le déplacement dans l'historique de commandes se fait avec les commandes de déplacement de l'éditeur **vi** :
k   remonte d'une commande
j   descend d'une commande
l   déplace le curseur d'un caractère vers la droite
h   déplace le curseur d'un caractère vers la gauche

Remarque

Il existe fort peu de cas où les flèches de déplacement soient opérantes, ce qui complique d'autant l'utilisation de l'éditeur.

La suppression d'un caractère se fait avec la commande **x**.

La commande **i** active le mode insertion, et la frappe de la touche <ESC> met fin à ce mode.

Avec la commande **A**, l'insertion de texte se fait en fin de ligne. Cette commande est particulièrement utile car l'erreur commise est souvent l'oubli de la saisie de la fin de la ligne de commandes.

Le remplacement d'un caractère se fait avec la commande **r**. La commande **R** active le mode remplacement, les caractères saisis remplacent le texte existant. On y met fin par la touche <ESC>.

La commande **u** (bien utile) annule la dernière commande d'édition.

Exemples

$ history   # affiche les seize dernières commandes

$ <ESC>150G   # rappelle la commande Numéro 150

$ <ESC> /wh   # rappelle la dernière commande contenant la chaîne wh

$ grep paule /etc/passwd
paule:x:502:1:paule Henry - PARIS:/home/pierre:/bin/ksh

$ <ESC>k <Entrée> # rappelle et exécute à nouveau la dernière commande
grep paule /etc/passwd
paule:x:502:1:paule Henry - PARIS:/home/paule:/bin/ksh

$ <ESC>klllllRcathy <CR> # remplace paule par cathy et exécute à nouveau la
                             commande
cathy:x:502:1:cathy Saunier - PARIS:/home/cathy:/bin/ksh

Rappel de commandes, le mode fc

■ **Afficher les dernières commandes avec leur numéro d'ordre**
```
$ fc  -l    # ou history
```

■ **Editer la dernière commande**
```
$ fc  -e  whp=who
$ r  whp=who
```

■ **Exécuter à nouveau la dernière commande**
```
$ r
```

■ **Editer un ensemble de commandes**
```
$ fc  382  400
```


Introduction

Ce mode, toujours actif, utilise par défaut les commandes de l'éditeur ligne **ed** ou de l'éditeur **vi** si on le définit grâce à la variable FCEDIT. On ajoute alors les lignes :

FCEDIT=/bin/vi
export FCEDIT

dans le fichier *.profile*.

La commande **fc** permet d'afficher l'historique et d'éditer une commande ou un ensemble de commandes.

La commande **r**, en fait un alias de la commande **fc –e**, permet d'éditer la dernière commande.

La syntaxe de la commande **fc** suffit à expliquer le peu d'usage que l'on fait, en réalité, de cette commande.

Exemples

Affiche les seize dernières commandes.

$ fc -l

Affiche les dix dernières commandes.

$ fc -ln -10

Affiche les commandes depuis 80 jusqu'à 102.

$ fc –l 80 102

Affiche un domaine délimité par deux commandes, ici **vi** et **cc**.

$ fc -lr vi cc

Edite la commande Numéro 220.

$ fc 220

Affiche le calendrier du mois de mai 1996.

$ cal 5 1996

Exécute à nouveau la dernière commande, ici cal 1996.

$ r

Remplace 1996 par 1997 dans la dernière commande.

$ fc -e 1996=1997

Remplace 5 (mai) par 12 (décembre).

$ r 5=12

Remplace paule par cathy dans la commande numéro 85.

$ fc -e - paule=cathy 85

Edite, avec l'éditeur **ed** par défaut, et exécute toutes les commandes en cas de sortie avec sauvegarde.

$ fc 100 200

Rappel de commandes, le mode emacs

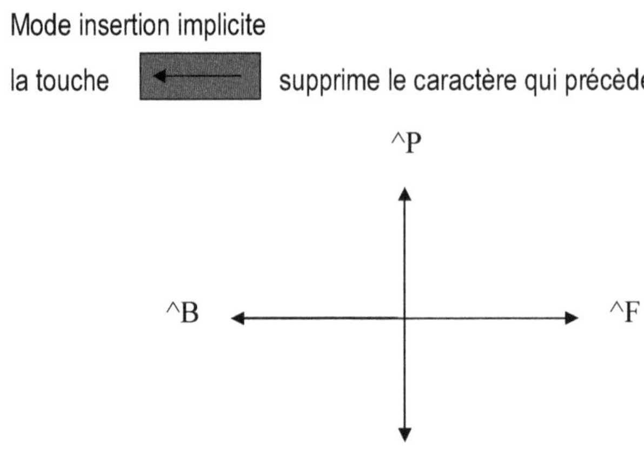

Introduction

L'éditeur de texte **emacs**, même s'il est moins utilisé que l'éditeur vi, est cependant très connu dans le monde UNIX. Notre propos n'est pas de présenter toutes les commandes d'édition de cet éditeur. Nous renvoyons pour cela le lecteur au manuel de référence (*cf. man ksh*).

Les commandes indispensables

Quand on est en mode emacs, il suffit, pour utiliser l'historique, de connaître les caractères de contrôle CTRL-P pour monter, CTRL-N pour descendre, CTRL-B pour aller à gauche et CTRL-F pour aller à droite.

La modification d'une ligne de commandes est aisée. La touche Retour arrière (« *backspace* ») efface le caractère qui précède. L'utilisateur se trouve naturellement en mode insertion pour ajouter du texte dans la ligne de commandes qu'il a rappelée.

Utilisation des flèches de déplacement

Pour utiliser les flèches de déplacement, il suffit de définir, dans le fichier *~/.kshrc*, les alias suivants :

```
alias __A= "^P"
alias __B= "^N"
alias __C= "^F"
alias __D= "^B"
```

Remarques

- Dans vi, il faut exécuter la séquence CTRL-V CTRL-P pour insérer ^P dans le texte.

- Pour visualiser le fichier .kshrc, nous conseillons d'utiliser la commande **view** .kshrc pour ne pas basculer la session en mode semi-graphique.

Paramétrage du rappel de commandes

- **Utiliser le mode vi**
  ```
  $ set -o  vi
  ```

- **Utiliser le mode emacs**
  ```
  $ set -o  emacs
  ```

- **Choisir le nom du fichier historique**
  ```
  $ HISTFILE=~/.histo
  (par défaut ~/.sh_history)
  ```

- **Choisir la taille du fichier**
  ```
  $ HISTSIZE=300
  (par défaut 128)
  ```


Introduction

Le paramétrage du rappel de commandes est réalisé à partir du fichier **/etc/profile**, commun à tous les utilisateurs mais modifiable exclusivement par l'administrateur, et le fichier **.profile**, situé dans le répertoire de connexion de l'utilisateur et modifiable par l'utilisateur.

Les variables

La configuration du rappel de commandes se fait alors en initialisant des variables d'environnement ou en activant des drapeaux du shell (*cf. Module 3 : L'utilisation du shell en interactif*) dans les fichiers de démarrage ou directement sur la ligne de commandes.

Variable	Fonction	Valeur par défaut
HISTFILE	Définit le nom du fichier de l'historique des commandes.	.sh_history, dans le répertoire de connexion de l'utilisateur
HISTSIZE	Définit le nombre maximum de commandes à mémoriser.	128
EDITOR	Définit l'éditeur de commandes **vi** (mode vi) ou **emacs** (mode emacs).	A définir
VISUAL	Définit l'éditeur de commandes **vi** (mode vi) ou **emacs** (mode emacs).	A définir
FCEDIT	L'éditeur pour le mode fc.	/bin/ed

Exemples

```
$ HISTFILE=$HOME/.histo      # le nom du fichier historique à utiliser
$ HISTSIZE=300               # le nombre maximum de commandes à mémoriser
$ set -o vi                  # active le mode vi à l'aide du drapeau vi
$ set -o emacs               # active le mode emacs à l'aide du drapeau emacs
$ EDITOR=/usr/bin/vi         # active le mode vi à l'aide de la variable EDITOR
$ FCEDIT=/usr/bin/ed         # définit l'éditeur ed pour le mode fcedit
$ set +o vi                  # désactive le mode vi
$ set +o emacs               # désactive le mode emacs
```

Atelier 2 : Le rappel de commandes

Objectifs :

- **Savoir rappeler et éditer une commande.**

- **Savoir paramétrer le rappel de commandes.**

Durée : 10 minutes.

Exercice n°1

Rappelez et exécutez une de vos seize dernières commandes.

Exercice n°2

Rappelez et exécutez la dernière commande contenant la chaîne «hi».

Exercice n°3

Exécutez la commande **ls** sans aucun argument, rappelez-la et exécutez-la à nouveau avec les options bap.

Exercice n°4

Rappelez la commande précédente et exécutez-la en remplaçant les options bap par les options li.

Exercice n°5

Exécutez la commande suivante :
$ who | grep pierre
En utilisant le mode fc, exécutez à nouveau cette commande en remplaçant pierre par paul.

- *Les jokers, ?,*, []*
- *Les caractères d'échappement*
- *Les redirections et les tubes*
- *Le remplacement de commandes*
- *Les caractères spéciaux*

3

Utilisation du shell en interactif

Objectifs

Après l'étude du chapitre le lecteur sait exploiter ou neutraliser les mécanismes de substitution du shell, lire ou écrire des fichiers à l'aide des redirections, et créer de nouvelles commandes en connectant les commandes de base avec des tubes.

Contenu

Les jokers
Les caractères d'échappement
La redirection de la sortie standard
La redirection de l'entrée standard
La redirection des erreurs et les descripteurs de fichiers
Les tubes de communication
Le remplacement de commandes
Atelier

Les jokers

```
$ ls
chap1 chap2 chap23 chap43

$ echo *
chap1 chap2 chap23 chap43

$ echo chap2*
chap2 chap23

$ echo chap?3
chap23 chap43

$ echo chap[1234] # ou echo chap[1-4]
chap1 chap2
```

```
*

?

[...]
```


Introduction

Quand un utilisateur veut exécuter une seule commande sur plusieurs fichiers dont les noms sont apparentés ou qu'il ne connaît pas les noms complets des fichiers, il peut insérer des jokers aux endroits adéquats. Le shell remplace ces jokers par tous les noms de fichiers qui correspondent au modèle.

Les jokers

Les jokers sont interprétés et génèrent des noms de fichiers pour les chemins d'accès mentionnés dans la commande.

Le caractère * remplace une suite quelconque, y compris vide, de caractères.

Le caractère ? remplace un caractère quelconque et un seul.

Le couple [] permet de spécifier explicitement une suite de caractères.

- [aep] représente le caractère a ou e ou p.

- [a-p] représente le caractère a ou b ou c ou d … ou p (un caractère de l'intervalle).

- [!aep] représente un caractère autre que a ou e ou p (à l'exclusion des caractères a,e,p).

- [!a-p] représente un caractère non compris dans l'intervalle a,p.

Remarques

- Le nombre de jokers que l'on peut utiliser n'est pas limité.

- Quand le shell ne trouve pas de fichiers qui correspondent au modèle, les jokers ne sont pas remplacés.

- Il est théoriquement possible de mettre des jokers dans des noms de fichier. On le fait souvent involontairement et c'est ensuite difficile à gérer (*cf. Les caractères d'échappement*).

- Le joker *, quand il est seul, désigne tous les fichiers du répertoire excepté les fichiers qui commencent par le caractère « . ». Pour que ces fichiers soient pris en compte on utilise l'expression « .[!.]* » qui désigne les fichiers dont le nom commence par un point, comporte au moins deux caractères et où le deuxième caractère n'est pas un point. Cette expression, plus complexe que « .* », exclut par prudence les répertoires « . » et « .. ».

Exemples

```
$ ls -C
auto          exercices          f1          f2          f3
fichier.txt   lisezmoi.txt       p1          r1          s1

$ echo *
auto exercices f1 f2 f3 fichier.txt lisezmoi.txt p1 r1 s1

$ echo  f*
f1 f2 f3 fichier.txt

$ echo f?
f1 f2 f3

$ echo [aep]*
auto exercices  p1

$ echo [!aep]*
f1 f2 f3 fichier.txt lisezmoi.txt  r1 s1

$ echo f[0-9]
f1 f2   f3

$ echo f[!0-9]*
fichier.txt

$ echo *.dat           # les jokers ne sont pas remplacés
*.dat                  # car aucun nom de fichier ne correspond au modèle
```

Les caractères d'échappement

```
$ echo \*  \~  \$  \\
*  ~  $  \

$ echo '* ~ $ \'
*  ~  $  \

$ echo "~ * '"
~  *  '

$ echo "`echo` un \" $PS2"
un  "  >
```

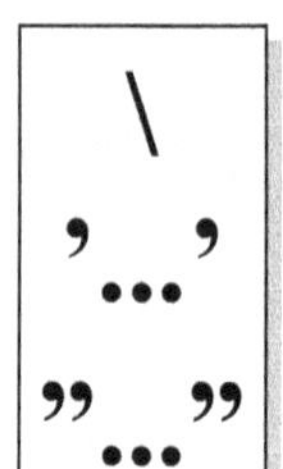

Introduction

Les méta caractères ou caractères spéciaux permettent aux utilisateurs d'agir sur le comportement du shell quand il analyse une ligne de commandes. Chacun d'eux a une fonction particulière, tels les jokers qui génèrent des noms de fichiers. L'interprétation des caractères spéciaux par le shell a pour conséquence de modifier la ligne de commande de l'utilisateur et donc d'influer sur le résultat de l'exécution de la commande. Il faut alors contrôler ces mécanismes de substitution en les autorisant ou en les interdisant.

Les caractères d'échappement

Pour que les caractères spéciaux ne soient pas interprétés par le shell, il faut les protéger. Il existe trois mécanismes qui le permettent :

- Le caractère «\» protège le caractère qui le suit immédiatement.

- Tous les caractères encadrés par «'» sont protégés, sauf le caractère «'» lui-même, qui sert de délimiteur.

- Tous les caractères encadrés par «"» sont protégés, sauf les caractères «$», «\» et «`» qui conservent leur signification pour le shell ainsi que le caractère «"» qui sert de délimiteur.

Remarques

- L'encadrement des arguments des commandes par des caractères de protection «"» ou «'» devient quasi automatique pour celles qui utilisent les mêmes méta-caractères que le shell (**find**, **grep**, **expr**, **sed**, …).

- La protection des caractères spéciaux est parfois réalisée à deux niveaux : à celui du shell et à nouveau à l'intérieur du texte protégé, pour la commande cette fois.
  $ grep "a*" fichier   # recherche de la chaîne a*

Exemples

```
$ echo \\
\

$ echo bon\
> jour
bonjour

$ ls -C
exercices          f1          f2          f3
fichier.dat   lisezmoi.txt          p1          r1          s1

$ echo le caractère * est un joker
le caractère exercices  f1 f2 f3 fichier.dat lisezmoi.txt p1 r1 s1 est un joker

$ echo le caractère \* est un joker
echo le caractère * est un joker

$ echo  "Pressez la touche <Entrée> pour continuer "
Pressez la touche <Entrée> pour continuer

$ echo 'Le  prompt  primaire est le caractère $, le prompt secondaire est le caractère  >'
Le  prompt  primaire est le caractère $, le prompt secondaire est le caractère  >

$ echo "'"
'

$ echo ""
"
```

Les redirections (>,>>)

```
$ date > un_fichier
$ more un_fichier
Sat Dec 6 11:11:41 GMT-0100 1997

$ who am i > un_fichier
$ more un_fichier
pierre tty02  Dec 6 10:50

$ date >> un_fichier
$ more un_fichier
pierre tty02 Dec 6 10:50
Sat Dec 6 11:12:50 GMT-0100 1997
```

```
>
>>
<
2>
|
```


Introduction

La redirection de la sortie standard consiste à envoyer les lignes de texte produites par une commande dans un fichier au lieu de l'écran. Ce mécanisme, sûrement déjà connu du lecteur, est utile pour enregistrer les résultats d'une commande dans un fichier.

Le caractère « > » redirige la sortie standard (« *STDOUT* ») d'une commande vers un fichier qui est créé par le shell, ce qui va entraîner son écrasement s'il existe. Toutefois, le drapeau **noclobber** du shell permet de protéger les fichiers contre cet écrasement.

Le caractère « >> » est une autre forme de redirection de la sortie standard d'une commande vers un fichier. Ce dernier est ouvert en ajout par le shell. Les lignes de résultats sont ajoutées au contenu initial du fichier. Le fichier est créé s'il n'existe pas.

Exemples

$ who am i > fsortie

$ cat fsortie
pierre   tty03   dec 19 09:30

$ date '+Heure : %T' > fsortie

$ cat fsortie
Heure : 12:15:25

$ echo "Liste des utilisateurs connectés" >> fsortie

$ who >> fsortie
$ cat fsortie
Heure : 12:15:25
Liste des utilisateurs connectés
root   tty01   déc 19 09:30

Les redirections (<)

```
$ write pierre
write permet de communiquer avec un autre
utilisateur en copiant les lignes de
l'entrée standard sur le terminal du
correspondant, si ce dernier l'a autorisé
grâce à la commande mesg -y
Ctrl-D

$  cat  > message
Bonjour
Comment vas-tu pierre ?
Ctrl-D

$ write pierre < message
```


Introduction

La redirection de l'entrée standard (« *STDIN* ») consiste à indiquer à une commande interactive qu'elle doit lire ses données depuis un fichier et non pas au clavier, l'entrée standard par défaut.

Ce mécanisme permet à une commande interactive de lire des données préalablement enregistrées dans un fichier, supprimant ainsi la saisie au clavier. Cette fonctionnalité est très utile pour automatiser l'exécution de commandes interactives.

Le caractère «<» redirige l'entrée standard d'une commande depuis un fichier.

Exemples

```
$ mail cathy          # le message doit être saisi au clavier
Subject : Voeux
Bonnes fêtes de fin d'année à tous
et à l'année prochaine
^D

$ cat > voeux          # le message est enregistré dans le fichier voeux
Bonnes fêtes de fin d'année à tous
et à l'année prochaine
^D

$ mail cathy < voeux    # l'entrée de la commande mail est redirigée ver le fichier
                                voeux

$ mail pierre < voeux

$
```

Les redirections (2>)

```
$ ls -l /etc/group  XXX
ls: XXX: No such file or directory
-rw-r--r-- 1 root root 288 Mar 22 1997 /etc/group

$ ls -l /etc/group XXX 2> erreur
-rw-r--r-- 1 root root 288 Mar 22 1997 /etc/group
$ more erreur
ls: XXX: No such file or directory

$ ls -l /etc/group XXX > sortie 2>&1
$ more sortie
ls: XXX: No such file or directory
-rw-r--r-- 1 root root 288 Mar 22 1997 /etc/group
```


Introduction

La redirection des messages d'erreur (« *STDERR* ») générés par les commandes UNIX consiste, comme la redirection de la sortie standard, à les écrire dans un fichier au lieu de les afficher sur l'écran.

Ce mécanisme permet d'enregistrer les messages d'erreur dans un fichier pour une exploitation ultérieure ou, simplement, de les ignorer en éliminant leur affichage. Ainsi, la commande **find** peut générer tellement d'erreurs que ses résultats, souvent noyés dans le flot des messages d'erreur, deviennent très difficiles à lire sur l'écran.

Le système UNIX attribue un numéro de descripteur à chaque fichier lors de son ouverture. L'entrée standard a le numéro 0, la sortie standard le numéro 1 et le fichier des erreurs le numéro 2. Les redirections en entrée «<» et en sortie «>» correspondent respectivement et par défaut, à «0<» et «1>». Le numéro de descripteur du fichier des erreurs doit être explicitement mentionné : «2>».

Remarque

Le Korn shell permet d'ouvrir des fichiers supplémentaires avec de nouveaux descripteurs (3, 4, ...) pour y lire ou écrire des données en utilisant leurs descripteurs (*cf. Module 11 : La gestion de fichiers*).

Syntaxe de la redirection avec les descripteurs

Quand le fichier que l'on veut rediriger n'est pas la sortie standard mais un autre fichier ouvert par le shell, il faut explicitement mentionner son descripteur :

descripteur>   # pas d'espace entre le descripteur et le caractère «>»
descripteur>>   # pas d'espace entre le descripteur et les caractères «>>»

Cette possibilité est surtout utilisée pour rediriger l'erreur standard de descripteur 2, car il est rare que l'on soit amené à ouvrir des fichiers supplémentaires en shell (*cf. Module 11 : La gestion de fichiers*).

Quand le fichier dans lequel on redirige a déjà été nommé sur la ligne de commandes, on ne peut le désigner qu'en utilisant son descripteur :

```
>&descripteur
>>&descripteur
```

Fusion de la sortie et de l'erreur standard

La syntaxe shell expliquée dans le paragraphe précédent est essentiellement utilisée pour fusionner la sortie standard et l'erreur standard dans un même fichier. La ligne de commandes a alors la forme suivante :

```
$ commande …   > fichier  2>&1
```

Ignorer les erreurs

Le fichier spécial */dev/null* absorbe toutes les données qu'une commande lui fournit en redirection, ce fichier est comparable à une poubelle sans fond ; rien n'y est enregistré car ce n'est pas un fichier de stockage. On l'utilise principalement pour ignorer les erreurs et parfois, dans un script, les résultats d'une commande. La ligne de commandes a alors la forme suivante :

```
$ commande  2> /dev/null
```

```
$ commande  > /dev/null
```

Exemples

```
$ ls -l /etc/passwd /etc/password
ls: /etc/password not found: No such file or directory (error 2)
-rw-rw-r--  1 bin     auth       1336 nov 16 17:57 /etc/passwd

$ ls -l /etc/passwd /etc/password 2> /dev/null
-rw-rw-r--  1 bin     auth       1336 nov 16 17:57 /etc/passwd

$ ls -l /etc/passwd /etc/password 2> fic.err
-rw-rw-r--  1 bin     auth       1336 nov 16 17:57 /etc/passwd

$ cat fic.err
ls: /etc/password not found: No such file or directory (error 2)

$ ls -l /etc/passwd /etc/password > fic.tout 2> &1      # mixe sortie et erreur

$ cat fic.tout
ls: /etc/password not found: No such file or directory (error 2)
-rw-rw-r--  1 bin     auth       1336 nov 16 17:57 /etc/passwd

$ echo Erreur grave  1>&2     # Le message est redirigé sur l'erreur standard
```

Les redirections, les tubes (|)

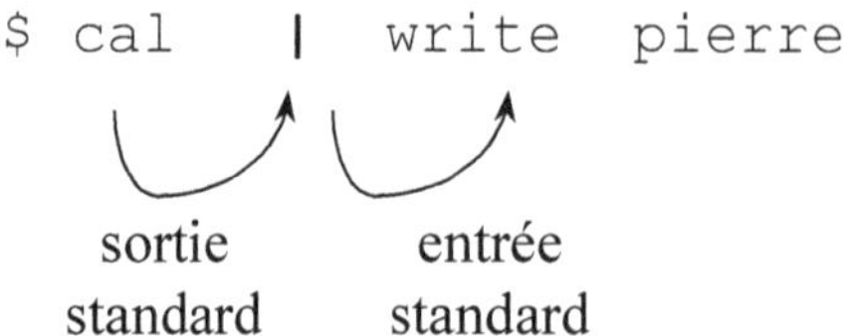

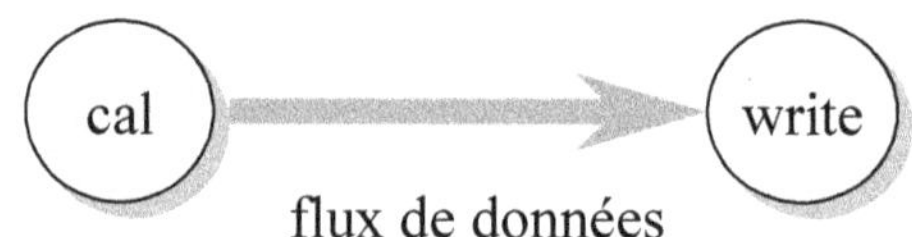

Introduction

Un tube (« *pipe* ») est un moyen de communication entre deux commandes. La première écrit des données dans le tube, sa sortie standard, et la deuxième lit ces données depuis le tube, son entrée standard.

Le caractère «|» permet de connecter deux commandes avec un tube.

$ commande | commande

Ce mécanisme permet de connecter plusieurs commandes, chacune produit les résultats qui constituent les données de la suivante et ainsi de suite, jusqu'à obtenir le résultat final. On crée ainsi des macro-commandes à partir des commandes de base.

$ commande | commande | commande

Le nombre de commandes de la chaîne est limité par le nombre maximum de processus qu'un utilisateur peut exécuter en parallèle.

Dans l'échange de données entre commandes, le tube est une alternative avantageuse par rapport aux redirections. L'exécution des commandes se fait en parallèle.

Exemples

```
$ ls | wc -w         # affiche le nombre de fichiers du répertoire courant
    24

$ ps -e | wc -l      # nombre de processus actifs dans le système
    35

$ who | grep cathy   # cathy est-elle connectée ?
cathy    tty04    déc 19 09:35

$ cat capitales
Paris
Lille
```

Lyon
Marseille

$ cat capitales | grep 'L'
Lille
Lyon

$ ls –lR /etc | pr | lp   # Impression du résultat de la commande **ls** après mise en page

Rappel de l'utilisation de la commande tee

La sortie standard d'une commande ne peut être dirigée que dans une seule direction,
un fichier ou un tube, mais pas deux fichiers ni dans un tube et un fichier.
La commande **tee** y remédie. Les données qui arrivent sur son entrée standard sont
écrites sur la sortie standard et dans un fichier fourni en argument.

tee [-a] fichier

La commande **tee** reproduit le comportement de la redirection en mode création « > ».
Pour qu'elle adopte le comportement de la redirection en mode ajout « >> », il faut
préciser l'option « -a ».

Exemples d'utilisation de tee

Envoi des résultats dans un fichier et dans le tube

$ ls –l | tee listefic | more

Envoi des résultats d'une commande dans un fichier et sur l'écran

$ ls –l | tee listefic

Envoi des résultats d'une commande dans deux fichiers

$ ls –l | tee liste1 > liste2

Les redirections (>|) ksh

```
$ set +o noclobber # par défaut
$ date > un_fichier
$ who am i > un_fichier
$ more un_fichier
pierre tty02 Dec 6 10:50

$ set -o noclobber
$ cal > un_fichier
ksh: cannot create un_fichier: file exists

$ cal >| un_fichier
$
```


Introduction

En Korn shell, le drapeau noclobber autorise ou interdit l'écrasement de fichiers par la redirection de la sortie standard avec le caractère «>».

Dans le cas où le drapeau noclobber est levé, l'écrasement de fichiers est interdit. Il faut utiliser les caractères de redirection «>|» pour forcer l'écrasement d'un fichier.

Interdire l'écrasement de fichiers :

set -o noclobber

Autoriser l'écrasement de fichiers :

set +o noclobber

Exemples

```
$ who am i > fsortie
$ cat fsortie
pierre    tty03      déc 19 09:30
$ set -o noclobber    # Interdit l'écrasement en redirection avec le caractère «>»
$ date '+Heure : %T' > fsortie        # %T affiche l'heure
sh : File already exists
$ date '+Heure : %T' >| fsortie        # force l'écrasement d'un fichier existant
$ cat fsortie
11:50:35
$ set +o noclobber                     # autorise l'écrasement à nouveau
$ who am i > fsortie
$ cat fsortie
pierre    tty03      déc 19 09:30
```

Le remplacement de commandes

```
$ echo la date
la date

$ echo  "date = `date`"
date = Sat 6 11:52:40 GMT-0100 1997

$ echo  "date = $(date)"
date = Sat 6 11:53:10 GMT-0100 1997
```


Introduction

Le remplacement de commandes consiste à remplacer, dans la ligne de commandes, le texte de la commande par les résultats qu'elle a produits sur sa sortie standard.

Ce mécanisme permet d'utiliser les sorties d'une commande comme argument d'une autre commande. Le shell est capable de substituer plusieurs commandes connectées par un tube.

La maîtrise de l'utilisation du remplacement de commandes devient une nécessité pour l'écriture des scripts.

Syntaxe

Le remplacement de commandes existe sous deux formes :

La syntaxe du shell Bourne

`commande`

La syntaxe du Korn shell

$(commande)

La syntaxe du shell Bourne reste valide en Korn shell.

Celle introduite par le Korn shell a l'avantage de faire explicitement ressortir le parallèle qui existe entre le remplacement de variables et le remplacement de commandes. Dans les deux cas, le shell remplace l'expression $<expression> par autre chose : le contenu d'une variable ou la sortie standard d'une commande.

Nous rappelons que la commande **xargs** est aussi un autre moyen pour générer les arguments d'une commande (*cf. Module 14 : La commande **xargs***).

Imbrication de remplacement de commandes

Un remplacement de commandes peut en contenir un autre. On obtient quelque chose de la forme :

```
$ commande  $(commande $(commande))   # commande `commande \`commande\``
```

Exemples

```
$ cd ~cathy

$ echo  "`pwd` est le répertoire courant"
/home/cathy est le répertoire courant

$ echo  "$(pwd) est le répertoire courant"
/home/cathy est le répertoire courant

$ cat > liste
pierre
cathy
^D

$ mail `cat liste`      # courrier pour pierre et cathy
message pour pierre et cathy
…
^D

$ echo  "Nombre de fichier du répertoire : \c`ls | wc -w`"
Nombre de fichier du répertoire :     24

$ echo  "Utilisateurs connectés\n `who | cut -d ' ' -f1`"
Utilisateurs connectés
root
pierre
cathy$ echo $(finger $(logname) ) # remplacements imbriqués
Login: jf Name: JF B Directory: /home/jf Shell: /bin/bash On since Fri May 10 10
:59 (CEST) on pts/0 from pikachu.pokemon New mail received Thu May 9 20:15
2002
(CEST) Unread since Thu May 9 20:15 2002 (CEST) No Plan.

ou

$ echo `finger \`logname\` `
```

Panorama des caractères spéciaux

- **Jokers.**
  *, ?, [...]

- **Echappement (protection)**
  \\, '...' ,"... "

- **Redirection**
  <, >, 2>, >>, <<, |

- **Groupement de commandes**
  ;, &, , (...), {...}

- **Divers**
  #, $, `...` , ~, espace, tabulation, saut de ligne

Les caractères spéciaux

L'utilisateur doit obligatoirement avoir la connaissance de la liste complète des caractères spéciaux du shell, même s'il n'en a pas l'usage, car il doit penser à les protéger quand il les emploie hors de leur contexte (en argument de la commande **echo).**

Les caractères spéciaux de groupement de commandes sont traités dans le module 12.

Atelier 3 : Utilisation du shell en interactif

Objectifs :

- **Connaître les caractères spéciaux du shell.**

- **Savoir utiliser les redirections, les tubes, et le remplacement de commandes.**

Durée : 15 minutes.

Exercice n°1

Affichez la liste des fichiers du répertoire /usr/bin dont le nom est composé d'au moins trois caractères, le premier parmi les lettres a, s et t, le troisième compris entre a et f.

Exercice n°2

Affichez de trois façons différentes le message suivant :
Les caractères " et ' sont des délimiteurs de chaînes de caractères.

Exercice n°3

En utilisant les redirections, créez un fichier de nom mon_an.naiss contenant le texte :
Le calendrier de mon année de naissance.

Exercice n°4

Ajoutez au fichier mon_an.naiss le calendrier de votre année de naissance.

Exercice n°5

Envoyez le contenu du fichier mon_an.naiss dans votre boîte aux lettres.

Exercice n°6

Réalisez la même opération que dans l'exercice précédent, avec une autre syntaxe.

Exercice n°7

Soit la commande suivante :

ls -l XXX /etc/

Redirigez la sortie standard et l'erreur standard de cette commande en entrée de la commande **more**. On utilise donc la syntaxe « | more ».

Exercice n°8

Recherchez les fichiers de l'arborescence /etc/ qui commencent par la lettre « p ».

Exercice n°9

Dans l'arborescence des utilisateurs (*/home* par exemple), affichez les noms de tous les fichiers dont vous êtes propriétaire, en éliminant l'affichage d'éventuels messages d'erreur.

4

- *L'exécution d'un script, sh prg, prg, ~/prg, ./prg*
- *Les commentaires, #, :, # !.*
- *set −x, set +x*
- *Les options du shell, set +opt, set −opt*
- *echo, print*

Les scripts shell

Objectifs

Après l'étude du chapitre, le lecteur sait écrire et exécuter un script élémentaire, tracer l'exécution d'un script et utiliser les principales options du shell.

Contenu

Les scripts shell
Le commentaire et le caractère spécial #
Les modes d'exécution d'un script
La mise au point du shell
Les options du shell
La commande **echo**
La commande **print**
Atelier

Le principe des scripts

A réaliser   **$ cat lescript**

1) signaler le démarrage   echo Début de la copie
1) sauver les fichiers   tar cv *.data
2) détruire les temporaires   rm *.tmp
3) avertir que la sauvegarde   echo copie terminée
   est terminée

Son exécution   **$ sh lescript**

Introduction

Le terme script désigne un fichier texte qui contient des commandes exécutables par le shell. Ces commandes sont des commandes externes du système UNIX, des commandes internes du shell et des commentaires.

Quand on lance l'exécution d'un script, le shell lit et exécute séquentiellement les lignes du fichier. Celui-ci joue, pour le shell qui l'exécute, le même rôle que l'entrée standard pour un shell interactif. Les règles qui régissent l'interprétation des lignes de commandes d'un script sont analogues à celles déjà étudiées pour un shell interactif et, en particulier, le shell de connexion.

Si le shell détecte une erreur dans une ligne, il affiche le numéro de ligne de la commande qui a provoqué l'erreur et poursuit l'exécution sauf si le script contrôle les codes de retour des commandes exécutées.

Un script est un fichier qui contient le texte d'un programme (source), ce n'est pas un binaire. Il est interprété par le shell, ce qui permet d'écrire des procédures portables.

Avec les scripts shell, il est possible de faciliter l'administration et l'exploitation d'un système UNIX, en évitant des erreurs de frappe ou des saisies répétitives.

L'environnement d'un utilisateur (type de terminal, choix du prompt, définition de touches d'effacement de caractères, ...) est construit à partir de deux scripts, le script **/etc/profile** commun à tous les utilisateurs et le script **~/.profile**, qui se trouve dans le répertoire de connexion de l'utilisateur et qui est spécifique à ce dernier.
Un utilisateur peut modifier son fichier *.profile* afin de personnaliser sa session.

Le script présenté automatise la sauvegarde des fichiers de données d'une application et supprime les fichiers temporaires inutiles.

Remarque

Il est important de prévenir l'utilisateur du script du déroulement des opérations grâce à la commande **echo**. Ce dernier n'en connaît pas forcément le contenu et ne sait peut-être même pas programmer en shell.

Les commentaires

```
$ more  lescript
#!/bin/sh
# Ce script sera exécuté par la commande
#    /bin/sh

# Un commentaire se termine en fin de ligne

# @(#) Commentaire SCCS, affiché par la
# @(#) commande what

date      # Affiche la date et l'heure

:  pseudo commentaire, toujours vrai
```


Introduction

Dans une ligne de commande, le caractère «#» indique le début d'un commentaire qui se poursuit jusqu'à la fin de la ligne. L'emploi des commentaires est indispensable dans les scripts dont la lecture devient sinon rapidement ésotérique, même pour la personne qui les a écrits. Ils en facilitent la lecture et la maintenance.

Choix du shell qui exécute le script

Un script est exécuté par une instance du même shell que le shell courant. Cependant, le pseudo commentaire «#!», placé en début de script, permet de désigner explicitement le shell qui doit exécuter le script. Cela permet d'écrire des procédures qui peuvent être exécutées par n'importe quel utilisateur, indépendamment de son shell de connexion.

Le caractère «:» est principalement utilisé comme condition d'une boucle infinie, puisque ce pseudo commentaire signifie toujours vrai (*cf. Module 6 : Les structures de contrôle*).

Les commentaires « # @ (#) » sont extraits par la commande **what** (*cf. Module 14 : Des commandes simples et pratiques*).

Remarque

Le C-shell décide du shell qui doit exécuter le script en fonction de la première ligne du script. Si c'est un commentaire introduit par le caractère « # », il en confie l'exécution à un C-shell et à un shell Bourne sinon.

La commande script

La commande **script** enregistre tous les textes produits sur la sortie standard, y compris le prompt et la ligne de commandes, dans un fichier dont le nom par défaut est *typescript*. L'utilisateur termine la commande **script** en exécutant la commande

exit. L'exécution de la commande **script** remplace l'ancien fichier *typescript*, à moins que l'on indique l'option « -a » pour être en mode ajout.

Exemples

```
$ cat >jour

#!/bin/ksh    # ce script sera exécuté par le Korn shell
# Ce script met en œuvre quelques options de la commande date
ps -f          # affiche la liste des processus
date '+%A'   # le nom complet du jour de la semaine
date '+%d'   # le numéro du jour du mois (entre 1 et 31)
^D
```

Nous supposons que le script est exécutable (*cf. Exécution d'un script*). Dans les exemples qui suivent, les lignes qui sont en italique indiquent le shell qui exécute le script.

Le shell courant est un Korn shell.

```
$ jour
  UID  PID  PPID  C   STIME TTY     TIME CMD
  root   323   322  0 16:27:46 console  0:00 ps –f
  root   287     1  0 16:24:43 console  0:00 –ksh
  root   322   287  0 16:27:46 console  0:00 ksh sc
Lundi
1
```

Le shell courant est un shell Bourne

```
$ jour
  UID  PID  PPID  C   STIME TTY      TIME CMD
  root   333   332  0 16:29:07 console  0:00 ps –f
  root   287     1  0 16:24:43 console  0:00 sh
  root   332   287  0 16:29:07 console  0:00 /bin/ksh ./sc
Lundi
1
```

```
$ script       # fichier de sortie typescript, en mode création.
Script is started, file is typescript
$ ls
…
$ who
$ exit
Script done, file is typescript
```

```
$ script –a session.log       # fichier de sortie session.log, en mode ajout.
Script is started, file is session.log
$ ls
…
$ who
$ exit
Script done, file is session.log
```

Exécution d'un script

Exécution d'un script grâce à la commande sh

```
$ /bin/sh   lescript
$ sh  < lescript
```

Création d'une nouvelle commande

```
$ chmod u+x  lescript
$ lescript # la variable PATH doit
           # être correctement définie
$ ./lescript
```

Exécution d'un script par le shell courant

```
$ .  lescript
```


Introduction

Un script est toujours interprété et exécuté par un shell.

Il existe quatre manières d'exécuter un script :

1. Dans cette première forme, il suffit de lancer un shell et de lui fournir le nom du script en argument. L'attribut de lecture (droit r) est nécessaire et suffisant pour exécuter le fichier script. Ce mode d'exécution permet aussi de choisir explicitement le shell qui doit exécuter le script.

   $ shell lescript

2. Une variante de ce mode d'exécution consiste à lancer un shell en redirigeant son entrée standard depuis le fichier script.

   $ shell < lescript

3. Le troisième mode d'exécution d'un script consiste à le transformer en commande exécutable en lui attribuant le droit d'exécution x. Il suffit de frapper alors son nom pour déclencher son exécution au même titre qu'une commande UNIX. Le script est une commande et il est recherché dans les répertoires indiqués dans la variable PATH. A défaut, il faut saisir le chemin.

   $ lescript

4. Dans les trois modes qui précèdent, l'exécution du script est assurée par un shell fils qui reçoit la copie de l'environnement de son père, le shell courant. Les modifications que le fils apporterait à cet environnement n'ont aucun effet sur celui du père et se perdent à la terminaison du shell fils.
   Pour que les modifications s'effectuent dans l'environnement du shell courant, c'est lui-même qui doit exécuter le script. C'est, par exemple, le cas du shell de connexion en cas de modification du fichier .profile.
   La syntaxe pour que l'exécution du script soit prise en charge par le shell en

cours est la suivante :

```
$ . lescript
```

Comme précédemment, le fichier lescript est toujours recherché dans les répertoires mentionnés dans la variable PATH.
Hormis le cas du fichier *.profile*, ce mode d'exécution permet de fabriquer des scripts dont le contenu se limite à initialiser des variables dont d'autres scripts ont besoin, sans passer par l'environnement.

```
$ cat init_var
V1=libelle1
V2=libelle2
...
$ . init_var
$ echo $V1
libelle1
```

Exemples

Visualisation du script.

```
$ cat lescript
#!/bin/ksh
echo "DEBUT"
who am I
pwd
cmdnonexiste
ps -f
echo "FIN"
```

Les droits du fichier lescript.

```
$ ls -l lescript
-rw-r--r--  1 gilles  etude       67 avr  6 08:53 lescript
```

Le répertoire courant n'est pas défini dans la variable PATH.

```
$ echo $PATH
/usr/bin
```

Le shell n'explore pas le répertoire courant

```
$ lescript
ksh: lescript: non trouvé
```

On donne le chemin, mais le shell ne peut pas l'exécuter.

```
$ ./lescript
ksh: ./lescript: Impossible d'exécuter
```

On ajoute le répertoire courant aux chemins.

```
$ PATH=$PATH:.
```

Le script n'est toujours pas exécutable.

```
$ lescript
ksh: lescript: Impossible d'exécuter.
```

On le soumet explicitement à un shell.

```
$ ksh le script
DEBUT
```

```
gilles    console     avr  6 08:51
/home/gilles
lescript[5]: cmdnonexiste: non trouvé
    UID  PID PPID C  STIME TTY    TIME CMD
  gilles  305    1 0 08:51:39 console  0:00 –ksh
  gilles  339  305 0 08:58:42 console  0:00 ksh lescript
FIN
```

```
$ ksh < lescript
DEBUT
/home/gilles
ksh[5]: cmdnonexiste: non trouvé
    UID  PID PPID C  STIME TTY    TIME CMD
  gilles  305    1 0 08:51:39 console  0:00 –ksh
  gilles  350  305 0 08:59:55 console  0:00 ksh
FIN
```

On transforme le script en commande.

```
$ chmod u+x lescript
```

```
$ ls -l lescript
-rwxr--r--  1 gilles  etude       67 avr  6 08:53 lescript
```

On l'exécute en tant que commande.

```
$ lescript
```

```
DEBUTgilles    console     avr  6 08:51
/home/gilles
ksh[5]: cmdnonexiste: non trouvé
    UID  PID PPID C  STIME TTY    TIME CMD
  gilles  305    1 0 08:51:39 console  0:00 –ksh
  gilles  362  305 0 09:02:04 console  0:00 /bin/ksh lescript
FIN
```

Le shell courant exécute directement le script. La commande **ps** ne fait ressortir qu'un seul shell.

```
$. lescript
DEBUTgilles    console     avr  6 08:51
/home/gilles
ksh[5]: cmdnonexiste: non trouvé
    UID  PID PPID C  STIME TTY    TIME CMD
  gilles  305    1 0 08:51:39 console  0:00 –ksh
FIN
```

La mise au point

■ **Activation/Désactivation du mode trace dans le script**
```
#!/bin/sh
set -x
echo Affiche la trace des commandes
set -
echo Revient au mode normal
```

■ **Exécution d'un script, affiche la trace des commandes**
```
$ sh -xv lescript
```


Introduction

L'interprétation d'une ligne de commandes par le shell est parfois complexe et peut ne pas aboutir au résultat attendu par l'utilisateur, aussi la connaissance des mécanismes d'analyse du shell est nécessaire pour obtenir les résultats escomptés.

Dans sa phase d'analyse, le shell réalise les opérations dans l'ordre suivant :

1. Décomposition de la ligne en mots («*parsing*»), en fonction des séparateurs définis dans la variable IFS («*Internal Field Separator*»).

2. Remplacement des alias.

3. Remplacement des variables par leurs valeurs.

4. Remplacement des commandes par leurs résultats (quotes inversés).

5. Nouvelle interprétation des séparateurs de mots, les arguments nuls et quotés sont conservés.

6. Expansion des noms de fichiers, un joker qui n'a pas de correspondance est conservé.

Les options de mise au point

L'option **x** («*eXtra output*») du shell permet d'afficher ces étapes de substitution signalées par le signe + en début de ligne, traçant ainsi le travail d'interprétation.

L'option **v** («*verbose*») provoque l'affichage de la ligne telle qu'elle est écrite dans le script, avant que le shell ne l'interprète.

La combinaison des options **x** et **v** permet de voir les commandes, le résultat de leur interprétation et le résultat de leur exécution.

L'option **n** permet seulement de vérifier la syntaxe. Elle est ignorée par un shell interactif.

L'option **e** provoque la fin de l'exécution d'un script si une commande se termine avec un code retour différent de zéro. Cette option est utile pour interrompre un script quand l'exécution des commandes qui suivent celle qui a provoqué l'erreur n'a pas de sens ou, pire, peut conduire à des dysfonctionnements.

La commande interne **set** permet d'activer ou de désactiver une option lors d'une session.

```
set –lettre      # active l'option lettre

set +letttre     # désactive l'option lettre

set -            # désactive les options x et v
```

Exemples

```
$ echo f?
f1 f2 f3

$ sct -x              # active le mode trace

$ ls f?
+ ls f1 f2 f3
f1  f2  f3

$ pwd
+ pwd
/home/pierre

$ set +x              # désactive le mode trace

$ pwd
/home/pierre

$ cat lescript
echo ==================
echo Le terminal est $TERM
echo ==================

$ sh –xv lescript
echo ==================
+ echo ==================
==================
echo Le terminal est $TERM
+ echo Le terminal est console
Le terminal est console
echo ==================
+ echo ==================
==================

$ cat lescript
echo ==================
cp  2> /dev/null
echo ==================

$ sh –e lescript
==================

$ echo $?
2
```

Les options du shell

- **Gestion des options**

```
set -o drapeau  # lève un drapeau
set +o drapeau  # abaisse un drapeau
set -o          # liste des drapeaux
```

- **Principales options (drapeaux)**

ignoreeof	Oblige à utiliser exit et interdit l'usage de Ctrl-D pour se déconnecter
noclobber	Interdit à une redirection d'effacer un fichier
vi	Utilise le mode vi de rappel de commandes

Introduction

Le shell possède un ensemble d'options d'exécution qui permettent à l'utilisateur de modifier son comportement, afin d'obtenir des fonctionnalités particulières. Ces options sont activées ou désactivées dans la ligne de commandes qui lance un shell ou avec la commande interne **set**.

Syntaxe

sh -o opt scriptx # active l'option opt pour le shell qui va exécuter le script scriptx

sh +o opt scriptx # désactive l'option opt pour le shell qui va exécuter le script scriptx

set -o opt   # active l'option opt pour le shell courant

set + opt   # désactive l'option opt pour le shell courant

set -o   # affiche l'état («on» ou «off») de toutes les options

Les principales options

ignoreeof	Interdit/autorise la déconnexion avec le caractère «^D»
noclobber	Interdit/autorise l'écrasement de fichiers en redirection avec le caractère >
vi	Active l'édition de commandes en mode vi
emacs	Active l'édition de commandes en mode emacs
bgnice	Exécute les tâches de fond avec une faible priorité
nounset	Génère une erreur quand on utilise une variable non définie

noglob   N'interprète pas les jokers «*» et «?»

Remarque

L'option la plus importante en programmation est sans doute l'option –x qui permet de visualiser le résultat de l'interprétation des commandes par le shell. Quand une erreur de syntaxe se produit sur une ligne de commandes qui contient de nombreux méta-caractères du shell, n'hésitez pas à l'utiliser, on gagne du temps!

Exemples

```
$ set -o ignoreeof    # Oblige à utiliser la commande exit  et interdit «^D» pour se
                      # déconnecter caractère ^D

$ ^D
sh : use exit     to exit

$ set –o noclobber

$ ls > liste

$ who > liste

File already exists : liste

$ set +o ignoreeof

$ set +o noclobber

$ who > liste

^D

login:
```

Affichage de messages : echo, print (ksh)

```
$ echo  "Bonjour"; echo "Salut"
Bonjour
Salut
$ echo "Bonjour \c"; echo "Salut"
Bonjour Salut


$ print  "Bonjour"; print "Salut "
Bonjour
Salut
$ print -n "Bonjour "; print "Salut"
Bonjour Salut
```


La commande echo

La commande **echo** permet à un utilisateur d'afficher des messages sur la sortie standard, l'écran, pendant l'exécution d'un script. La commande **echo** affiche ses arguments sur la sortie standard séparés par des espaces, et en l'absence de l'option n, termine l'affichage par un saut de ligne.

La commande **echo** est une commande interne du shell. Elle possède aussi au moins une implémentation en commande externe : **/bin/echo**.

La norme POSIX n'a pas l'option –n (annulation du saut de ligne).

La commande **echo** interprète les constantes caractères suivantes :

\b	Retour arrière (*backspace*)
\c	Pas de saut de ligne final
\f	Saut de page (*form feed*)
\n	Saut de ligne (*line feed*)
\r	Retour chariot (*carriage return*)
\t	Tabulation horizontale (*horizontal tabulation*)
\v	Tabulation verticale (*vertical tabulation*)
****	Le caractère \ (*backslash*)
\0nnn	Le caractère de code ascii octal nnn

Remarques

- La commande **man ascii** permet de visualiser la table des codes ascii.

- Dans le système SOLARIS, les commandes externes conformes à POSIX se trouvent dans le répertoire */usr/xpg4/bin*.

- Du strict point de vue de la portabilité, il est conseillé d'utiliser la commande POSIX **printf**.

Syntaxe

echo [-n] argument ...

La commande print

La commande interne **print** est un mécanisme de sortie de résultats du shell, qui n'a pas d'implémentation en commande externe, contrairement à la commande **echo**.

Syntaxe

print [-Rnprs] [-u [n]] [argument ...]

En l'absence d'options ou avec les options «-» et «--», la commande **print** affiche ses arguments de la même manière que la commande **echo**.

L'option -n annule le saut de ligne à l'instar de la commande **echo**.

En mode RAW (options -R ou -r), les constantes caractères (\n, \t, ...) de la commande **echo** sont ignorées. Avec l'option –R, les arguments et les options qui suivent sont affichés tels quels, à l'exception de l'option -n (saut de ligne).

L'option -u, suivie d'un descripteur de fichier, indique où sont écrits les arguments et à défaut de descripteur, la sortie standard (*cf. Module 12 : La gestion de processus*).

Avec l'option -s, les arguments sont écrits dans le fichier historique des commandes.

Avec l'option -p, les arguments sont écrits dans le tube du processus lancé avec «|&» (*cf. Module 12 : Les coprocessus*).

Exemples

```
$ echo -n "il fait beau "
il fait beau $

$ /bin/posix/echo -n "il fait beau "
-n il fait beau
$

$ echo "Nombre d'utilisateurs connectés : \c" ; who|wc -l
Nombre d'utilisateurs connectés : 5

$ echo "Rapport poids\taille"
Rapport poids        aille

$ echo "Rapport poids\ttaille
Rapport poids        taille

$ print -n "il fait beau "
Il fait beau $

$ print -s pwd

$<ESC>k                   # rappelle la dernière commande
pwd                       # celle-ci a été mémorisée par la commande print
                                précédente

$ print -R -p "bonjour \n monsieur"
-p bonjour \n monsieur    # l'option -p est ignorée
```

La commande printf

La commande externe POSIX **printf** permet d'afficher des données avec un format particulier. Le premier argument définit le format d'affichage. Cette commande s'inspire de la fonction printf() du langage C.

Syntaxe

printf format [argument ...]

La chaîne format peut contenir du texte, des caractères spéciaux identiques à ceux de la commande **echo** et des codes formats. Lors de l'exécution de la commande, ces codes sont remplacés par les arguments suivants de la commande. Le premier code est remplacé par le premier argument, le deuxième code par le deuxième argument Unix, et ainsi de suite. Avant leur affichage, chaque argument subit le formatage spécifié par le code format. Les codes les plus utilisés sont les suivants :

%d   Un entier décimal.

%f   Un nombre réel.

%s   Une chaîne de caractères.

L'intérêt majeur des codes formats est de pouvoir indiquer la taille de la zone affichée et le cadrage. Voici quelques exemples :

%5d   Un entier sur cinq positions.

Le nombre 34 sera affiché sous la forme «   34».

%8.2f   Un réel sur huit positions, dont deux décimales.

Le nombre 3.14159 sera affiché sous la forme «   3.14».

%-10s   Une chaîne de caractères sur dix positions.

Le caractère « - » indique un cadrage à gauche.

Le nom Dupont sera affiché «Dupont   ».

A la différence de la commande **echo**, la commande **printf** ne génère pas de saut de ligne. Pour en obtenir un, il faut le préciser à la fin de la chaîne format en utilisant le caractère « \n ».

Exemples

```
$ printf "Il fait beau"
Il fait beau$

$ printf "Il fait beau\n"
Il fait beau

$ printf "PI = %8.2f\n" 3,14159
PI =     3,14

$ NOM=Dupont ; AGE=34

$ printf "Nom: %-10s, Age=%5d\n" $NOM $AGE
Nom: Dupont    , Age=   34

$
```

Atelier 4 : Les scripts shell

Objectifs :

- **Apprendre à construire et exécuter un script.**

- **Savoir commenter un script.**

- **Contrôler son exécution.**

- **Durée : 15 minutes.**

Exercice n°1

Quel résultat produira l'exécution de la commande suivante :
$ # ls

Exercice n°2

Avec une seule commande d'affichage, affichez sur deux lignes le message suivant :
Bonne
Année

Exercice n°3

Dans votre répertoire de connexion, écrivez un script de nom script1, qui affiche la date du jour et la liste des utilisateurs connectés.

Exercice n°4

Donnez toutes les syntaxes possibles pour exécuter le script créé dans l'exercice précédent, sans fournir son chemin absolu. Le répertoire de connexion est le répertoire courant et le script est exécutable.

Exercice n°5

Exécutez le script script1 en mode trace. Le script doit afficher le résultat de l'interprétation de chaque ligne avant l'exécution de la commande.

Exercice n° 6

Créez la commande info qui affiche les informations suivantes :

- Informations générales concernant le système (via la commande **uname**).

- Le répertoire courant.

- La date et l'heure.

- Votre identité (via la commande **id**).

- Les données liées à votre connexion (via la commande **who am i**).

- La liste des processus associés au terminal (via la commande **ps**).

a) Exécutez normalement la commande.

b) Exécutez la commande en mode trace.

c) Exécutez la commande avec la commande interne « . ». Que constatez vous ?

d) Faites exécuter la commande par tous les shells dont vous disposez. Que constatez vous ?

- *Le BA-ba sur les variables : set, unset*
- *L'environnement, export, env*
- *Le fichier .profile*
- *Les paramètres d'un script, $1, $2, ... ,${10},...*
- *shift, set*
- *Les tableaux (ksh)*

Les variables

Objectifs

Après l'étude du chapitre, le lecteur sait utiliser les variables du shell et créer et gérer ses propres variables.

Contenu

Le BA-ba sur les variables
L'environnement
Les paramètres d'un script
La commande **read**
Le remplacement de variables
Les tableaux (ksh)
Atelier

BA-ba sur les variables

```
$ nom=MARTIN
$ adresse="2 Bd Ney"
$ echo  $nom
MARTIN
$ echo  $adresse
2 Bd Ney
$ unset  adresse
$ set
HOME=/home/pierre
PATH=/bin:/usr/bin
PS1=$
nom=MARTIN
```


Introduction

Une variable est associée à une zone mémoire pour conserver une chaîne de caractères, permettant la mémorisation d'informations et l'échange d'informations entre processus.

Une variable est identifiée par un nom. Ce nom peut comporter des chiffres, des lettres ainsi que le caractère «souligné», et ne peut commencer par un chiffre.

Une variable a normalement une portée locale. Elle n'est accessible que par le shell qui l'a créée. Il est cependant possible de la rendre globale en l'exportant. Dans ce cas, par convention, le nom de la variable est composé de lettres majuscules.

Les catégories de variables

Il existe plusieurs types de variables :

Les variables prédéfinies

Ces variables sont définies lors de la connexion. Elles sont toutefois accessibles à l'utilisateur qui peut en modifier la valeur. Par exemple, la variable PATH contient la liste des répertoires où sont recherchées les commandes. Certaines de ces variables sont des variables d'environnement (*cf. Chapitre L'environnement*) créées par un ancêtre du shell ou par le shell lui-même, et les autres, des variables internes au shell.

Les variables positionnelles

Ces variables, dites réservées, sont identifiées par un chiffre et correspondent aux paramètres d'un script. Elles sont affectées par le shell, mais l'utilisateur peut les modifier en utilisant la commande **set**. La variable «*» contient les arguments du script.

Les variables spéciales du shell

Ces variables sont également des variables réservées, mais exclusivement maintenues

par le shell, l'utilisateur ne peut pas en modifier la valeur. Par exemple, la variable «$»
contient le PID du shell courant.

Les variables créées par l'utilisateur
Ces variables, entièrement définies par l'utilisateur, sont créées notamment depuis le
fichier *.profile* ou dans un fichier script.

Création d'une variable

Une variable est créée lors de sa première affectation, sa valeur doit être fournie sous
la forme d'un seul argument. Les délimiteurs d'arguments sont définis dans la variable
prédéfinie IFS, cependant tout texte encadré par le caractère «"» ou «'» est considéré
comme un seul argument.

> **Nom=valeur**

Aucun espace ne doit figurer des deux côtés du signe «=».

Remplacement d'une variable

Deux expressions permettent de remplacer une variable par sa valeur :
$nom ou **${nom}** qui permet d'éviter toute ambiguïté dans des opérations de
concaténation de chaînes de caractères.

Liste des variables

La commande **set** permet de visualiser toutes les variables définies pour le shell.

> $ set

Suppression de variables

La commande **unset** permet de supprimer une variable.

> unset nom ...

Exemples

```
$ fleur=rose

$ echo "une $fleur, des $fleurs"
une rose, des

$ echo "une $fleur, des ${fleur}s"
une rose, des roses

$ transport="air mer terre"    # La chaîne contient des caractères spéciaux

$ echo $transport
air mer terre

$ unset fleur transport

$ echo "fleur = $fleur et transport = $transport"
fleur =  et transport =
```

Les variables du shell

- **Numéro de la ligne d'un script ou d une fonction**

  LINENO

- **Un nombre au hasard**

  RANDOM

- **Le nombre de secondes écoulées depuis le début du shell**

  SECONDS

- **Les répertoires à explorer dans une commande cd en relatif**

  CDPATH

- **Les répertoires qui contiennent les fichiers de messages pour l'internationalisation**

  NLSPATH

Introduction

Nous présentons dans le tableau qui suit de nombreuses variables internes au Korn shell. Le lecteur peut les retrouver en consultant le manuel de référence ou l'annexe C : ksh – Le Korn shell. Nous avons choisi de présenter les variables qui, sans être fondamentales, peuvent se révéler utiles dans la configuration de sa session ou dans un script.

Les principales variables

Variable	Description
ERRNO	Le code de retour émis par le dernier appel système.
LINENO	Le numéro de la ligne courante du script ou d'une fonction.
OLDPWD	Le répertoire précédent la dernière commande **cd**. On peut y retourner en exécutant la commande **cd -**.
OPTARG	(*cf. Module 13 : getopts*).
OPTIND	(*cf. Module 13 : getopts*).
PPID	Le PID du processus père.
PWD	Le répertoire courant.
RANDOM	Nombre aléatoire dont la valeur est comprise entre 0 et 32767.
REPLY	La réponse à un select (*cf. Module 13 : select*).
SECONDS	Le temps écoulé depuis le lancement du shell.
CDPATH	Les répertoires explorés par la commande **cd** quand le chemin est relatif.
LINES	Le nombre de lignes de l'écran. Cette variable est utilisée par la commande **select**.

COLUMNS	La largeur de l'écran.
EDITOR	L'éditeur préféré de texte qui doit être utilisé par les commandes qui font appel à un éditeur de textes.
ENV	La variable qui contient le nom du script à exécuter à chaque invocation d'un shell interactif.
FCEDIT	L'éditeur de textes utilisé par la commande **fc**. C'est l'éditeur de textes **ed** qui est appelé par défaut.
FPATH	Le répertoire bibliothèque de fonctions (*cf. Module 7 : les alias et les fonctions*).
IFS	Le séparateur de champs.
HISTFILE	Le fichier historique.
HISTSIZE	La taille du fichier historique.
HOME	Le répertoire de connexion.
MAIL	Le fichier contenant le courrier.
MAILCHECK	La fréquence de vérification du courrier. L'unité est la seconde.
MAILPATH	Liste des fichiers de courrier. Cette variable remplace MAIL. Elle autorise un utilisateur à avoir plusieurs boîtes aux lettres.
PATH	Le chemin de recherche des commandes.
PS1	L'invite de commande, par défaut « $ ». L'initialisation de la variable PS1 est différente en shell Bash. Nous invitons le lecteur à consulter la rubrique variable de l'annexe D.
PS2	L'invite secondaire, par défaut « > ».
PS3	L'invite de la commande **select**, par défaut « #? ».
PS4	L'invite du mode trace (set –x), par défaut « + ».
SHELL	Le shell de préférence.
TMOUT	Le temps maximum d'inactivité au bout duquel le shell exécute la commande **exit**, après un ultime délai de grâce de soixante secondes..
VISUAL	L'éditeur de commandes utilisé pour le mode historique.
LANG, LC_…	(*cf. Paragraphe suivant*).

Internationalisation d'une session

Chaque utilisateur peut déterminer la langue qui est utilisée pendant sa session de travail. En théorie, le choix peut être différent selon qu'il s'agit des messages, du format de la date ou du symbole décimal.

La configuration est réalisée grâce à des variables d'environnement et celle par défaut résulte du choix qui a été fait pendant l'installation.

L'administrateur ou les utilisateurs peuvent bien évidemment modifier leur profil.

Une variable contient une chaîne de caractères qui définit le pays et une particularité linguistique, telle que « fr_FR » pour la France, « fr_BE » pour le français parlé en Belgique ou « de_CH » pour l'allemand parlé en Suisse alémanique.

Les variables sont :

Variable	Description
LC_MONETARY	Définit le symbole monétaire.
LC_TIME	Définit le format de l'heure et de la date.
LC_COLLATE	Définit les caractères et les jeux de caractères utilisés dans des opérations de tri (*cf. localedef(1), strcoll(3)*).
LC_NUMERIC	Définit le symbole décimal, le séparateur des milliers.
LC_CTYPE	Définit des informations nécessaires à la classification des caractères : numériques, alphabétiques (*cf. isdigit(3), isalpha(3)*).
LC_ALL	Définit une valeur unique pour toutes les variables précédentes.
LANG	Définit une valeur générique pour l'internationalisation.

Les commandes qui sont programmées pour l'internationalisation examinent les variables dans l'ordre suivant : LC_ALL, LC_* et LANG.

Remarque
La rubrique ENVIRONMENT VARIABLES des commandes indique à quelle(s) variable(s) la commande réagit.

La commande **locale** permet de connaître les valeurs actuelles des variables, les autres choix possibles et les jeux de caractères disponibles.

L'environnement

```
$ more  environ
echo "(1): $var_locale"
echo "(2): $VAR_ENVIRON"

$ var_locale=alpha
$ VAR_ENVIRON=gamma
$ export VAR_ENVIRON
$ environ
(1):
(2): gamma
```


Introduction

L'environnement est le terme utilisé pour désigner l'ensemble des variables dont une tâche, dans notre cas un shell, fournit la copie à sa descendance. Ces variables sont dites exportées.

La commande interne **export** permet à un shell de placer une variable dans l'environnement et, exécutée sans argument, d'afficher toutes les variables exportées.

Syntaxe

export [variable[=valeur]]...

L'environnement initial est essentiellement constitué des variables prédéfinies et complété, après connexion, par des variables de l'utilisateur définies dans le fichier .profile.

Les variables d'environnement sont des conventions qu'un logiciel établit avec le shell. Elles permettent au shell de fournir, par copie, des informations qui paramètrent le logiciel. C'est le logiciel qui impose le nom de la variable d'environnement. La variable TERM indique à l'éditeur de texte **vi** le nom du terminal et la variable PAGER indique à la commande **man** la commande à utiliser pour afficher le manuel de référence.

Remarques

- La plupart des progiciels utilisent des variables d'environnement. Les noms de ces variables sont définis dans le manuel de référence du logiciel. La liste de variables à définir dans le cas de certains produits, comme les systèmes de gestion de bases de données, est parfois fort longue.

- En shell Bourne, il n'est pas possible d'initialiser la variable dans la commande **export**. Il faut donc procéder en deux temps :
  $ variable=chaîne ; export variable

La commande interne **env** permet de visualiser toutes les variables d'environnement.

La commande **unset** permet de supprimer une variable d'environnement.

La duplication de l'environnement se fait toujours dans le même sens, du processus père vers le processus fils.

Exemples

```
$ fleur=rose

$ export fleur

$ chien=milou

$ set
PATH=/bin:/usr/bin:/usr/pierre/bin:.
LOGNAME=pierre
SHELL=/bin/ksh
HOME=/usr/pierre
TERM=ansi-850
fleur=rose
chien=milou

$ env
PATH=/bin:/usr/bin:/usr/pierre/bin:.
LOGNAME=pierre
SHELL=/bin/ksh
HOME=/usr/pierre
TERM=ansi-850
fleur=rose

$ sh     # on active un nouveau shell

$ env
PATH=/bin:/usr/bin:/usr/pierre/bin:.
LOGNAME=pierre
SHELL=/bin/ksh
HOME=/usr/pierre
TERM=ansi-850
fleur=rose

$ fleur=lilas
$ exit

$ env
PATH=/bin:/usr/bin:/usr/pierre/bin:.
LOGNAME=pierre
SHELL=/bin/ksh
HOME=/usr/pierre
TERM=ansi-850
fleur=rose   # l'environnement du père n'est pas modifié

$ export fleur=iris
```

Les variables d'environnement

```
$ env
EDITOR=/usr/local/bin/emacs
HOME=/home/pierre
LOGNAME=pierre
MAIL=/usr/mail/pierre
PATH=/bin:/usr/bin:/usr/local/bin
PS1=$
SHELL=/bin/ksh
TERM=vt100
VAR_ENVIRON=beta
```


Introduction

Ces variables existent dès la connexion et sont, pour certaines, créées ou personnalisées dans le fichier *.profile*. Certaines variables, comme PS1, ne sont pas obligatoirement dans l'environnement.

Variable	Description	Observations
LOGNAME	Le nom de l'utilisateur	
HOME	Le répertoire de connexion	
TERM	Le type de terminal	Indispensable pour les logiciels plein écran, tel que **vi**.
PAGER	Le programme que la commande **man** doit utiliser pour afficher le manuel.	Son contenu est très souvent */usr/bin/pg*.
MANPATH	Les répertoires que doit explorer la commande **man**.	
DISPLAY	L'identification du terminal X pour les clients X (xterm…).	Son contenu est souvent **:0**.

Le fichier *.profile*

```
# ~/.profile
PATH=$PATH:/usr/local/bin; export PATH
ENV=~/.kshrc ; export ENV
PS1='$PWD'"! `uname -n` $"; export PS1
TMOUT=600
umask  77
set -o ignoreeof
set -o vi
set -o noclobber
```


Introduction

A chaque connexion de l'utilisateur, le shell exécute un fichier qui se trouve dans le répertoire de connexion de l'utilisateur, le fichier *.profile*.

Dans ce fichier, on trouve principalement la définition :

- des variables d'environnement,

- des options du shell,

- des paramètres du terminal (la touche d'effacement de caractères par exemple),

- des droits qui seront attribués lors de création de fichiers.

Remarques

- Quand l'utilisateur se connecte en mode graphique, via le service de connexion d'un bureau, il se peut que le fichier *.profile* ne soit pas exécuté. Pour qu'il le soit, il faut positionner une variable ou bien demander à l'exécuter explicitement.

- Le shell BASH utilise aussi le fichier *.profile* sauf s'il existe dans le répertoire de connexion le fichier *.bash_profile* qui est prioritaire.

Exemple

Le texte ci-dessus présente un exemple simple et caractéristique de fichier .profile.

Il existe un fichier, */etc/profile*, que seul l'administrateur peut modifier et qui est commun à tous les utilisateurs. Certaines variables y sont créées ou modifiées par l'administrateur. L'utilisateur, dans son fichier .profile, complète et modifie les choix de l'administrateur.

PATH=$PATH:/usr/local/bin; export PATH

La variable PATH est initialisée avec une liste minimale de chemins, comprenant notamment les répertoires /bin et /usr/bin. On y rajoute le répertoire /usr/local/bin.

Remarque

Le répertoire courant n'est pas automatiquement exploré. Il convient de le mentionner dans la liste des répertoires à explorer. Pour des raisons de sécurité, il doit toujours être cité en dernier. Il est aussi exploré quand la variable PATH commence ou se termine par « : » ou encore contient un chemin vide « :: ».

```
PATH=:$PATH
 ou
PATH=$PATH:
ou
PATH=/bin::/usr/bin
ou
PATH=$PATH:.
```

ENV=~/.kshrc ; export ENV

La variable ENV contient le nom du fichier où l'on trouve les définitions d'alias (*cf. Module 7 : Les alias et les fonctions*).

PS1='$PWD"! `uname -n` $"; export PS1

La variable PS1 définit l'invite du shell, avec le chemin du répertoire courant (variable PWD), suivis du numéro de la commande (le caractère !) et du nom de la machine (commande uname –n) et terminés par le caractère «$». La variable PWD est remplacée par le shell lui-même, qui l'évalue à chaque commande. Cela explique que le remplacement de variable $PWD soit placé entre des quotes simples.

TMOUT=600

La variable TMOUT fixe à 600 secondes (10 minutes) le temps d'inactivité au bout duquel le shell va déconnecter automatiquement l'utilisateur.

umask 77

La commande umask définit les droits qui seront attribués aux fichiers créés pendant la session.

```
set -o ignoreeof
set -o vi
set -o noclobber
```

Les options ignoreeof, vi et noclobber sont activées (*cf. Module 4 : Les scripts shell*).

Les paramètres (1/2)

```
$ more param
echo   "la commande    : $0"
echo   "1er  paramètre : $1"
echo   "2ème paramètre : $2"
echo   "tous les paramètres : $*"
echo   "nombre de paramètres: $#"
```

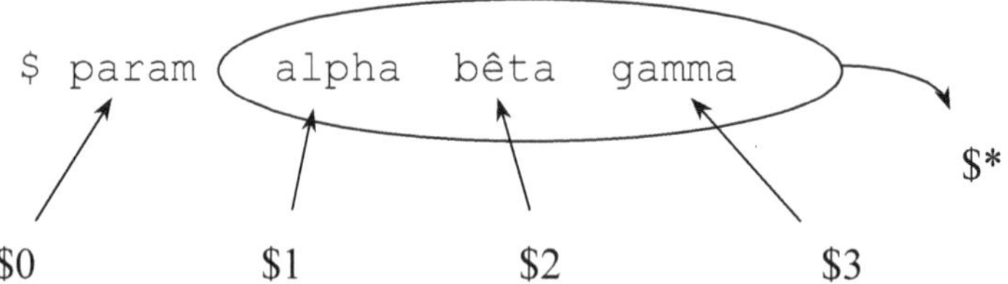

Introduction

Un script est à l'image d'une commande. Il est possible de fournir, sur la ligne de commandes, les arguments nécessaires à son exécution.

Le shell qui interprète et exécute un script reçoit une copie de l'environnement (PATH, TERM, ...) et les paramètres du script. Ils sont affectés aux variables réservées 0,1,...9,10,11,... (le shell Bourne est limité aux paramètres de 0 à 9). Un script peut remplacer ces paramètres à l'aide des expressions $0, $1, ...,$9 et ${10}..., ainsi que les variables spéciales :

* L'ensemble des paramètres sous la forme d'un seul argument
@ L'ensemble des paramètres, un argument par paramètre
# Le nombre de paramètres passés au script
? Le code retour de la dernière commande (*cf. Module 6 : Les structures de contrôle*)
$ Le PID du shell qui exécute le script (*cf. Module 12 : La gestion de processus*).
! Le PID du dernier processus lancé en arrière-plan (*cf. Module 12 : La gestion de processus*)

Exemple

```
$ cat > script_param
echo "Mon nom est $0, le PID de mon shell est $$"
echo "J'ai reçu $# paramètres"
echo "Les  voilà globalement : $*"
echo "Le premier paramètre est $1, le deuxième $2"

$ chmod u+x script_param

$ script_param rose tulipe iris
Mon nom est script_param, le PID de mon shell est 2315
J'ai reçu 3 paramètres
```


Les voilà globalement : rose tulipe iris
Le premier paramètre est rose, le deuxième tulipe

La distinction entre $* et $@ apparaît dans les commandes où ils sont quotés ("$*" ou "$@"). Les exemples qui suivent en illustrent l'utilisation :

```
$ cat  sc_etoile
for v in "$*"
do
  echo "Parametre : $v"
done
```

```
$ sc_etoile alpha bravo tango
Parametre : alpha bravo tango
```

```
$ cat  sc_aro
for v in "$@"
do
  echo "Parametre : $v"
done
```

```
$ sc_aro alpha bravo tango
Parametre : alpha
Parametre : bravo
Parametre : tango
```

Les paramètres (2/2)

```
$ set un deux trois;  echo  $*
un deux trois

$ shift; echo $*; echo $1
deux trois
deux

$ shift; echo $*; echo $1
trois
trois

$ shift; echo $#
0
```


La commande shift

Syntaxe

shift [n]

La commande interne **shift** permet de décaler les paramètres : la valeur de la variable 1 est remplacée par celle de la variable 2, celle de la variable 2 par celle de la variable 3, etc. L'argument n indique le nombre de positions dont il faut décaler les arguments. Cette commande est souvent utilisée pour éliminer les premiers paramètres d'un script, une fois qu'ils ont été mémorisés dans des variables. Cela permet de traiter globalement les paramètres qui restent en utilisant les variables « $* » ou « $@ » (*cf. Module 13 : getopts – décoder les options d'un script*).

La commande set

Syntaxe

set argument1 ...

La commande interne **set** permet de remplacer tous les paramètres, le premier argument devient le premier paramètre du script, le deuxième argument, le deuxième paramètre et les variables spéciales #, * et @ sont mises à jour en conséquence. C'est le seul moyen d'affecter les paramètres d'un shell, les anciennes valeurs sont perdues après exécution de la commande **set**. La commande **set** est souvent utilisée pour isoler les mots d'une ligne de résultats produits par une commande. C'est un moyen simple et pratique qui évite l'utilisation des filtres (*cf. Exemples*).

Exemples

```
$ cat > script_param
echo "Mon nom est $0"
echo "J'ai reçu $# paramètres"
echo "Le premier paramètre est $1, le deuxième $2"
```

```
echo "Les paramètres avec \$* : $*"
shift
echo "Paramètres après un décalage : $* et nombre de paramètres = $#"
set alpha bêta gamma delta
echo "Paramètres après substitution : $* et nombre de paramètres = $#"
^D
```

$ chmod u+x script_param

```
$ script_param rose tulipe iris
Mon nom est script_param
J'ai reçu 3 paramètres
Le premier paramètre est rose, le deuxième tulipe
Les paramètres avec $* : rose tulipe iris
Paramètres après un décalage : tulipe iris et nombre de paramètres = 2
Paramètres après substitution : alpha bêta gamma delta et nombre de paramètres = 4
```

```
$ who am i
pierre tty04 jan 28 10:25:32
```

$ set $(who am i)   # les paramètres sont les résultats de la commande who am i

```
$ echo "Mon nom : $1"
Mon nom : pierre
```

```
$ echo "Le nom de mon terminal : $2"
Le nom de mon terminal : tty04
```

Nous rappelons que les arguments qui commencent par « - » ne sont plus considérés comme des options quand ils suivent l'argument « -- ».

```
$ var="-a -b -c"
$ set  --  $var
$ echo  $1  $2  $3
-a -b -c
$
```

L'instruction read

```
$ more bienvenue
echo  "Entrez votre nom: \c"
read  nom
echo  "Bonjour Mr $nom"

$ bienvenue
Entrez votre nom: Martin  ⤶
Bonjour Mr Martin
```


La commande read

Syntaxe

read variable ...

La commande interne **read** permet de programmer des scripts interactifs et de renseigner des variables à partir de l'entrée standard, le clavier par défaut.

La commande **read** lit une ligne complète et utilise la valeur de la variable IFS comme séparateur d'arguments pour renseigner les variables. La commande **read** range le premier mot dans la première variable, le second dans la seconde et ainsi de suite. Quand les variables sont moins nombreuses que les mots, la dernière variable reçoit le reste de la ligne. Inversement, les variables qui sont en surnombre sont indéfinies, même si elles étaient antérieurement définies.

La commande readonly

Syntaxe

readonly variable=valeur

La commande interne **readonly**, permet de créer des variables qu'on ne peut plus supprimer et dont on ne peut modifier la valeur.

Exemples

```
$ cat > scriptx
# Exemple de script interactif
echo "Nom et Prénom : \c"
read nom prenom
echo "Nom : $nom\tPrénom : $prenom"
^D

$ chmod u+x scriptx
```

```
$ scriptx
 Nom et Prénom : Pierre Henri
 Nom : Pierre          Prénom : Henri

$ read V1 V2 V3    # lecture de trois variables, on saisit trois mots
alpha tango charlie

$ echo $V1
alpha

$ echo $V2
tango

$ echo $V3
charlie

$ read V1 V2       # lecture de deux variables, on saisit trois mots
alpha tango charlie

$ echo $V1
alpha

$ echo $V2
tango charlie

$ readonly ville="Paris"

$ ville="Marseille"
ville : Permission denied

$ echo $ville
Paris

$ unset ville
ville : Permission denied

$ echo $ville
Paris
```

Le remplacement de variables

```
$ reponse=non
$ echo    ${reponse:-oui}
non

$ unset   reponse
$ echo    ${reponse:-oui}
oui

$ ${reponse:=oui}; echo $reponse
oui
```


Introduction

Ce mécanisme permet de remplacer une expression de variable par une valeur dans le cas où la variable n'est pas définie, voire de créer cette variable avec une valeur par défaut. La syntaxe n'est pas facile à mémoriser et il est toujours possible de procéder par une programmation plus classique qui utilise l'alternative **if**.

Dans tous les cas, il est souvent important de s'assurer qu'une variable est définie avant de procéder à son remplacement. Il peut en résulter sinon une erreur de syntaxe, due à un remplacement par une chaîne vide.

Les différentes formes de remplacement de variables

Expression	Interprétation
$var	Remplacée par la valeur de la variable var si celle-ci est définie, sinon par rien.
${var}	Remplacée par la valeur de la variable var si celle-ci est définie, sinon pas de remplacement. Cette variante de la forme précédente évite les incohérences dans les concaténations de chaînes de caractères.
${var:-argument}	Remplacée par la valeur de la variable var si celle-ci est définie, sinon par argument.
${var:+argument}	Remplacée par argument si la variable var est définie, sinon par rien.
${var:?argument}	Remplacée par la valeur de la variable var si celle-ci est définie, sinon le shell affiche un message d'erreur comprenant argument et se termine. Ce mode de remplacement permet de détecter les variables indéfinies et, dans ce cas, d'arrêter l'exécution du script. Le message donné en argument doit être quoté s'il

contient des caractères spéciaux.

${var:=argument}   Remplacée par la valeur de la variable var si celle-ci est définie, sinon par argument et la variable var est créée et initialisée à argument.

Exemples

Se prémunir contre l'erreur due à une variable vide ou indéfinie

$ V=""

$ ["$V" = ""] && echo "La variable V est vide ou non définie"
La variable V est vide ou non définie

Il est nécessaire de quotter le remplacement « "$V" » pour ne pas générer une erreur de syntaxe.

Quelques remplacements conditionnels

$ jour=Lundi

$ mois=Janvier

$ echo "${jour:-Dimanche}"
Lundi

$ echo "${saison:-Hiver}"
Hiver

$ echo "${mois:+Avril}"
Avril

$ echo "${saison:+Hiver}froid"
froid

$ echo "${jour:?jour_incorrect}"
Lundi

$ echo "${jour1:?jour_incorrect}"
jour1: jour_incorrect

$ echo "${mois:=Avril}"
Janvier

$ echo "${vacances:=juillet}"
Juillet

$ echo "$vacances est un mois de vacances"
Juillet est un mois de vacances

La concaténation d'une chaîne de caractères au contenu d'une variable

$ prenom=sylvain

$ echo $prenom
sylvain

Le shell considère que la variable « prenome » est indéfinie

$ echo "Le feminin est $prenome"
Le feminin est

Les accolades permettent la concaténation

```
$ echo "Le feminin est ${prenom}e"
Le feminin est sylvaine
```

Arrêter l'exécution d'un script si une variable est indéfinie

```
$ cat scremplace
echo "Saisissez l'extension des fichiers a supprimer : \c"
read extent
${extent:?"Vous n'avez pas saisi d'extension"}
rm *$extent
```

L'utilisateur ne saisit pas de données, la variable extent est vide

```
$ scremplace
Saisissez l'extension des fichiers a supprimer :
scriptremplace[3]: extent: Vous n'avez pas saisi d'extension

$
```

L'utilisateur saisit une donnée le script se poursuit

```
$ scremplace
Saisissez l'extension des fichiers a supprimer : .dat

$
```

Les tableaux (ksh)

```
$ set -A table bleu blanc rouge

$ echo  ${table[0]}
bleu

$ table[1]=beige

$ echo ${table[*]}
bleu beige rouge

$ echo ${#table[*]}
3
```


Introduction

Le Korn shell, comme les langages de programmation traditionnels, permet de gérer des tableaux de données. Un tableau est constitué d'une liste d'arguments stockés en mémoire. Chaque élément du tableau est repéré par son indice, c'est-à-dire sa position dans le tableau. Les tableaux que l'on crée en Korn shell sont dynamiques, il n'est pas nécessaire de fixer leur taille a priori.

Description

La création d'un tableau est réalisée avec la commande **set** :

set -A nom_tab arg1 arg2 ...

Les indices d'un tableau sont comptés à partir de 0.

Dans les syntaxes qui suivent n est une constante explicite (5) ou produite par un remplacement de variable ($v).

Affectation d'un élément de tableau

nom_tab[n]=argument

Remplacement par l'élément «n» du tableau

${nom_tab[n]}

Remplacement par tout le tableau

${nom_tab[*]} ou ${nom_tab[@]}

Remplacement par le nombre d'éléments du tableau

${#nom_tab[*]}

Remarques

- L'usage des tableaux, au sens du Korn shell, est peu fréquent dans un script. On traite souvent, il est vrai, des listes de valeurs contenues dans une seule variable. Comme l'opération à réaliser sur toutes les valeurs de la liste est fréquemment la même, la structure de contrôle **for** et l'utilisation d'une variable sont suffisantes.

- La liste des valeurs que l'on range dans un tableau avec l'instruction **set –A** est souvent produite par un remplacement de commandes ou de variables :

  set –A table $(commande)

- Il ne faut pas confondre ${#fleurs[*]} et ${#fleurs[0]}. La dernière expression est la longueur du premier élément du tableau car ${#variable} est la longueur de cette variable.

Les tableaux sont dynamiques et peuvent comporter des trous. Les indices des éléments sont discontinus. Il est d'ailleurs possibles de supprimer un élément. Le tableau disparaît quand il n'a plus d'élément.

Exemples

Création d'un tableau

$ set -A fleurs Rose Tulipe Iris Jasmin

Affichage des éléments

$ echo "${fleurs[*]} sont des noms de fleurs"
Rose Tulipe Iris Jasmin sont des noms de fleurs

$ echo "${fleurs[@]} sont des noms de fleurs"
Rose Tulipe Iris Jasmin sont des noms de fleurs

Affichage d'un élément

$ echo "Les ${fleurs[0]}s ont des épines"
Les Roses ont des épines

Affichage du nombre d'éléments

$ echo "J'ai ${#fleurs[*]} types de fleurs"
J'ai 4 types de fleurs

Création d'un élément

$ fleur[4]=Bégonia

$ echo "${fleurs[@]} sont des noms de fleurs"
Rose Tulipe Iris Jasmin Bégonia sont des noms de fleurs

$ echo "J'ai maintenant ${#fleurs[*]} types de fleurs"
J'ai maintenant 5 types de fleurs

Indices discontinus et suppression d'éléments

$ set -A fleurs Rose Tulipe Iris Jasmin
$ set
...
fleurs[0]=Rose
fleurs[1]=Tulipe

```
fleurs[2]=Iris
fleurs[3]=Jasmin

$ fleurs[8]=muguet
$ for i in ${fleurs[*]}
> do
> echo $i
> done
Rose
Tulipe
Iris
Jasmin
Muguet

$ unset fleurs[2]

$ set
…
fleurs[0]=Rose
fleurs[1]=Tulipe
fleurs[3]=Jasmin
fleurs[8]=Muguet
```

Atelier 5 : Les variables

Objectifs :

- **Savoir utiliser les variables et les paramètres dans un script.**

- **Savoir concevoir des scripts interactifs.**

Durée 60 minutes.

Exercice n°1

Affichez automatiquement, en début de session, la liste des options du shell.

Exercice n°2

Comment pouvez vous savoir qu'une variable du shell appartient à l'environnement ?
Par exemple la variable PS1.

Exercice n°3

Ecrivez un script qui affiche les processus d'un utilisateur dont le nom est passé à
travers une variable d'environnement (par exemple la variable USER).

Exercice n°4

Ecrivez un script qui modifie la valeur de la variable d'environnement TZ
(TIMEZONE) en lui affectant par exemple la valeur GMT0, et qui affiche ensuite
l'heure système.
Après son exécution, affichez de nouveau l'heure système, que constatez-vous ?

Exercice n°5

Ecrivez un script qui génère des noms de fichiers différents à chaque exécution, mais
qui commencent tous par la racine fichier (fichier2550, fichier2740, fichier2770, ...).

Exercice n° 6

Ecrivez un script interactif qui crée un répertoire. La commande demande à l'opérateur de saisir le nom du répertoire.

Exercice n°7

Créez la commande **calendrier**. Le script est interactif. Il demande le mois (de 1 à 12), et l'année (de 1 à 2038). Le script affiche en résultat le calendrier du mois correspondant.

Exercice n°8

Créez la commande **info_user**. Le script affiche des informations concernant un utilisateur via les commandes **id**, **finger**, **who** et en extrayant des données du fichier */etc/passwd*. Le nom de l'utilisateur est passé en argument.

Exercice n°9

Ecrivez un script qui recherche un fichier dans une arborescence. Le nom du fichier et la racine de l'arborescence doivent être passés en paramètres, dans cet ordre. On suppose que le nombre et le type des paramètres sont corrects, le script n'en effectue pas le contrôle.

Exercice n°10

En utilisant la variable IFS, écrivez un script qui demande la saisie d'une date au format jj/mm/aa (une seule chaîne) et qui récupère cette dernière dans trois variables : jour mois an.

Exercice n°11

Comment appeler un script qui attend un seul paramètre avec comme argument une chaîne qui comporte des espaces (l'espace est un délimiteur !).

Exercice n°12

Ecrivez la commande **qui_suis_je**. Elle stocke dans un tableau (un tableau ksh ou le tableau des arguments) le résultat de la commande **who am i** et elle affiche le résultat (nom, tty, connexion) sur plusieurs lignes ; chaque ligne contient une information précédée de sa signification, exemple : 'nom :   durand'.

6

Les instructions de contrôle

Objectifs

Il existe une très grande parenté entre la programmation avec le langage shell et celle des principaux langages algorithmiques comme le FORTRAN ou le langage C. Après l'étude du chapitre, le lecteur sait contrôler l'exécution d'un script. Il est capable d'exprimer des expressions conditionnelles complexes : vérifier les attributs d'un fichier, comparer des chaînes de caractères et des nombres. Il sait écrire des scripts avec des commandes de test et des boucles de programme. Le lecteur est en outre capable de s'assurer de la bonne exécution d'une commande avant de démarrer celle de la commande suivante.

Contenu

L'alternative if et les commandes associées : **exit, $?, || et &&**
La commande **test** ([])
Le choix multiple : la commande **case**
Les structures itératives : **for, while, until** et les instructions associées **break** et **continue**
Atelier

if : l'alternative

```
if cmp $1 $2
then
   echo fichiers
   echo identiques
else
   echo fichiers
   echo différents
fi
```

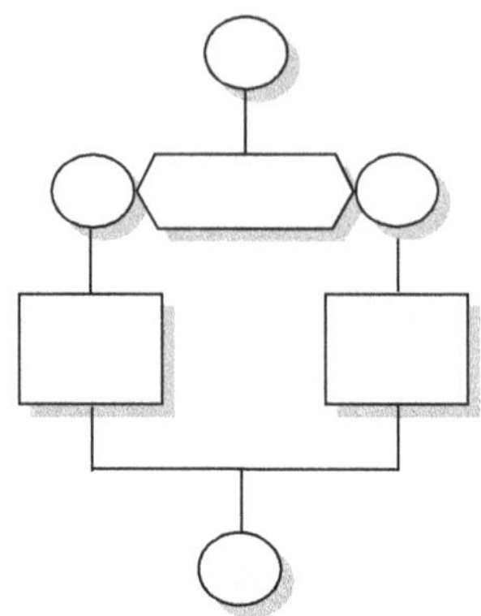

Introduction

Avant d'exécuter une commande, il est parfois nécessaire d'effectuer des contrôles tels que vérifier l'existence d'un fichier. L'instruction **if** permet de le réaliser, de définir les commandes à exécuter si le fichier existe (**then**) et de prévoir éventuellement des commandes alternatives dans le cas contraire (**else**).

Syntaxe

1. **if** liste; **then** liste; **fi**

2. **if** liste; **then** liste; **else** liste; **fi**

3. **if** liste; **then** liste; **elif** liste; [**elif** liste ; …] **else** liste; **fi**

Dans la première syntaxe, l'exécution des commandes comprises entre les mots-clés **then** et fi a lieu si le code retour émis par la commande qui suit le terme **if** est zéro. Elle n'a pas lieu sinon. Dans tous les cas, la commande qui est exécutée après une instruction **if** est celle qui suit le mot-clé **fi**.

Dans la deuxième syntaxe, l'exécution des commandes comprises entre les mots-clés **then** et **else** a lieu si le code retour émis par la commande qui suit le terme **if** est zéro. Dans le cas contraire, ce sont les commandes comprises entre **else** et **fi** qui sont exécutées.

Plusieurs instructions **if** peuvent être emboîtées et cela nécessite alors d'avoir autant de mots « fi » que de « if ». La contraction « elif », pour « else if », simplifie l'écriture car il n'y a qu'un seul « fi » pour l'ensemble de l'instruction.

Remarques

* Le terme «liste» désigne une suite de commandes séparées par l'un des délimiteurs du langage shell. C'est le code retour de la dernière commande de la liste (*cf. Le code retour*) qui est pris en compte dans la commande **if**.

- Le langage shell doit reconnaître une séparation explicite entre les mots-clés de la commande **if** et les autres commandes. Il est nécessaire de les séparer en utilisant le caractère **;** ou, mieux encore pour la lisibilité, le caractère <Entrée>.

- Les espaces qui sont en début de ligne mettent en évidence la structure du script et en facilitent la lisibilité. On dit que l'on procède à «l'indentation» des commandes.

```
if commande
then
   commande
   ...
else
   commande
   ...
fi
```

Exemples

```
$ if  grep pierre /etc/passwd ; then
>    echo " Pierre possède un compte utilisateur dans ce système "
> fi
pierre:x:502:1:pierre Le Grand - PARIS:/home/pierre:/usr/bin/ksh
Pierre possède un compte utilisateur dans ce système

$ ls f?
f1 f2

$ cat f1
Bonjour

$ cat f2
Bonjour

$ if cmp f1 f2     # détruire un des deux fichiers s'ils sont identiques
> then
>    echo "Les fichiers f1 et f2 sont identiques"
>    echo "Suppression du fichier f2"
>    rm f2
> fi
Les fichiers f1 et f2 sont identiques
Suppression du fichier f2

$ ls f?
f1

$ if  grep pierre /etc/passwd ; then
>    echo " pierre possède un compte utilisateur dans ce système "
>    else
>      echo " pierre ne  possède pas  de compte utilisateur dans ce système "
> fi
pierre ne  possède pas  de compte utilisateur dans ce système
```

Le code retour

```
$  (  echo  OK      ;   exit  0 )
OK
$  echo  $?
0


$  (  echo  Erreur ;   exit  1 )
Erreur
$  echo  $?
1
```


Introduction

Une commande UNIX ou un script qui se termine émettent un code de retour numérique (« *exit status* ») reçu par le shell qui a déclenché leur exécution. Les valeurs autorisées sont comprises entre 0 et 255. Par convention, la valeur zéro correspond à une exécution réussie ou à la valeur logique *vrai* et une autre valeur à une erreur d'exécution ou à la valeur logique *faux*.

Ainsi, la commande **grep** recherche, dans des fichiers, les lignes qui contiennent une chaîne de caractères. Elle renvoie zéro pour indiquer qu'au moins une ligne a été trouvée, un pour aucune et deux pour signaler une erreur d'exécution : syntaxe incorrecte, argument incorrect ou accès à un fichier refusé.

La variable prédéfinie du shell, «?», est automatiquement initialisée avec le code retour de la dernière commande exécutée.

Dans un tube ou un regroupement de commandes, le code retour est celui de la dernière commande du tube ou du regroupement.

L'opérateur «!» qui signifie NON permet d'inverser le code retour de la commande qu'il précède.

En cas d'erreur, il est important d'afficher un message d'erreur mais aussi de terminer l'exécution d'un script en renvoyant un code retour significatif. A défaut, il serait impossible de tester la bonne exécution de ce script quand il est appelé par un autre script.

Exemples

```
$ grep pierre /etc/passwd
pierre:x:502:1:pierre Le Grand - PARIS:/home/pierre:/usr/bin/ksh

$ echo $?
0
```

```
$ who | grep pierre
$ echo $?       # Pierre est-il connecté
1

$ grep pierre /etc/password
grep: can't open /etc/password
$ echo $?
2
```

Les commandes qui suivent utilisent le groupement de commandes (*cf. Module 12 : Le groupement de commandes*).

```
$ ( echo exécution réussie ; exit 0 )
exécution réussie

$ echo $?
0

$ ( echo exécution incorrecte ; exit 1 )
exécution incorrecte

$ echo $?
1

$ ! ( echo inversion du code retour ; exit 2 )
inversion du code retour

$ echo $?
0
```

L'alternative avec les opérateurs && et ||

```
            cmd1   &&   cmd2

    if   cmd1 ; then cmd2 ;   fi



            cmd1   ||   cmd2

    if   cmd1 ; then : ; else cmd2 ; fi
```


Introduction

Les opérateurs «&&» et «||» permettent de conditionner l'exécution d'une commande par le code retour de celle qui précède. C'est un mode d'expression plus concis que celui de la commande **if**. Il ne faut cependant pas nuire à la lisibilité du script en faisant un usage immodéré de ces opérateurs, en lieu et place de l'instruction **if**, beaucoup plus lisible.

Syntaxe

1. commande && commande [&& commande...]

2. commande || commande [|| commande...]

La commande qui suit l'opérateur «&&» est exécutée si celle qui précède a renvoyé le code retour 0, c'est-à-dire si elle s'est exécutée correctement.

La commande qui suit l'opérateur «||» est exécutée si celle qui précède a renvoyé un code retour différent de 0, c'est-à-dire si elle a signalé une erreur.
Il en résulte les équivalences de schéma suivantes :

Commande1 && commande2   if commande1; then commande2; fi

Commande1 || commande2   if commande1; then : ; else commande2; fi

---

Remarque

Les opérateurs && et || sont progressifs. Il est possible d'en enchaîner plusieurs. L'exécution des commandes s'arrête dès que le code retour est différent de 0 pour l'opérateur «&&», ou 0 pour l'opérateur «||».

La commande qui suit « && » ou « || » peut être un groupement de commandes (*cf. Module 12 : Le groupement de commandes*).

Exemples

```
$ ls
f1    f2        exercices

$ ls newrep
ls: newrep not found

$ ls newrep || mkdir newrep
ls: newrep not found

$ ls -ld newrep
drwxr-xr-x 2 pierre others 512 Oct 31 12:21 newrep

$ ls f1 || echo "Fichier f1 inexistant"

$

$ ls f1 >/dev/null  &&  echo "Fichier f1 existe"

Fichier f1 existe

$ ls fnonexiste 2>/dev/null  && echo "Fichier  inexistant"

$ grep pierre /etc/passwd > /dev/null &&{
    echo "Pierre a un compte"
    echo "Son UID est `grep pierre /etc/passwd | cut –d : -f3`"
}
Pierre a un compte
Son UID est 510
```

Le même résultat peut être obtenu avec l'instruction **if** :

```
$ if  grep pierre /etc/passwd > /dev/null ;then
    echo Pierre a un compte
    echo "Son UID est `grep pierre /etc/passwd | cut -d: -f3"
 fi
```

La commande **test**

- **La syntaxe de la commande** test **(utilisée avec if)**

```
if test option  ;   then   ...   fi
if [  option  ]  ;   then   ...   fi
```

- **Les principales options**

```
-f fic        Vrai si fic est un fichier ordinaire
-d fic        Vrai si fichier est un répertoire
ch1 = ch2     Vrai si les deux chaînes sont identiques
ch1 != ch2    Vrai si les deux chaînes sont différentes
```

- **Les opérateurs booléens**

```
! opt          Vrai si opt est faux
opt1 -a opt2   Vrai si opt1 et opt2 sont vrai
opt1 -o opt2   Vrai si opt1 ou opt2 est vrai

\( exp \)      L'expression exp entre parenthèses
```


Introduction

Le contrôle de l'exécution d'un script consiste souvent à tester les attributs d'un fichier pour s'assurer qu'il pourra être utilisé par une commande, ou à vérifier le contenu d'une variable qui contient une chaîne de caractères ou un nombre. La commande **test** permet de réaliser toutes ces opérations.

La commande test

Syntaxe

La commande **test** a deux syntaxes possibles, qui ne diffèrent que dans la forme :

1. **test** ExpressionLogique

2. **[** ExpressionLogique **]**

On privilégie aujourd'hui la deuxième écriture, qui se rapproche plus de celle des langages de programmation. Il faut noter l'obligation de mettre un espace après le caractère « [» et avant le caractère «] ».

La commande **test** n'affiche pas de résultat sur la sortie standard, elle renvoie le code retour 0 si l'expression est vraie, 1 si l'expression est fausse et une autre valeur pour les autres erreurs.

Le reste du chapitre présente les tests les plus fréquents. Il en existe bien d'autres et nous renvoyons le lecteur au manuel de référence.

Expression de test d'un attribut de fichier

L'expression est de la forme « -lettre NomDeFichier ». A chaque lettre est associé un attribut ; les lettres autorisées sont les suivantes :

-b fichier   Vrai si le fichier existe et qu'il est de type bloc.

-c fichier   Vrai si le fichier existe et qu'il est de type caractère.

-d fichier   Vrai si le fichier existe et qu'il est un répertoire.

-e fichier   Vrai si le fichier existe.

-f fichier   Vrai si le fichier existe et qu'il est régulier (ordinaire).

-L fichier   Vrai si le fichier existe et qu'il est un lien symbolique.

-r fichier   Vrai si le fichier existe et qu'il est accessible en lecture.

-s fichier   Vrai si le fichier a une taille différente de 0.

-w fichier   Vrai si le fichier existe et qu'il est accessible en écriture.

-x fichier   Vrai si le fichier existe et qu'il est exécutable.

fichier1 -nt fichier2 Vrai si le fichier1 est plus récent que le fichier2.

fichier1 -ot fichier2 Vrai si le fichier1 est plus ancien que le fichier2.

Comparaison de chaînes de caractères

-z chaîne   Vraie si la longueur de la chaîne est 0.

-n chaîne   Vraie si la longueur de la chaîne est différente de 0.

chaîne1 = chaîne2   Vraie si chaîne1 est identique à chaîne2.

chaîne1 != chaîne2   Vraie si les deux chaînes sont différentes.

Comparaison de deux nombres

L'expression est de la forme « arg1 OpérateurDeComparaison arg2 ». Les opérateurs sont les suivants :

-eq   Vrai si arg1 est égal à arg2.

-ne   Vrai si arg1 est différent de arg2.

-lt   Vrai si arg1 est inférieur à arg2.

-le   Vrai si arg1 est inférieur ou égal à arg2.

-gt   Vrai si arg1 est plus grand que arg2.

-ge   Vrai si arg1 est plus grand ou égal à arg2.

Opérateurs logiques

 ! ExpressionLogique   Vraie si ExpressionLogique est fausse.

ExpressionLogique1 -a ExpressionLogique2

                      Vraie si les deux expressions logiques sont vraies.

ExpressionLogique1 -o ExpressionLogique 2

                      Vraie si l'une des deux expressions est vraie.

Exemples

```
$ test -r  $HOME/.profile   # [ -r $HOME/.profile ]
$ echo $?
0
$ grep pierre /etc/passwd
$ if [ $? -eq 0 ]
then
    echo "Pierre possède un  compte sur ce système"
fi
```

```
$ cat > test_rep
# vérifie que le premier argument est un répertoire
if [  -d  "$1"  ]
then
      echo "$1 est un répertoire "
fi
echo "Suite du programme"
^D

$ chmod u+x test_rep
$ test_rep /etc
/etc est un répertoire
Suite du programme

$ test_rep /bin/ls
Suite du programme

$ cat > reponse
echo "Saisissez votre nom : \c"
read nom
if [  "$nom"  != ""  ]
then
      echo "Bienvenue Madame ou Monsieur $nom"
else
      echo "Vous n'avez rien saisi"

fi

$ chmod u+x reponse
$ reponse
Saisissez votre nom : Bourne
Bienvenue Madame ou Monsieur Bourne

$ reponse
Saisissez votre nom :
Vous n'avez rien saisi
```

Astuce

Dans la comparaison d'une variable avec une chaîne de caractères, on peut faire précéder la variable d'un caractère anodin, un « x » par exemple. Ceci permet de tester facilement, quel que soit le shell, une chaîne vide sans provoquer d'erreur et de pouvoir traiter les caractères particuliers comme le « - ».

```
$ A=-d

$ if  [ "x$A" = "x"  ]; then echo A est vide; fi

$ if  [ "x$A" = "x-d" ]; then echo option d; fi
option d

$
```

case : le choix multiple

```
case "$1" in
1)
  echo choix un
  ;;
2)
  echo choix deux
  ;;
*)
  echo autre choix
  ;;
esac
```


Introduction

Pour programmer une suite de tests, il est possible d'emboîter des instructions **if**. C'est une situation que l'on rencontre typiquement dans les menus où il faut comparer le choix de l'utilisateur avec une succession de réponses possibles. Le shell propose l'instruction **case** pour automatiser les comparaisons et en faciliter la lisibilité.

L'instruction case

Syntaxe

case ExpressionChaîne **in**
modèle *)* commandes *;;*
[modèle *)* commandes *;; ...*]
esac

Le shell compare successivement l'expression « ExpressionChaîne » avec les différents modèles. A la première correspondance, il exécute les commandes associées, terminées par le délimiteur « ;; ».

Dans tous les cas, l'exécution se poursuit après le mot-clé **esac**.

Les expressions qui servent de modèle peuvent contenir les méta-caractères qui suivent :

*	n'importe quelle combinaison de caractères, y compris vide.
?	n'importe quel caractère
[liste]	n'importe quel caractère de la liste
|	ou bien

Leur utilisation est semblable à celle des jokers dans les noms de fichiers.

Remarques

- L'ordre dans lequel on précise les modèles est important, le premier qui convient est utilisé.

- Le modèle * est toujours situé en dernier et correspond au cas des erreurs. Il n'est pris en compte que si tous les modèles précédents ont échoué.

Les modèles peuvent comporter, en Korn shell, des expressions génériques. Elles sont assez proches des expressions régulières (*cf. Module 10 : Les expressions génériques*).

Exemples

```
$cat > supprime
echo "Voulez-vous supprimer le fichier FICHIER ?"
read reponse
case "$reponse" in
    O* | o* ) rm FICHIER
            echo "le fichier FICHIER est supprimé"
            ;;
    N* | n* ) echo "le fichier FICHIER n'est pas supprimé"
            ;;
    *       ) echo "réponse incorrecte"
            ;;
esac
```

$ chmod u+x supprime
$ supprime
Voulez-vous supprimer le fichier FICHIER ? : oui
le fichier FICHIER est supprimé

$ supprime
Voulez-vous supprimer le fichier FICHIER ? : NON
le fichier FICHIER n'est pas supprimé

$ supprime
Voulez-vous supprimer le fichier FICHIER ? : bof
réponse incorrecte

while : la boucle tant que

```
while  [ ! -f fic ]
do
  sleep 10
done
echo fic existe
```

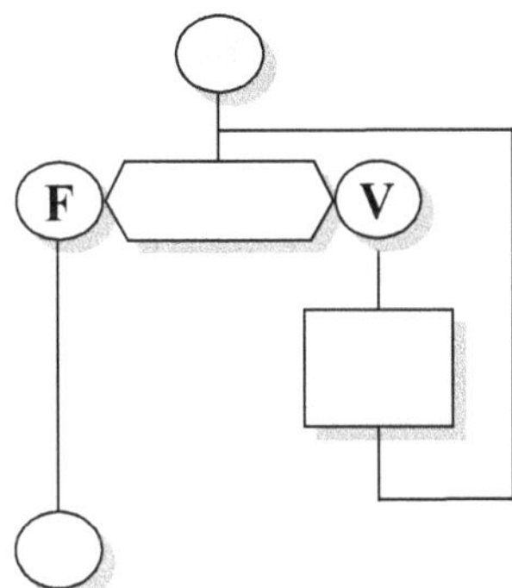

Introduction

La programmation oblige souvent à recommencer l'exécution d'un groupe de commandes. La commande **while** permet d'exécuter le groupe de commandes tant qu'une condition est satisfaite.

La commande while

Syntaxe

La syntaxe de la commande **while** est la suivante :

while liste; **do** liste; **done**

La liste de commandes qui suit le terme **while** est exécutée. Si elle renvoie le code retour 0, toutes les commandes de la liste comprises entre les mots-clés **do** et **done,** que l'on a coutume d'appeler le corps de la boucle, sont exécutées une première fois. Elles le sont tant que la première liste renvoie le code retour 0. L'exécution se poursuit sinon après le mot-clé **done.**

Remarques

- Le terme *liste* désigne une suite de commandes séparées par l'un des délimiteurs du langage shell. C'est le code retour de la dernière commande de la liste (*cf. Le code retour*) qui est pris en compte dans la commande **while.**

- Le langage shell doit reconnaître une séparation explicite entre les mots-clés de la commande **while** et les autres commandes. Il est nécessaire de les séparer en utilisant le caractère « ; » ou, mieux encore pour la lisibilité, le caractère <Entrée>.

- Les espaces qui sont en début de ligne font ressortir la structure du script et en facilitent la lisibilité. On dit que l'on procède à « l'indentation » des commandes.

while commande

do
   commande
   ...
done

Exemples

```
$cat  > trouve_mot
# Boucle tant qu'on ne saisit pas le mot  fin
echo "Entrez un mot : \c"
read mot
while [  "$mot " != "fin"  ]
do
     echo "Ce n'est pas le bon mot ! "
     echo "Entrez un mot : \c"
     read mot
done
echo "Vous avez trouvé, BRAVO !!!! "
^D

$ chmod u+x trouve_mot
$ trouve_mot
Entrez un mot : bonjour
Ce n'est pas le bon mot !
Entrez un mot : bonsoir
Ce n'est pas le bon mot !
Entrez un mot : fin
Vous avez trouvé, BRAVO !!!!
```

until : la boucle jusqu'à ce que

```
until [ -f fic ]
do
  sleep 10
done
echo fic existe
```

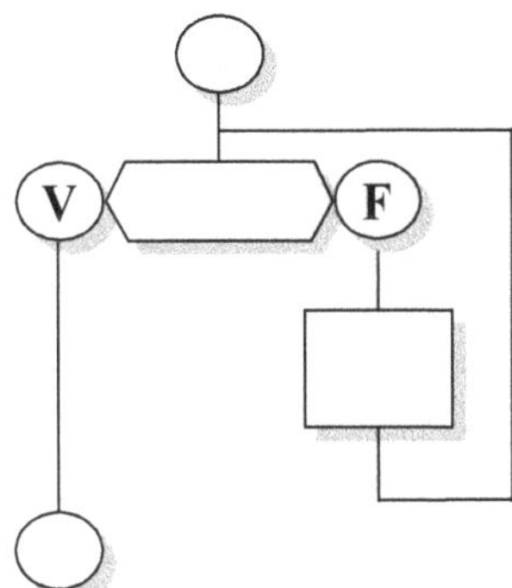

La commande until

Comme la commande **while**, la commande **until** permet de programmer une boucle de programme.

Syntaxe

La syntaxe est la suivante :

until liste; **do** liste; **done**

A la différence de la commande **while**, le corps de la boucle de la commande **until** est répété jusqu'à ce que la liste de commandes qui suit le mot-clé **until** renvoie 0, autrement dit tant que la liste de commandes renvoie un code de retour différent de 0. Toutes les remarques qui concernent l'écriture de la boucle **while** restent valables pour la commande **until**.

Remarque

Dans la plupart des langages qui connaissent l'instruction **until**, la condition est évaluée en fin de boucle. Dans le cas du langage shell, elle est, comme pour **while**, évaluée en début. La boucle peut ne pas être exécutée du tout.

Exemples

```
$cat > trouve_mot
# Boucle jusqu'à ce que l'on ait saisi le mot  fin
echo "Entrez un mot : \c"
read mot
until [  "$mot " = "fin"  ]
do
      echo "Ce n'est pas le bon mot ! "
      echo "Entrez un mot : \c"
      read mot
done
```

```
echo "Vous avez trouvé, BRAVO !!!! "
^D

$ chmod u+x trouve_mot
$ trouve_mot
Entrez un mot : bonjour
Ce n'est pas le bon mot !
Entrez un mot : bonsoir
Ce n'est pas le bon mot !
Entrez un mot : fin
Vous avez trouvé, BRAVO !!!!
```

for : la boucle « pour telles valeurs, faire »

```
$  more  lescript
#!/bin/sh

for var in un deux trois
do
  echo "var = $var"
done


$  lescript
var = un
var = deux
var = trois
```


Introduction

La commande **for** permet d'exécuter le corps de la boucle un nombre déterminé de fois.

La commande for

Syntaxe

for var [**in** ListeDeValeurs] **do** liste; **done**

Les commandes comprises entre les mots-clés **do** et **done**, le corps de la boucle, sont exécutées autant de fois qu'il y a de mots dans «ListeDeValeurs». A la première itération, la variable var prend pour valeur le premier mot de ListeDeValeurs. A l'itération suivante, la variable var prend pour valeur le prochain mot de la liste et ainsi de suite jusqu'à épuisement de la liste.
En l'absence de liste_de_valeurs, la variable var prend ses valeurs dans la liste des arguments positionnels «$*».

Remarque
«ListeDeValeurs» est souvent le résultat d'un remplacement de commandes ou de variables. C'est un moyen simple et pratique pour traiter de la même manière tous les éléments d'une liste sans utiliser les tableaux, au sens du Korn shell (**set −A**).

Exemples

```
$cat > voitures
for auto in megane safrane laguna
do
     echo "Voiture : $auto"
done
^D
```

```
$ chmod u+x  voitures

$ voitures
Voiture : megane
Voiture : safrane
Voiture : laguna

$ cat > vehicules
for auto
do
      echo "Voiture : $auto"
done
^D

$ chmod u+x vehicules

$ vehicules megane safrane
Voiture : megane
Voiture : safrane

$ vehicules xantia xara xm
Voiture : xantia
Voiture : xara
Voiture : xm

$cat > fichiers
for lefichier in *.data
do
      # traitement du ième fichier de la liste $lefichier
done
 ^D

$cat > utilisateurs
for  unutilisateur in $(cut –d: -f1 /etc/passwd)
do
      # traitement du ième utilisateur du fichier /etc/passwd  $unutilisateur
done
 ^D
```

break, continue : les sauts inconditionnels

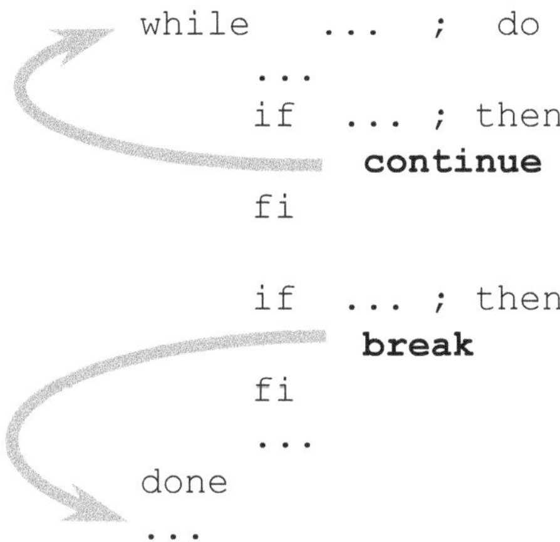

La commande break

La commande **break** interrompt l'exécution des commandes d'une boucle **while, until**
ou **for** et donne le contrôle à la commande qui suit le mot-clé **done**.

L'exécution de la commande **break** dans le corps d'une boucle n'a de sens que si elle
est conditionnée par une commande **if** ou commandée par l'opérateur « && » ou « || ».

La commande continue

La commande **continue** interrompt l'exécution des commandes d'une boucle **while,**
until ou **for** et donne le contrôle au début de la boucle. La commande qui suit le mot
while ou **until** est exécutée normalement, ou la variable est initialisée à sa nouvelle
valeur pour une boucle for, et la boucle se poursuit.

De même que la commande **break**, son opposé, l'exécution de la commande **continue**
dans le corps d'une boucle n'a de sens que si elle est conditionnée par une commande
if ou commandée par l'opérateur «&&» ou «||».

Remarques

- L'utilisation des instructions **break** et **continue** doit être limitée. Elle peut nuire à
  la lisibilité et à la maintenabilité du script.

- On admet assez facilement l'emploi de l'instruction **break** alors que celui de
  l'instruction **continue** est souvent considéré comme enfreignant les règles de la
  programmation.

Simulation du GOTO

L'instruction goto n'existe pas en shell Bourne, en shell POSIX et en Korn shell. On
peut le simuler dans les très rares cas où il s'avère indispensable. Les lignes qui
suivent en fournissent un modèle :

```
while : ; do
...
if ... ; then break ; fi
...

break
done
```

Exemples

```
$cat  > cree_fic3
# ignore les lignes blanches
while :
do
      echo "Entrez une ligne d'au moins un caractère <fin> = quitter : \c"
      read ligne
      if [ -z "$ligne" ]
      then
              continue                # n'enregistre pas les lignes blanches
      fi
      if [  "$ligne" = "fin" ]
              then break
      fi
      echo "$ligne" >> fic.lig3
done
^D

$ chmod u+x cree_fic3

$ cree_fic3
Entrez une ligne d'au moins un caractère  <fin> = quitter: bonjour
Entrez une ligne d'au moins un caractère  <fin> = quitter:
Entrez une ligne d'au moins un caractère  <fin> = quitter: bonsoir
Entrez une ligne d'au moins un caractère  <fin> = quitter: fin

$ cat fic.lig3
bonjour
bonsoir

$
```

Atelier 6 : Les instructions de contrôle

Objectifs :

- **Savoir effectuer des choix.**

- **Savoir exploiter le code retour.**

- **Savoir contrôler l'exécution de séquences répétitives.**

Durée : 45 minutes.

Exercice n°1

Ecrivez un script interactif qui permet de créer un répertoire. La commande demande à l'opérateur de saisir le nom du répertoire.

La commande teste si le répertoire existe. Si la création aboutit, la commande affiche un message de réussite.

Exercice n°2

Créez la commande **calendrier**. Le script est interactif. Il demande Le mois (de 1 à 12), et l'année (de 1 à 2038). Il affiche le calendrier du mois correspondant.

La commande teste une saisie vide. Si le mois est absent, elle utilise le mois courant (*cf. man date*). Si l'année est absente, elle utilise l'année courante (*cf. man date*).

Exercice n°3

Ecrivez un script affichant le type d'un fichier, dont le nom est saisi au clavier, qui demande si l'on veut continuer et ne s'arrête que lorsque l'on répond «non» ou «NON».

Exercice n°4

Modifiez l'exercice précédent afin qu'il ne traite pas les fichiers qui ne sont pas accessibles en lecture ou qui sont des répertoires.

Exercice n°5

Ecrivez un script qui affiche les process d'un utilisateur dont le nom est passé en argument, et qui en l'absence de ce dernier, affiche la syntaxe d'appel et renvoie 2 comme code retour.

Exercice n°6

Ecrivez un script qui demande la saisie du nom d'un interpréteur UNIX (choix limité à sh, csh, ksh, rsh, rksh), et qui affiche son nom complet (shell Bourne, Korn shell,...).

Exercice n°7

Améliorez la commande de l'exercice numéro deux en permettant une saisie du mois sous la forme d'un nom de mois, par exemple janvier. Nous vous suggérons d'utiliser l'ordre case ... esac.

Exercice n°8

Ecrivez un script qui lance l'exécution d'un script dont le nom est passé en paramètre, que ce dernier ait l'attribut d'exécution (droit x) ou pas.

Exercice n°9

Ecrivez un script qui affiche, pour tous les utilisateurs passés en argument du script, le nom de l'utilisateur, le répertoire de connexion et le shell.

Exercice n°10

Ecrivez un script qui envoie un message à un utilisateur dont le nom sera saisi au clavier s'il n'est pas passé en paramètre.

Exercice n°11

Ecrivez un script qui dialogue avec un utilisateur (commande **write** ou **talk**) ou qui lui envoie un courrier (commande **mail**) si ce dernier n'est pas connecté.

Exercice n°12

Ecrivez la commande **visu** de visualisation de fichiers ou de répertoires. Le fichier à visualiser est donné en argument. Si on spécifie un fichier, le script utilise la commande **more** ou **od**, en fonction du résultat de la commande **file**. Si on spécifie un répertoire, le script liste le répertoire avec la commande **ls**.

Exercice n°13

Créez la commande **info_user**. Le script affiche des information concernant un utilisateur via les commandes **id**, **finger**, **who** et en extrayant des données du fichier */etc/passwd*. Le nom de l'utilisateur est passé en argument.

Le script teste si l'utilisateur existe. Il s'arrête prématurément s'il n'existe pas.

Exercice n°14

Créez la commande **copier**. La commande reçoit en argument deux noms de fichiers, la source et la destination. Le script se termine et affiche un message d'erreur si l'une des conditions suivantes est réalisée :

- Le nombre d'arguments est incorrect.
- Le fichier source n'existe pas ou il n'est pas copiable (pas d'accès en lecture).
- Le fichier source n'est pas un fichier ordinaire.
- Le fichier destination existe.
- Le répertoire de destination, que l'on peut connaître par la commande **dirname**, n'est pas accessible en écriture.
- La copie a échoué.

Exercice n°15

Créez la commande **detruit**. Elle réalise la destruction logique des fichiers donnés en arguments. Pour ce faire, elle déplace chaque fichier dans le répertoire « $HOME/poubelle ». Le script demande confirmation de cette destruction pour chacun des fichiers. On utilise la boucle for pour écrire le script.

Exercice n°16

Même exercice que le précédent, mais on utilise une boucle while.

Exercice n°17

On crée la commande info_users. Elle affiche le menu suivant :

1 - Affiche les comptes utilisateurs
2 - Affiche les dernières connexions
3 - Affiche les utilisateurs connectés
Votre choix ?

Le script utilise les commandes **last** et **who** ainsi que le fichier */etc/passwd*.

Exercice n°18

Même exercice que le précédent, mais le programme boucle. Après avoir exécuté une demande, le script affiche de nouveau le menu. Il faut ajouter un item au menu, qui permette de sortir du programme.

7

Les alias et les fonctions

Objectifs

Après l'étude du chapitre, le lecteur sait créer de nouvelles commandes avec les alias, écrire des scripts modulaires en utilisant des fonctions.

Contenu

Les alias
L'export d'alias et le fichier .kshrc
Les fonctions
Le passage de paramètres et le retour de fonction
Les fonctions en programmation
L'export de fonctions
Les bibliothèques de fonctions
Atelier

Généralités sur les alias (ksh)

■ **Création d'un alias**
```
$ alias  dir='ls  -lba'
```

■ **Utilisation d'un alias**
```
$ dir
```

■ **Liste des alias**
```
$ alias
```

■ **Suppression d'un alias**
```
$ unalias  dir
```


Les alias

L'alias est le mécanisme qui permet de désigner une commande ou une suite de commandes par un nouveau nom, le nom d'alias. Les alias, comme les variables, ne sont connus que par le shell qui les a créés.

Comme les alias sont particulièrement utiles en mode interactif, on les définit surtout dans le fichier *.profile* et surtout dans le fichier *.kshrc.*

Quand on exécute un shell, celui-ci lit et exécute le fichier dont le nom a été défini dans la variable d'environnement ENV. Par convention, le nom de ce fichier est ~/.kshrc.

Les alias sont utilisés pour :

- Forcer les options particulières d'une commande.

- Forcer le chemin d'une commande.

- Alléger la syntaxe d'une commande.

- Créer des raccourcis pour des noms de fichiers.

Création d'alias

alias nouvelle_commande=chaîne

La chaîne doit être terminée par un espace pour que cet alias puisse dans une ligne de commande être suivi d'un autre alias.

Liste de tous les alias

alias

Suppression d'alias

unalias nom-alias...
unalias -a

La première syntaxe supprime les alias indiqués par leur nom d'alias, et la deuxième
forme supprime tous les alias créés par l'utilisateur.

Exemples

```
$ alias dir='ls -l'                    # nouvelle commande avec une syntaxe allégée

$ alias dir
dir='ls -l'

$ dir          # le shell remplace l'alias dir par ls –l, et exécute la commande ls -l

$ alias taille_arbre='du '             # cet alias pourra être suivi d'un autre alias

$ alias rep_cathy='/home/cathy'            # raccourci pour un nom de fichier

$ taille_arbre rep_cathy          # deux alias consécutifs sur la même ligne
4       /home/cathy/exercices
4       /home/cathy/corriges
368     /home/cathy

$ alias          # liste tous les alias
dir='ls –l'
rep_cathy='/home/cathy'
taille_arbre='du '

$ unalias taille_arbre          # supprime l'alias taille_arbre

$ alias          # liste tous les alias
dir='ls –l'
rep_cathy='/home/cathy'

$ unalias –a   # supprime tous les alias

$ alias

$ alias dir='ls -als'

$ alias diri='dir -i'     # diri est un alias défini sur un autre alias
```

Alias particuliers

■ **«Tracked Alias»**
```
$ alias -t date
```

■ **Surcharge de commande**
```
$ alias  rm='rm -i'
```

■ **Alias exporté**
```
$ alias  -x  bye=exit
```


Autres formes d'alias

alias «Tracked»

L'option «–t» de la commande **alias** permet de créér l'alias d'une commande sous son propre nom, la définition de l'alias étant le chemin absolu d'accès à la commande. C'est le shell qui recherche la commande dans l'arborescence au premier appel de l'alias et le crée. Les alias «tracked» garantissent l'emploi d'une commande, indépendamment des chemins définis par la variable PATH.

Alias exporté

L'option « –x » permet d'exporter un alias, qui est alors défini dans les scripts exécutés comme des commandes.

Surcharge de commande

Le nom d'alias peut être celui d'une commande. Quand c'est le cas, il est toujours possible d'exécuter directement la commande en quotant la commande, en indiquant le chemin, ou en utilisant la commande **command**.

$ /usr/bin/commande

$ command command

Remarque
On peut définir un alias sur un alias mais le nouvel alias doit porter un nom différent du premier. Il n'est pas possible d'agir comme pour les commandes.

$ alias dir='ls -l'

$ alias dir2='dir -s'　　　　　# alias dir='dir -s' est illégal

Combinaison d'alias

Une ligne de commandes peut comporter plusieurs alias consécutifs. Pour que le shell vérifie que l'argument qui suit un alias est lui-même un alias, il faut que la définition de l'alias se termine par un espace.

```
$ alias  alias1='définition1 '
$ alias alias2='definition'
$ alias1 alias2   # génère définition1 définition2
```

Exemples

Force le mode interactif de la commande **rm.**

```
$ alias rm='rm -i'
$ rm fichier.txt
rm : fichier.txt y/n : n
```

Exportation d'un alias pour qu'il soit utilisé dans un script.

```
$ alias -x heure="date '+%H'"
$ cat > scriptx
echo "heure : \" ; heure
^D
$ sh scriptx
Heure : 15:25:30
```

Définition d'un «Tracked» alias.

```
$ alias –t vi           # tracked alias
```

Plusieurs formes pour utiliser une commande plutôt que son alias

```
$ 'rm' fichier.txt
$ alias ls='ls -i'
$ ls
  4011 fiche                        4017 group
$ command ls
      fiche                             group
```

Combinaison d'alias

```
$ alias dir='ls -l '
$ alias rep='/etc'
$ alias
alias dir='ls -l '
alias rep='/etc'
$ dir rep
total 1543
-rw-rw-r--   1 root    disk        0 sep  8 2001 dumpdates
...
-rw-r--r--   1 root    root      582 mar 15 15:31 group
...
```

Sous-programme sous forme de script

```
$ more  programme
#!/bin/sh
echo  "Début du programme"
sous_programme
echo  "Fin du programme"


$ more  sous_programme
#!/bin/sh
echo  "----sous-programme----"
echo  "--------FIN----------"
```


Introduction

Un programme peut être composé de plusieurs scripts. Chaque script réalise une fonction particulière. Cette modularité permet de simplifier les tâches de mise au point et de maintenance.

L'échange de données entre les différents scripts se fait à travers les variables d'environnement, le code retour, les paramètres positionnels et les fichiers.

Exemples

```
$ cat > prince
while :
do
  echo "programme principal"
  cat << Fin
      1 sousprog1
      2 sousprog2
      3 quitter
Fin
  echo "Votre choix : \c"; read choix
  case "$choix" in
    1 ) sousprog1 ;;
    2 ) sousprog2 ;;
    3 ) echo "au revoir" ;  exit 0 ;;
    *) echo "choix incorrect : "
  esac
sleep 2
clear
done
^D
```

```
$ chmod u+x prince

$ cat >sousprog1
echo "Le sous-programme 1 s'exécute"
^D

$ chmod u+x sousprog1

$ cat >sousprog2
echo "Le sous-programme 2 s'exécute"
^D

$ chmod u+x sousprog2

$ prince

        1 sousprog1
        2 sousprog2
        3 quitter
Votre choix : 1
Le sous-programme 1 s'exécute

        1 sousprog1
        2 sousprog2
        3 quitter
Votre choix : 2
Le sous-programme 2 s'exécute

        1 sousprog1
        2 sousprog2
        3 quitter
Votre choix : 3
Au revoir

$
```

Sous-programme sous forme de fonction

```
$ more  programme
#!/bin/sh
sous_programme ()
{
  echo  "----sous-programme----"
  echo  "--------FIN----------"
}
echo  "Début du programme"
sous_programme
echo  "Fin du programme"
```


Les fonctions

Une fonction, appelée aussi macro-fonction, est un ensemble de commandes identifié par un nom de fonction et résidant en mémoire, ce qui la rend plus rapide d'accès qu'un script qui réside sur disque.

Syntaxe

nom_fonction () { liste de commandes ; }

ou

function nom_fonction { liste de commandes ; }

Le mot clé function n'est pas reconnu en shell Bourne où la seconde forme n'est donc pas utilisable.

Une fonction est exécutée en invoquant son nom suivi d'éventuels paramètres, que cette dernière va référencer de la même manière qu'un script ($0, $1, ...).

Les fonctions utilisées en mode interactif sont définies dans le fichier .profile, mais peuvent être saisies directement en ligne de commande.

La commande **unset** permet de supprimer une fonction.

Un script peut être modulaire s'il est structuré en fonctions : il suffit de définir toutes les fonctions en tête du script.

La commande interne **return** met fin à une fonction et renvoie un code de terminaison au module appelant ; le code retour est stocké, comme le retour d'un script, dans la variable «?» du shell.

Les variables d'un script sont globales pour le script et donc accessibles en lecture et en écriture aux différentes fonctions du script. Une fonction peut cependant créer des variables locales, connues seulement de la fonction, avec la commande **typeset**.

Exemples

Exemples de fonctions interactives

```
$ ll () { ls -al ; }                    # fonction créée en interactif

$ ll                                    # équivaut à ls -al
```

La fonction a un paramètre

```
$ trouve () { find / -name "$1" -print 2 >/dev/null ; }

$ trouve ls
/bin/ls

$ trouve vi
/usr/bin/vi
```

Suppression de la fonction trouve

```
$ unset -f  trouve
```

Exemple de fonction dans un script

```
$ cat > fonctions
#********** Fonction  lecture **************
lire_ligne () {
echo "Entrez une ligne de texte ou <fin> pour finir : \c"
read ligne
#********** Fonction affichage*************
}
ecrire_ligne   () {
echo "$ligne" >> ligne.txt
}
#********* Programme principal ***********

while [ "$ligne" != "fin"]
do
      lire_ligne
      ecrire_ligne
done
cat ligne.txt
^D

$ chmod u+x fonctions

$ fonctions
Entrez une ligne de texte ou <fin> pour finir : Ligne No 1
Entrez une ligne de texte ou <fin> pour finir : Ligne No 2
Entrez une ligne de texte ou <fin> pour finir : fin
Ligne No 1
Ligne No 2
```

La fonction a un code retour

```
$ cat > boucle
reponse () {
      read reponse
      if [ "$reponse" = "oui" ]
      then return 0
      else return 1
```

```
                fi
        }

        while true
        do
                echo "Répondez oui pour quitter maintenant :  \c"
                if reponse ; then echo "Au revoir !" ; exit 0 ; fi
        done
        ^D

$ chmod u+x boucle

$ boucle
Répondez oui pour quitter maintenant : non
Répondez oui pour quitter maintenant : bof
Répondez oui pour quitter maintenant : oui
Au revoir !
```

Utilisation des paramètres

```
$ cat > param
function erreur
{
  echo "N° $1 : Message $2"
  exit $3
}
erreur $3 $1 $2
^D

$ chmod u+x param

$ param "Erreur de saisie"  6  5
N° 5 : Message Erreur de saisie

$ echo $ ?
6
```

Globalité des variables

```
$ cat > var.globale
fonc()
{
  echo "fonc : valeur de v : $v"
  v=v_fonc
}
v=v_glob
fonc
echo "script : valeur de v : $v"
^D

$ chmod u+x var.globale

$ var.globale
fonc : valeur de v : v_glob
script : valeur de v : v_fonc

$
```

Utilisation des variables locales d'une fonction

```
$ cat > var.locale
fonc () {
        typeset temps # cette variable est locale à la fonction fonc
        temps="Il fait beau"
        echo "Le temps : $temps"
}

        temps="Il pleut"
        fonc   # appel de la fonction fonc
        echo "Le temps : $temps"
^D

$ chmod u+x var.locale

$ var.locale
Le temps : Il fait beau
Le temps : Il pleut
```

Echange de données

Scripts	*Fonctions*
Les arguments d'appels (in)	
Les fichiers (in/out)	
L'environnement (in)	L'ensemble des variables (in/out)
La valeur retournée par **exit** (out)	La valeur retournée par **return** (out)

Echange de données

Les arguments d'appel

L'appel d'une fonction peut comporter des arguments, que celle-ci va référencer «$1», «$2», ... tout comme un script.

Les fichiers

De la même manière qu'un script, une fonction peut utiliser des fichiers pour l'échange de données.

L'environnement

Un script, étant exécuté par un shell fils, ne reçoit qu'une copie des variables d'environnement du shell père, alors qu'une fonction est exécutée dans le shell courant et de ce fait a un accès complet en lecture et en écriture à toutes les variables du shell courant.

Rappelons cependant que le Korn shell permet de définir des variables locales à une fonction (*cf. Sous-programme sous forme de fonction*).

Retour de valeur

Un script renvoie une valeur grâce à la commande **exit**, une fonction renvoie aussi une valeur avec l'instruction **return**, dans les deux cas cette valeur est stockée dans la variable «$?».

Les bibliothèques de fonctions (ksh)

```
$ more  ~/fonctions/f1
f1() {
  echo Fonction f1
}

$ chmod  u+x  ~/fonctions/f1
$ FPATH=~/fonctions; export FPATH

$ more programme
#!/bin/ksh
echo Début du programme
f1
echo Fin du programme
```


Introduction

Il est possible, en Korn shell, de constituer des bibliothèques de fonctions appelables à partir de n'importe quel script. Ce mécanisme dote le shell d'un principe bien connu des langages de programmation comme le FORTRAN ou le langage C, celui des sous-programmes externes. Les bibliothèques de fonctions permettent une réutilisation des sous-programmes par différents programmeurs.

En fait, ces bibliothèques sont des répertoires dans lesquels chaque fonction est définie dans un fichier qui porte le nom de la fonction qu'il contient.

Remarque

Il est important que l'administrateur du système définisse des règles d'écriture des fonctions et n'accepte d'enregistrer dans la bibliothèque que celles qui les respectent.

Pour mettre en œuvre les bibliothèques de fonctions, il faut définir la variable d'environnement FPATH. Elle contient la liste des bibliothèques que le shell explorera, c'est-à-dire la liste des répertoires qui matérialisent les bibliothèques.

Les fichiers de la bibliothèque doivent posséder l'attribut d'exécution (droit x).

Exemples

```
$ mkdir ~/bib_fonc

$ cd ~/bib_fonc

$ cat > fbonjour
fbonjour () {
      echo "Bonjour "
}
^D
```

```
$ cat > fsalut
fsalut () {
        echo "Et au revoir"
}
^D

$ cd

$ export FPATH=~/bib_fonc # variable normalement définie dans le fichier .profile

$ cat > un-script
fbonjour             # appel de la fonction fbonjour
fsalut               # appel de la fonction fsalut
^D

$ chmod u+x un_script

$ un_script
Bonjour
Et au revoir
```

Atelier 7 : Les alias et les fonctions

Objectifs :

■ **Apprendre à utiliser des alias.**

■ **Créer des fonctions.**

Durée : 30 minutes.

Exercice n°1

Créez une nouvelle commande de nom **heure**, qui affiche l'heure au format HH:MM:SS.

Exercice n°2

Créez une nouvelle commande de nom **attrib_dir**, qui affiche les attributs d'un répertoire.

Exercice n°3

Comment forcer le shell à utiliser l'implémentation POSIX de la commande **echo** à chaque fois que cette dernière est lancée ?

Exercice n°4

Comment rendre les alias créés précédemment accessibles à tous les scripts lancés dans cette session ?

Exercice n°5

Comment rendre permanents les alias précédents, pour tous les shells interactifs (ceux qui n'exécutent pas de scripts et affichent une invite) lancés au cours des sessions ?

Exercice n°6

Créez une fonction qui convertit le contenu d'un fichier de minuscules en majuscules.

Exercice n°7

Ecrivez un script modulaire qui appelle des fonctions de gestion de répertoires à partir du menu suivant :

Afficher les attributs du répertoire
Lister les fichiers du répertoire
Créer un répertoire
Supprimer un répertoire
Quitter

Toutes les fonctions devront vérifier l'existence ou non du répertoire avant de s'exécuter.

Exercice n°8

On crée la commande **info_users**. Elle affiche le menu suivant :

1 - Affiche les comptes utilisateurs
2 - Affiche les dernières connexions
3 - Affiche les utilisateurs connectés
4 - Fin du programme
Votre choix ?

Le script utilise les commandes **last** et **who** ainsi que le fichier */etc/passwd*. Après l'exécution d'un item, elle affiche à nouveau le menu, après avoir effacé l'écran.

Le script utilise deux fonctions internes au script :

- La fonction pause() qui réalise une pause de l'exécution du programme. Elle affiche : « Appuyez sur Entrée pour continuer ». Cette fonction peut être appelée après chaque affichage d'un résultat et avant le nouvel affichage du menu.

- La fonction confirme() qui demande la confirmation oui ou non. Elle affiche le message d'invite qu'elle reçoit en argument. Cette fonction peut être appelée pour demander la confirmation de la sortie du programme.

Exercice n°9

Même exercice que précédent, mais les fonctions doivent être extérieures au script. On crée donc une bibliothèque.

Exercice n°10

Même exercice que le précédent, mais on utilise des scripts à la place des fonctions.

- *L'arithmétique*
- *La commande **expr***
- *Les boucles de comptage*
- *L'arithmétique en ksh*
- *La commande **bc***

8

L'arithmétique

Objectifs

Après la lecture de ce module, le lecteur sait effectuer des opérations arithmétiques sur des variables, construire des boucles de comptage dans un script, se servir de l'outil calculette d'un système UNIX.

Contenu

La commande **expr**
L'arithmétique en Korn shell
La gestion des boucles de comptage
La commande **bc**
Atelier

expr : utilisation en arithmétique

```
$ expr  3  +  2
5

$ expr 2  \*  5
10

$ a=3
$ a=$(expr  $a  +  1)
$ echo $a
4
```

$$+,-,*,/,\%$$
$$=,>,>=,<,<=,!=$$
$$|,\&$$

Introduction

Dans un script, la commande **expr** offre la possibilité d'effectuer des opérations arithmétiques sur des variables qui contiennent un nombre entier, ce qui permet d'utiliser des compteurs ou de calculer un total par exemple.

Remarques

- La commande **expr** est une commande externe indépendante du shell utilisé.

- La commande **expr** permet aussi de manipuler des chaînes de caractères (*cf. Module 10 : expr – manipulation de chaînes*).

La commande expr

Syntaxe

expr arg1 opérateur arg2 ....

Les termes d'une expression sont les arguments de la commande **expr**. Ils doivent être séparés par des espaces.

Les caractères spéciaux doivent être protégés pour éviter leur interprétation par le shell. On notera, en particulier, le caractère « * » qui désigne le symbole de multiplication.

Dans le tableau qui suit, les opérateurs sont classés par ordre de priorité décroissante. On peut utiliser des parenthèses pour forcer un ordre d'évaluation particulier.

L'arithmétique que l'on réalise en shell est souvent élémentaire et se limite à l'addition et à la soustraction.

Expression	Résultat
arg1 | arg2	Réalise l'opération «OU» et renvoie 0 pour dire faux si arg1 et arg2 sont nuls et pour dire vrai renvoie l'un des deux arguments non nul, de préférence arg1.
arg1 & arg2	Réalise l'opération «ET» et renvoie arg1 pour dire vrai si arg1 et arg2 sont non nuls, sinon renvoie 0 pour dire faux si l'un des arguments est nul.
Arg1 opérateur arg2 opérateurs : =, ==, >, >=, <, <=, !=	Renvoie 1 si le test est vrai et 0 sinon. = et == sont des opérateurs de test d'égalité.
Arg1 opérateur arg2 opérateurs : *, /, %	Renvoie le résultat de l'opération. Le symbole / est celui de la division entière et % celui du modulo (le reste d'une division).
Arg1 opérateur arg2 opérateurs : + ,-	Renvoie le résultat de l'opération.

Exemples

```
$ expr 2 + 2
4
```

La multiplication est réalisée avant l'addition

```
$ expr 3 + 2 \* 5          # la multiplication est prioritaire sur l'addition
13
```

L'addition est réalisée avant la multiplication

```
$ expr \ (3 + 2 \) \* 5

25

$ I=0                     # crée et initialise la variable I à la valeur 0
```

Incrémentation de la variable I

```
$ I=`expr $I + 1`         # incrémente la variable I

$ echo "Après incrémentation I = $I"
Après incrémentation I = 1
```

L'arithmétique en shell POSIX

```
$ integer  a b c=5
$ ((a=32))
$ let b=a+1
print a,b
32,33
$ let a='c<<2'
$ let b='2#101' c='16#FF'
$ print "$b, $c"
5, 255
```

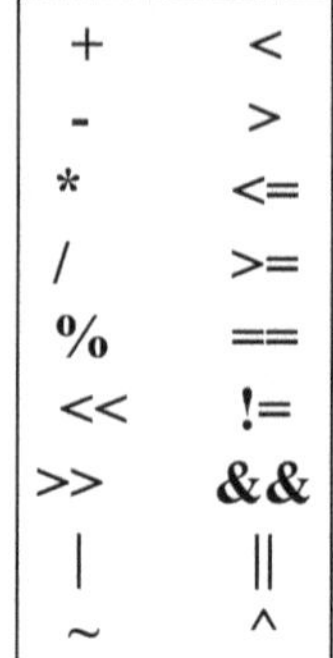

Introduction

Le shell POSIX simplifie et enrichit l'arithmétique en implémentant le type entier pour les variables qui, par défaut, sont de type chaîne de caractères.

Il n'est plus nécessaire d'utiliser le symbole «$» pour référencer une variable de type entier dans une expression.

Les opérations arithmétiques ou de comparaison de variables de type entier sont simplifiées grâce à l'emploi de nouvelles commandes : **let** ou **(())**.

Il est également possible d'utiliser une base de numération quelconque, par exemple la base 16 (hexadécimal).

Création d'une variable de type entier

La création d'une variable de type entier nécessite sa déclaration préalable. Pour cela on utilise la commande **typeset −i** ou son alias prédéfini **integer**.

> **typeset -i** var[=valeur] ...

> ou

> **integer** var[=valeur] ...

Expressions de variables de type entier

> var=expression   # affectation de la valeur de l'expression

> **let** var=expression   # affectation de la valeur de l'expression

> ((expression))   # expression d'affectation ou de comparaison

L'expression $((...))

En plus de l'instruction **let**, on peut réaliser des affectations en mettant une expression dans la structure $((...)). Pour l'évaluer, il faut l'inclure dans une instruction, la commande interne « : » paraît la plus logique.

$: $((a=4))

$ echo $a
4

Les opérateurs

Les opérateurs sont ceux du langage C. Le tableau qui suit les donne dans l'ordre de priorité décroissante. Dans un même groupe les opérateurs ont des priorités identiques.

Si l'expression qui suit la commande **let** contient des symboles « < » ou « > », il faut les quoter pour que le shell ne les interprète pas comme des redirections.

$ a=5

$ if let 'a<6' ;then echo a est plus petit que 6; fi
a est plus petit que 6

$ if ((a<6)) ;then echo a est plus petit que 6; fi
a est plus petit que 6

Opérateur	Opération réalisée	Associativité
! ~	Le NON logique Le complément à 1 (l'inversion des bits 0/1)	Droite - Gauche
* / %	La multiplication La division Le modulo (le reste d'une division)	Gauche - Droite
+ -	L'addition La soustraction	Gauche - Droite
< <= > >=	Inférieur strictement Inférieur ou égal Supérieur Supérieur ou égal	Gauche - Droite
== !=	L'égalité La différence	Gauche - Droite
&	Le ET bit à bit	Gauche - Droite
^	Le OU exclusif bit à bit	Gauche - Droite
|	Le OU inclusif bit à bit	Gauche - Droite
&&	Le ET logique (utilisé dans les comparaisons)	Gauche - Droite
||	Le OU logique (utilisé dans les comparaisons)	Gauche - Droite
= *= /= %= += -= &= ^= |=	L'affectation et les opérateurs combinés (avec l'affectation) var opérateur=expression équivaut à var =var opérateur expression	Droite - Gauche

Exemples

```
$ typeset -i a=1 c

$ integer b=2

$ print "a = $a et b = $b "
a = 1 et b = 2

$ c=a+b                    # il n'est pas nécessaire d'utiliser $ pour remplacer a et b

$ print " $a + $b = $c"
1 + 2 = 3

$ ((c=25))

$ print "c = $c"
c = 25

$ let a=16#ff              # affecte la valeur hexadécimale ff à la variable a

$ echo "a = $a en base 10"
a = 255 en base 10    # la valeur hexadécimale ff correspond à la valeur décimale
255

$ integer a

$ integer b

$ b=$((a=5)+6

$ echo $a
5

$ echo $b
11
```


Les boucles

```
# avec expr
I=0
while  [ "$I"  -lt  5  ] ; do
  echo  Bonjour
  I=$(expr $I + 1)
done

# en KSH
integer I
I=0  # ou let I=0
while  ((I<5)) ; do
  echo Bonjour
  let i=i+1
done
```


Introduction

Pour contrôler l'exécution d'une boucle de comptage, on fait évoluer une variable
d'une valeur initiale à une valeur finale, en l'incrémentant à chaque itération, souvent
de 1. Le compteur peut être incrémenté en utilisant la commande **expr** ou les
commandes propres au Korn shell.

Dans le premier exemple, la variable de contrôle est testée avant chaque itération
grâce à la commande **test**, et incrémentée avec **expr**.

En Korn shell, la variable de contrôle est testée avant chaque itération grâce à la
commande **(())**, et incrémentée grâce à la commande **let**.

Exemples

Exemple d'utlisation de la commande expr

```
$ cat > rebours1        # compte à rebours avec la commande expr
jour=3                  # il reste trois jours avant le jour J
while [ "$jour" -ge 1 ]
do
     echo "Jour J - $jour"
     jour=`expr $jour - 1`
done
echo "C'est le jour J"
done
^D

$ chmod u+x rebours1

$ rebours1
Jour J - 3
Jour J - 2
```

Jour J - 1
C'est le jour J

Exemple d'utilisation de l'arithmétique du Korn shell

```
$ cat > rebours2          # compte à rebours en Korn shell
integer jour=3            # il reste trois jours avant le jour J
while ((jour>=1))
do
     echo "Jour J - $jour"
     let jour=jour-1      # ou jour=jour-1 car la variable jour est entière
done
echo "C'est le jour J"
done
^D

$ chmod u+x rebours2

$ rebours2
Jour J - 3
Jour J - 2
Jour J - 1
C'est le jour J
```

La commande **bc**

```
$ bc  ↵
3.4 + 2 ↵
5.4
x=2 ↵
3 + x ↵
5
quit ↵

$  echo  3+4 | bc
7
```


Introduction

La commande **bc** offre des possibilités de calcul qui s'apparentent à l'arithmétique du langage C, avec une précision illimitée.

Elle comporte une mini bibliothèque de fonctions mathématiques. Il est possible de définir de nouvelles fonctions, dont le nom est obligatoirement une lettre minuscule.

La commande **bc** est en fait essentiellement utilisée en interactif, comme calculette, bien qu'elle puisse être utilisée avec des tubes, dans un script par exemple.

Les utilisations les plus courantes de la commandes **bc** sont :

- Les calculs sur des grands nombres entiers.

- Une plus grande précision dans les calculs.

- Les conversions d'une base de numération à une autre.

Parmi les options de la commande **bc**, mentionnons l'option « -l » qui permet d'avoir vingt chiffres après le point décimal plutôt que zéro par défaut. C'est aussi l'option « -l » qui autorise l'emploi des fonctions de la bibliothèque mathématique.

Si le lecteur souhaite approfondir la commande **bc**, le manuel lui indiquera qu'elle possède des instructions de contrôle héritées du langage C, telles que if, while, for…

Remarque
Nous attirons l'attention du lecteur sur l'influence de la variable LC_NUMERIC sur le caractère qui indique les décimales.

Exemples

```
$ bc            # le plus grand entier non signé sur 64 bits
2^64 - 1
18446744073709551615
quit
```

```
$ bc   # exemple de création d'une nouvelle fonction de nom c qui calcule un cube
define c(n) {
      return(n^3)
}
c(3)
27
quit

$ echo 5+3 | bc    # exemple de mise en œuvre depuis un tube
8

$ echo "5 / 3 " | bc
1

$ echo "5 / 3 " |bc -l
1.66666666666666666666

$ echo "c(1)" | bc
function c undefined
0

$ echo "c(1)" | bc -l   # utilisation de cosinus
.54030230586813971740

$
```

Atelier 8 : L'arithmétique

Objectifs :

- **Savoir effectuer des calculs dans un script, ou en interactif.**

- **Savoir utiliser des compteurs de boucles.**

Durée : 30 minutes.

Exercice n°1

A l'aide de la commande **expr**, calculez l'expression suivante :
(5 -2) * (6 + 1)

Exercice n°2

Utilisez la commande **bc** pour calculer la surface d'un cercle qui fait 2,5 cm de rayon.

Exercice n°3

Ecrivez un script qui convertit en minutes et secondes un temps exprimé en secondes (le temps est passé en paramètre).

Exercice n°4

Ecrivez un script qui affiche les paramètres reçus, chacun précédé de son numéro d'ordre.

Exercice n°5

Ecrivez un script qui affiche les n premiers nombres, n lui étant passé en paramètre.

Exercice n°6

Ecrivez un script qui calcule la somme des n premiers nombres, n lui étant passé en paramètre.

Exercice n°7

Ecrivez un script qui enregistre dans un fichier les lignes saisies au clavier, et qui affiche le nombre de lignes qui ont été enregistrées.

Exercice n°8

Ecrivez un script qui génère six numéros distincts pour le loto. On les espère gagnants.

Les expressions régulières

Objectifs

Après la lecture de ce module, le lecteur sait rechercher des informations dans des fichiers, utiliser des méta-caractères dans un modèle de recherche.

Contenu

Rappels de l'utilisation de la commande **grep**
Les expressions régulières
La mise en oeuvre des expressions régulières avec la commande **grep**
Atelier

Rappel de l'utilisation de la commande **grep**

⬛ **Syntaxe**

```
grep [option ...] exp_reg fichier ...
```

⬛ **Options**

-v	Affiche toutes les lignes qui ne correspondent pas à l'expression régulière
-c	Compte le nombre de lignes qui correspondent
-n	Affiche les lignes qui correspondent précédées de leur numéro de ligne
-i	Ignore les différences majuscules/minuscules
-l	Affiche le nom des fichiers

Introduction

Pour répondre à une requête, il est parfois nécessaire de rechercher des informations disséminées dans plusieurs fichiers, ou de les extraire dans le flot de sortie d'une commande. On veut, par exemple, connaître tous les fichiers contenant un mot-clé, ou vérifier qu'une application est active.

La commande **grep** est un moyen pratique pour résoudre ce type de problème. Elle recherche une chaîne de caractères dans des fichiers et affiche les lignes qui correspondent sur la sortie standard.

Syntaxe

grep [option ...] expression_chaîne [fichier ...]

Les principales options

Option	Résultat
-v	Affiche toutes les lignes ne contenant pas la chaîne.
-c	Compte le nombre de lignes qui correspondent
-i	Ne fait pas de distinction entre les majuscules et les minuscules.
-n	Les lignes qui correspondent sont affichées précédées de leur numéro de ligne.
-l	Affiche uniquement les noms de fichiers.
-E	Considère expression_chaîne comme une expression régulière étendue, comme avec la commande **egrep** («*Extended grep*»).

　　　　　　　　　　　　　　　　　　　　　　　　　　©TSOFT – Unix Shell

Option	Résultat
-F	Considère expression_chaîne comme une chaîne fixe et non une expression régulière, comme avec la commande **fgrep** («*Fixed grep*»).

Exemples

Recherche de la machine venus dans le fichier des hôtes

```
$ grep venus /etc/hosts
131.107.2.100        venus   # SUN SOLARIS Bordeaux
```

Recherche du compte de l'utilisateur jean

```
$ grep jean /etc/passwd
jean:x:220:50:Jean Pierre:/home/jean:/bin/ksh
```

Ne pas distinguer les majuscules et les minuscules

```
$ cat capitales
Paris
Londres
Athènes
Rome

$ grep -i PARIS capitales
Paris
```

Vérification de la connexion d'un utilisateur

```
$who | grep cathy
cathy     tty04       déc 19 09:35
```

ou plus simplement

```
$ who | grep –c cathy
1
```

Connaître les fichiers qui contiennent le nom cathy dans le répertoire /etc

```
$ grep –l cathy /etc/* 2> /dev/null
/etc/passwd
/etc/opasswd
```

Les méta-caractères des expressions régulières

`^`	Début de ligne
`$`	Fin de ligne
`.`	Un caractère quelconque
`x*`	Une suite de caractères x
`\x`	Echappe le caractère x
`[adv],[a-f],[^0-9]`	Un caractère compris dans un domaine

Introduction

Pour formuler certains critères de recherche, l'expression chaîne peut, en plus des caractères fixes, contenir des méta-caractères qui permettent d'affiner le modèle de recherche.

Dans le système UNIX, ce type de chaîne qui utilise des méta-caractères est appelé expression régulière.

Les expressions régulières sont principalement utilisées dans trois cas :

1) Pour évaluer la longueur de la chaîne.

2) Pour définir un modèle de chaîne tel que « commençant par une lettre » ou « uniquement composé de chiffres ».

3) Pour spécifier une contrainte d'emplacement sur la ligne tel que « en début de ligne », « en fin de ligne ». Le terme ancrage est alors utilisé pour désigner la position de la chaîne dans la ligne.

Nous réalisons la présentation initiale des expressions régulières grâce à la commande **grep** qui est à la fois simple et pratique. Leur utilisation est très répandue dans UNIX. Le lecteur apprendra dans les chapitres et les modules qui suivent à les utiliser avec les commandes **expr**, **sed** et **awk**. Toutes les commandes d'UNIX où l'on peut être amené à préciser une chaîne de caractères utilisent les expressions régulières (**vi, more** et **pg**).

Les méta-caractères des expressions régulières de base (la commande grep sans l'option -E)

Le tableau qui suit présente les principaux méta-caractères utilisés dans les expressions régulières et, en particulier, dans la commande **grep**. Les expressions régulières doivent être systématiquement quotées car certains des symboles sont également utilisés par le shell.

Méta-caractère	Interprétation
^	La chaîne '^chaîne' doit se trouver en début de ligne.
$	La chaîne 'chaîne$' doit se trouver en fin de ligne.
.	Le caractère « . » représente un caractère quelconque.
x*	Le caractère « * » indique la répétition du caractère qui le précède, ici le caractère x. Le nombre de fois où le caractère est répété peut être nul, ainsi la chaîne « bb » est valide pour le modèle « ba*b ».
\x	Le caractère « \ » protège le caractère x, ce qui permet d'inclure la recherche des méta-caractères eux-mêmes : ^, $, \,*, ., [,].
[adv]	Les caractères « [] » définissent une liste de caractères, dans l'exemple les caractères a, d et v (une liste explicite).
[a-f]	Le caractère «-» définit un intervalle, ici la liste des caractères compris entre a et f, c'est-à-dire : a, b, c , d, e, f (un domaine).
[^0-9]	Le caractère « ^ » en première position dans la liste représente la négation (un caractère qui n'appartient pas à la liste).

Remarque

Malgré une certaine parenté avec les jokers, on note des différences significatives avec les caractères équivalents du shell :

- Le caractère « . » désigne un caractère quelconque et non pas « ? ».

- Le caractère « * » est différent dans son interprétation. La représentation « .* » est équivalente au joker « * ».

- C'est le caractère « ^ » qui exprime la négation dans une liste ([^a-f]) et non pas le caractère « ! » ([!a-f]).

Mise en œuvre des expressions régulières avec **grep**

```
$ grep  '^bin'    /etc/passwd

$ grep  '/bin/sh$'  /etc/passwd

$ grep  '^...:'  /etc/passwd

$ grep  '\*'  /etc/passwd

$ grep  '/home.*sh'  /etc/passwd

$ grep  '/bin/[kc]sh$'  /etc/passwd
```


Les expressions régulières dans la commande grep

Toutes les commandes où il est possible de rechercher une chaîne de caractères supportent les expressions régulières. Nous avons choisi d'en illustrer le concept avec la commande **grep**. Pour que la recherche soit évocatrice, il faut qu'elle s'applique à un fichier dont la structure est connue. Les exemples portent sur le fichier */etc/passwd* ou sur la sortie standard de commande élémentaire telle que **ls**.

La structure d'une ligne du fichier */etc/passwd* est la suivante :

nom :mot_de_passe :UID :GID :commentaire :répertoire_de_connexion :shell

Recherche des utilisateurs qui utilisent le C shell

```
$ grep 'csh$' /etc/passwd
gerard:x:222:50:Gerard Le Grand:/home/gerard:/bin/csh
louise:x:225:50:Louise Yvonne:/homel/louise:/bin/csh
paul:x:228:50:Paul Pierre:/home/paul:/bin/csh
```

Recherche des utilisateurs dont le nom commence par eleve

```
$ grep '^eleve' /etc/passwd
eleve1:x:230:50:Stagiaire UNIX:/home/eleve1:/bin/sh
eleve2:x:231:50:Stagiaire UNIX:/home/eleve2:/bin/sh
eleve3:x:232:50:Stagiaire UNIX:/home/eleve3:/bin/sh
```

Recherche des utilisateurs dont le nom commence par eleve1 ou eleve2

```
$ grep '^eleve[12]' /etc/passwd
eleve1:x:230:50:Stagiaire UNIX:/home/eleve1:/bin/sh
eleve2:x:231:50:Stagiaire UNIX:/hom/eleve2/bin/sh
```

Recherche des utilisateurs dont le nom commence par eleve1, eleve2, eleve3, eleve4 ou eleve5

```
$ grep '^eleve[1-5]' /etc/passwd
eleve1::x:230:50:Stagiaire UNIX:/home/eleve1:/bin/sh
eleve3::x:233:50:Stagiaire UNIX:/home/eleve3:/bin/sh
```

Recherche des fichiers qui sont des répertoires

```
$ ls -l | grep '^d'
drwxr-xr-x   2 pierre   compta      512 jan 25 16:39 sources
drwxr-xr-x   2 pierre   compta      512 avr 15 10:20 executables
```

Recherche des fichiers qui ne sont pas des répertoires

```
$ ls –l | grep '^[^d] '
```

Recherche des fichiers qui appartiennent à cathy

```
$ ls -l | grep '.* [0-9] cathy'
-rw-r--r--   1 cathy     100        304 jan 23 09:43 infos.txt
-rw-r--r--   1 cathy     100       1727 jan 22 13:18 journal.txt
```

Recherche des remplacements de variables dans le fichier /etc/profile

```
$ grep '\$' /etc/profile
if [ "$TERM" = "" ]
case "$0" in
        case $? in
```

Affichage des lignes non vides d'un fichier (une ligne qui contient des espaces n'est pas vide)

```
$ grep –v '^$'  fichier
```

```
$ grep '.' fichier
```

Affichage des lignes non vides d'un fichier (une ligne qui contient des espaces est vide)

```
$ grep –v '^[ ]*$'  fichier
```

Les possibilités de **egrep**

- **Possibilités supplémentaires de** egrep **par rapport à** grep
  - `r+`   Une ou plusieurs occurrences de l'expression r
  - `r?`   Zéro ou une occurrence de l'expression r
  - `r1|r2`   L'expression r1 ou r2
  - `(r)`   Une expression régulière peut être mise entre parenthèses pour grouper des expressions

- **Possibilité de** grep **non reconnue dans** egrep
  - L'opérateur `\(...\)`

Les expressions régulières dans la commande egrep

Variante de la commande **grep**, **egrep** considère la chaîne comme une expression régulière étendue. L'option –E dote la commande **grep** des possibilités de **egrep**.

Les possibilités supplémentaires des expressions régulières étendues ne sont peut-être pas souvent utilisées mais deviennent intéressantes dans certains cas.

Les méta-caractères des expressions régulières étendues

Le tableau qui suit présente les principaux méta-caractères utilisés dans les expressions régulières étendues et, en particulier, dans la commande **egrep**.

Expression	Interprétation
expr+	Il doit exister au moins une occurrence de l'expression régulière « expr », à la différence de « * » qui signifie de zéro à n occurrences.
expr?	Il existe au plus une occurrence (zéro ou une) de l'expression régulière expr.
expr1|expr2	L'expression régulière expr1 ou expr2.
(expr)	Le regroupement d'expressions régulières.

Exemples

Recherche de l'utilisatrice paule ou pauline

```
$ egrep 'paul(e|ine)' /etcpasswd
paule:x:240:50:Stagiaire UNIX:/home/paule:/bin/sh
pauline:x:241:50:Stagiare UNIX:/home/pauline/bin/sh
```


Contenu du fichier

```
$ cat fic_egrep

                          les premiers caracteres de la ligne sont espace ou tabulation
Les lignes qui suivent sont vides ou comportent un nombre entier
6789

123


67

Certaines des lignes qui suivent comportent des nombres reels
Un nombre reel peut avoir un signe, au moins un chiffre avant la virgule
et eventuelment des chiffres apres le point
[-|+]chiffre...,[chiffre...]
123,
-12,45
-,56
12,
-123
--3456,
la ligne contient abc et autre chose
la ligne contient abcabcabc et autre chose
```

Les caractères contenus dans les crochets sont « espace » et « tabulation » et il faut au moins un espace ou une tabulation en début de ligne

```
$ egrep '^[           ]+[^    ]' fic_egrep
                          les premiers caracteres de la ligne sont espace ou tabulation
Les lignes qui suivent sont vides ou comportent un nombre entier
```

Il peut y avoir des espaces ou des tabulations en début de ligne

```
$ egrep '^[           ]*[^    ]' fic_egrep
                          les premiers caracteres de la ligne sont espace ou tabulation
Les lignes qui suivent sont vides ou comportent un nombre entier
6789
123
67
Certaines des lignes qui suivent comportent des nombres reels
Un nombre reel peut avoir un signe, au moins un chiffre avant la virgule
et eventuelment des chiffres apres le point
[-|+]chiffre...,[chiffre...]
123,
-12,45
-,56
12,
-123
--3456,
la ligne contient abc et autre chose
la ligne contient abcabcabc et autre chose
```

La ligne est vide ou numérique

```
$ egrep '^[0-9]*$' fic_egrep
6789

123

67
```

La ligne est nécessairement numérique

```
$ egrep '^[0-9]+$' fic_egrep
6789
123
67
```

La ligne contient un nombre réel

```
$ egrep '^(-|\+)?[0-9]+,[0-9]*' fic_egrep
123,
-12,45
12,
```

La ligne contient au moins une occurrence de la chaîne abc

```
$ egrep '(abc)+' fic_egrep
la ligne contient abc et autre chose
la ligne contient abcabcabc et autre chose
```

Les possibilités de GNU **grep**

▨ **Possibilités supplémentaires de GNU** grep **par rapport à** grep

```
\b              La chaîne est ancrée en début de
                mot

\B              La chaîne n'est pas ancrée en
                début de mot

expr{n}         n occurrences de la chaîne

expr{n,}        Au moins n occurrences de la
                chaîne

expr{n,m}       De n à m occurrences de la chaîne
```


Introduction

Le logiciel libre GNU **grep** étend encore les possibilités des expressions régulières. Ce logiciel est fourni en standard dans toutes les distributions Linux. Il faut en outre noter que les possibilités supplémentaires apportées par cette commande sont également valables dans le langage Perl.

Les méta-caractères des expressions régulières étendues

Le tableau qui suit présente les principaux méta-caractères utilisés dans les expressions régulières étendues de GNU **grep**. Pour qu'ils soient reconnus par la commande **grep**, il faut mentionner l'option « -E ».

Expression	Interprétation
\b	La chaîne est ancrée à un mot.
\B	La chaîne n'est pas ancrée à un mot.
expr{n}	L'expression se répète n fois.
expr{n,}	L'expression se répète au moins n fois.
expr{n,m}	L'expression se répète de n à m fois.

Exemples

Contenu du fichier

```
$ cat fic_grep
=AAA=  La ligne contient 3 A
=AAAAA=  La ligne contient 5 A
=AAAAAAAA= La ligne contient 8 A
=AAAAAA= La ligne contient 6 A
=AAAAAAA= La ligne contient 7 A
```

le mot bon est un mot simple
le mot abondance est original
le mot bonjour est moins simple

Recherche des lignes avec cinq « A » encadrés par le caractère « = »

```
$ grep -E '=A{5}=' fic_grep
=AAAAA=  La ligne contient 5 A
```

Recherche des lignes avec au moins cinq « A » encadrés par le caractère « = »

```
$ grep -E '=A{5,}=' fic_grep
=AAAAA=  La ligne contient 5 A
=AAAAAAAA= La ligne contient 8 A
=AAAAAA= La ligne contient 6 A
=AAAAAAA= La ligne contient 7 A
```

Recherche des lignes avec de cinq à sept « A » encadrés par le caractère « = »

```
$ grep -E '=A{5,7}=' fic_grep
=AAAAA=  La ligne contient 5 A
=AAAAAAAA= La ligne contient 8 A
=AAAAAA= La ligne contient 6 A
=AAAAAAA= La ligne contient 7 A
```

Recherche des lignes avec le mot bon

```
$ grep -E '\bbon\b' fic_grep
le mot bon est un mot simple
```

Recherche des lignes avec des mots commençant par bon

```
$ grep -E '\bbon\B' fic_grep
 le mot bonjour est moins simple
```

Recherche des lignes avec des mots contenant bon

```
$ grep -E '\Bbon\B' fic_grep
le mot abondance est original
```

Atelier 9 : Les expressions régulières

Objectifs :

- **Maîtriser les expressions régulières.**

Durée : 20 minutes.

Exercice n°1

Listez les sous-répertoires du répertoire courant. Y a-t-il plusieurs solutions ?

Exercice n°2

Affichez toutes les lignes de votre fichier *.profile* qui contiennent un commentaire.

Exercice n°3

Reprenez l'exercice précédent, et limitez l'affichage aux seules lignes qui ne contiennent qu'un commentaire.

Exercice n°4

Affichez toutes lignes de votre fichier .profile qui initialisent des variables (TERM, PATH, etc.).

Exercice n°5

Vérifiez si le dernier chemin de votre PATH est une référence au répertoire courant (le caractère .).

Exercice n°6

Dans le manuel de la commande **cal**, affichez les lignes qui contiennent des dates postérieures à l'an 1000. On suppose donc qu'une date est un nombre de 4 chiffres commençant par 1 ou 2.

Exercice n°7

Dans le manuel de la commande **cal**, affichez les lignes qui se terminent par « . ».

Exercice n°8

Affichez la liste de tous les utilisateurs de votre système dont le nom de connexion se termine par un ou plusieurs chiffres (par exemple cours1, stage10, eleve3).

Exercice n°9

Recherchez si alice et alain sont des utilisateurs de votre système (choisissez des noms d'utilisateurs réellement existants sur votre système et commençant par la même racine, ici « al »).

Exercice n°10

Dans le manuel de la commande **cal**, affichez les lignes qui contiennent le mot « days » suivi du mot « date », les deux mots sont séparés d'un nombre quelconque de caractères.

Exercice n°11

En se basant sur le fichier */etc/passwd*, affichez les utilisateurs des shells suivants : sh, bash, ksh ou csh. Les shells sont dans les répertoires /bin ou /usr/bin. Nous suggérons au lecteur d'utiliser la commande **egrep**.

Exercice n°12

Analysez, avec la commande **GNU grep** une chaîne de caractères pour savoir si elle correspond à une adresse e-mail ayant la structure suivante :

prénom.nom@organisation.type

Les champs nom et prénom sont composés d'une suite de cinq à onze lettres minuscules.

Le champ organisation est composé d'une suite d'au moins trois lettres minuscules ou majuscules ou bien encore du caractère « - ».

Le champ type est composé de deux ou trois lettres.

10

Les chaînes de caractères

Objectifs

Après la lecture de ce module, le lecteur sait extraire une sous-chaîne à partir d'une chaîne, calculer la longueur d'une chaîne, éclater un chemin («*pathname*») en un nom de fichier et de répertoire.

Contenu

La manipulation de chaînes avec la commande **expr**
Les expressions de variables
L'extraction de chaînes avec typeset (ksh)
Les commandes **basename** et **dirname**
Quelques astuces
Atelier

expr : manipulation de chaînes

- **Calcul de la longueur d'une chaîne**
```
$ fic=/usr/local/bin/emacs
$ expr "$fic" : ".*"
20
```

- **Extraction d'une sous-chaîne (\(...\))**
```
$ expr "$fic" : ".*/\(.*\)"
emacs
$ expr "$fic" : "\(.*\)/"
/usr/local/bin
```


Introduction

En complément aux filtres qui, comme la commande **grep**, affichent une ligne entière, la commande **expr** offre la possibilité d'extraire une sous-chaîne d'une chaîne, et de calculer la longueur d'une chaîne.

Remarque

La commande **expr** permet d'effectuer des calculs arithmétiques sur des entiers.

La commande expr

Syntaxe

Longueur d'une chaîne

expr chaîne : ".*"

Extraction d'une sous-chaîne

expr chaîne : "expression\(expression\)"

L'expression entre parenthèses « \(...\) » désigne la sous-chaîne à extraire.

Comme dans le calcul arithmétique, il est nécessaire de séparer par des espaces les opérandes de l'opérateur « : », ce sont les arguments de la commande **expr**. De fait, l'expression régulière est obligatoirement quotée.

Exemples

Affiche la longueur de la chaîne « bonjour »

$ expr "bonjour" : ".*"
7

$ lg=$(expr "bonjour" : ".*")

Affiche les deux premiers caractères

```
$ Temps="Il fait beau"
$ expr "$Temps" : "\(..\)"
Il
```

Affiche les quatre derniers caractères

```
$ expr "$Temps" : ".*\(....\)"
beau
```

Affiche le nom du fichier

```
$ chemin=/usr/bin/vi
$ expr "$chemin" : ".*/\(.*\)"
vi
```

Affiche le répertoire

```
$ expr "$chemin" : "\(.*\)/"
/usr/bin
```

Les expressions de variables

```
$ fic=/usr/local/bin/emacs
$ echo ${fic##/*/}
emacs

$ echo ${fic#/*/}
local/bin/emacs

$ echo ${fic%/*}
/usr/local/bin

$ echo ${fic%%/*}

$
```


Introduction

Dans une expression de variables, les opérateurs « # » et « % » permettent de remplacer le contenu d'une variable en supprimant le début ou la fin de la chaîne que contient la variable.

Cette fonctionnalité s'avère particulièrement utile pour supprimer la plus petite ou la plus grande occurrence d'une chaîne quelconque en indiquant seulement ses délimiteurs.

Ce type particulier de remplacement est peu utilisé. Il entre en concurrence avec les expressions génériques du shell et les expressions régulières. On imagine que l'usage principal est l'extraction du nom du répertoire ou du fichier dans un chemin mais cette fonctionnalité est déjà intégrée aux commandes **dirname** et **basename**.

Syntaxe

Longueur d'une chaîne

L'expression ${#variable} calcule la longueur de la chaîne stockée dans une variable.

Suppression du début d'une chaîne

${var##modèle_chaîne} supprime la plus grande occurrence du modèle de chaîne.

${var#modèle_chaîne} supprime la plus petite occurrence du modèle de chaîne.

Suppression de la fin d'une chaîne

${var%%modèle_chaîne} supprime la plus grande occurrence du modèle de chaîne.

${var%modèle_chaîne} supprime la plus petite occurrence du modèle de chaîne.

Exemples

$ fic=/usr/local/bin/emacs

```
$ user=`grep henry /etc/passwd`

$ echo $user
henry:250:50:Pierre Henry:/home/henry:/bin/ksh
```

Affichage du nom du fichier

```
$ echo ${fic##/*/}
emacs
```

Affichage du répertoire

```
$ echo ${fic#/*/}
local/bin/emacs
```

Elimination du shell en fin de ligne

```
$ echo ${user%:*}
henry:250:50:Pierre Henry:/home/henry
```

Affichage du nom de l'utilisateur

```
$ echo ${user%%:*:}
henry
```

Affectation de chaînes avec typeset (ksh)

Affectation de la partie gauche d'une chaîne

```
$ typeset  -L4  A=abcdefgh
$ echo $A
abcd
```

Affectation de la partie gauche, on saute les blancs

```
$ typeset  -LZ3  A=" abcdef"
$ echo $A
abc
```

Affectation de la partie droite d'une chaîne

```
$ typeset  -R4  A=abcdefgh
$ echo $A
efgh
```


Introduction

La commande interne **typeset** du Korn shell permet d'indiquer la taille d'une variable, c'est-à-dire le nombre maximum de caractères qu'elle peut contenir. A chaque affectation, c'est la partie gauche ou droite de la chaîne qui est affectée, selon la déclaration de la variable.

Syntaxe

Affectation de n caractères à partir de la gauche

typset **-L**nb_car var[=chaîne]

Affectation de n caractères à partir de la gauche en ignorant les espaces de début

typset **-LZ**nb_car var[=chaîne]

Affectation de n caractères à partir de la droite

typset **-R**nb_car var[=chaîne]

Remarque

Dans les remplacements, si la chaîne affectée est d'une longueur inférieure à la taille de la variable, des espaces complètent la différence à droite (-L) ou à gauche (-R). La longueur calculée de la variable est cependant la longueur réelle de la chaîne affectée.

Exemples

Dans les exemples qui suivent, on suppose que la commande **unset var** est exécutée entre chaque exemple.

La variable contient les trois caractères de gauche

$ var="abcdef"

```
$ typeset -L3 var
$ echo $var
abc
```

La variable contient les trois caractères de gauche, sans espace

```
$ var="   abcdef"
$ typeset -LZ3 var                    # les espaces de début sont ignorés
$ echo $var
abc
```

La variable contient les trois caractères de droite

```
$ var="abcdef"
$ typeset -R3 var
$ echo $var
def
```

La chaîne affectée a une longueur inférieure à celle de la variable

```
$ typeset –L5 var
$ var="as"
$ expr $var : ".*"
2
$ echo "==$var=="
==as  ==
$ typeset –R5 var
$ var="as"
$ expr $var : ".*"
2
$ echo "==$var=="
==  as==
```

Les commandes **basename** et **dirname**

```
$   fic=/usr/local/bin/emacs

$   basename   $fic
emacs

$   dirname   $fic
/usr/local/bin
```


Les commandes dirname **et** basename

La commande **basename** permet d'extraire le nom d'un fichier en éliminant le chemin. Elle élimine également un éventuel suffixe (l'extension du fichier) s'il lui est fourni en argument.

La commande **dirname** permet d'extraire la partie initiale du chemin en éliminant le nom de fichier.

Ces commandes sont plus simples à utiliser que les sous-expressions de la commande **expr** ou les opérateurs «#» et «%» du Korn shell, pour extraire un nom de fichier ou un chemin.

Un script utilise ces commandes afin de construire des noms de fichiers uniques dans des répertoires bien définis.

Syntaxe

basename chemin [suffixe]

dirname chemin

Exemples

$ editeur=/usr/bin/vi

$ nom_fic=`basename $editeur`
$ rep=`dirname $editeur`

$ echo "Répertoire : $rep\tNom de fichier : $nom_fic"
Répertoire : /usr/bin   Nom de fichier : vi

$ basename /home/pierre/prog.c   # l'extension .c n'est pas supprimée
prog.c

$ basename /home/pierre/prog.c .c   # supprime aussi l'extension .c
prog

Quelques astuces

- **Concaténation de chaînes**
  ```
  $ A=bon
  $ B=${A}jour
  ```

- **Utilisation des commandes** sed, grep **et** cut
  ```
  $ uid=$(id | sed 's/^[^=]*=//'|sed 's/(.*//')
  $ root=$(grep '^root' /etc/passwd | cut -f3 -d:)
  ```

- **Utilisation des paramètres**
  ```
  $ A=$(grep '^root' /etc/passwd)
  $ ( IFS=: ; set $A ; echo $3)
  0
  ```


La concaténation de chaînes

Seuls les lettres, les chiffres et le caractère souligné sont autorisés dans un nom de variable, aussi faut-il utiliser l'expression **{var}** pour que le shell puisse reconnaître le mot **var** comme un nom de variable, quand on ajoute une chaîne qui commence par une lettre, un chiffre ou le caractère souligné à la chaîne contenue dans la variable.

```
$ A=bon
```

```
$ B=${A}jour
```

```
$ echo $B
bonjour
```

L'utilisation de filtres pour l'extraction de chaînes

Les commandes **grep** et **cut** sont complémentaires. La première extrait des lignes et la seconde, des champs ou des colonnes. Ensemble, elles permettent d'extraire des champs particuliers de certaines lignes d'un fichier.

```
$ root=$(grep '^root' /etc/passwd | cut -f3 -d:)
$ echo $root      # l'UID de root.
0
```

La commande **sed** est particulièrement utile pour supprimer une chaîne de caractères dans une ligne. La commande **id** produit la sortie suivante :

```
$ id
uid=0(root)  gid=1(other)
```

```
$ uid=$(id | sed 's/^[^=]*=//'|sed 's/(.*//')
```

```
$ echo $uid      # l'UID numérique
100
```

La première commande **sed**, avec l'expression régulière « ^[^=]*= », élimine tous les caractères de début de ligne jusqu'au caractère « = » compris.

La seconde commande **sed**, avec l'expression régulière « (.* » élimine la première parenthèse ouvrante et tous les caractères qui la suivent jusqu'à la fin de ligne.

L'élimination d'une suite d'espaces dans la sortie d'une commande

```
$ who | tr –s  " " | cut –d " " –f2  # affiche les terminaux
```

La commande proposée résout le problème du nombre variable d'espaces entre les champs. Le numéro du champ tel qu'on le voit n'est pas celui qui convient pour la commande **cut**. Le filtre **tr** remplace, sur la sortie standard, une suite d'espaces consécutifs par un seul. Il suffit ensuite de filtrer la sortie de **tr** pour faire afficher par **cut** les champs souhaités.

Remarque

Dans la commande **tr**, il est nécessaire de mettre un espace entre l'option « –s » et son argument « " " ».

Il existe une autre solution qui utilise le filtre **sed** qui n'a pas encore été étudié (*cf. Module 15 : Le filtre sed*) :

```
who | sed 's/  */ /g' |cut -d' ' -f2
```

Le caractère « * » est précédé de deux espaces.

L'utilisation des paramètres positionnels

C'est la solution la plus simple pour atteindre les champs d'une seule ligne. La commande **set** affecte aux paramètres positionnels les mots de la ligne. Cette technique convient bien quand le filtrage ou la commande exécutée ne produisent qu'une seule ligne de résultat sur la sortie standard.

```
$ A=$(grep '^root' /etc/passwd)
$ ( IFS=: ; set $A ; echo $3)
0

$ date
mardi, 30 avril 2003, 09:46:56 WET DST

$ set $(date)

$ echo $2 $3 $4
30 avril 2003,
```

Autres exemples

```
$ env | grep NAME
LOGNAME=root

$ UTIL=`env | grep NAME | sed  's/^.*=//'`

$ echo $UTIL
root

$ VAR=`env | grep NAME |sed 's/=.*$//'`

$ echo $VAR
LOGNAME
```

Les expressions génériques

Au plus une
```
? (expression|…)
```
De zéro à n
```
* (expression|…)
```
Au moins une
```
+ (expression|…)
```
Une des
```
@ (expression|…)
```
Aucune des
```
? (expression|…)
```


Introduction

Les expressions génériques constituent un mécanisme d'analyse de chaînes de caractères propres au Korn shell. Elles permettent de définir des modèles de chaînes. A ce titre, elles viennent parfois en concurrence avec les expressions régulières. Nous laissons le soin au lecteur de décider de leur utilisation ou non.

En Korn shell, elles sont utilisables dans les instructions **[[…]]** et **case**.

Le shell bash possède aussi un mécanisme propre de génération de chaîne de caractères, proche de l'expansion des noms de fichiers. Nous invitons le lecteur à consulter la rubrique « Substitution d'accolades » de l'annexe D.

Syntaxe

Dans tous les cas le symbole « | » désigne l'opérateur logique « ou bien », déjà maintes fois rencontré. Les expressions peuvent contenir le caractère « * » pour désigner une suite quelconque de caractères, le caractère « ? » pour remplacer un caractère et un seul ou encore une liste de caractères placés entre « [« et «] ».

Nous renvoyons le lecteur à la présentation de l'instruction **case** (*cf. Module 6 : Les instructions de contrôle*).

La forme générale d'une expression générique est donc de la forme :

car(expression|…)

Le caractère « car » peut avoir l'une des valeurs suivantes :

? pour indiquer que l'on a droit a au plus une répétition d'une des expressions de la liste.

* pour indiquer que les expressions de la liste peuvent se répéter un nombre quelconque de fois, y compris zéro fois.

+ pour indiquer qu'il doit y avoir au moins une occurrence de la répétition, ce qui élimine le cas « zéro fois » du caractère « * ».

@ pour indiquer que l'on a droit à l'une des expressions.

! pour indiquer la négation du caractère précédent.

Exemples

```
$ v=azerty
$ if [[ $v = +([a-z]) )) ]] ; then echo ok ; fi
ok

$ v=bon
$ if [[ $v = @(bon|gentil) ]] ; then echo ok ; fi
ok

$ v=abcabcdefdef
$ if [[ $v = *(abc|def) ]] :   ; then echo ok ;fi
ok
```

Atelier 10 : Les chaînes de caractères

Objectifs :

- **Savoir concaténer des chaînes.**

- **Savoir extraire une sous-chaîne.**

Durée : 30 minutes.

Exercice n°1

Affichez le nombre de caractères de la chaîne contenue dans votre variable PATH.

Exercice n°2

Créez dans votre répertoire de connexion un sous-répertoire de nom bin et rajoutez ce dernier à votre variable PATH (en dernière position).

Exercice n°3

En utilisant les expressions régulières, extrayez le dernier chemin de la liste de chemins stockée dans la variable PATH.

Exercice n°4

Traitez l'exercice précédent avec une solution spécifique au Korn shell (autre que les expressions régulières).

Exercice n°5

Ecrivez un script qui doit être exécuté par un Korn shell, et qui demande la saisie d'une chaîne comportant au maximum huit caractères ; le cas échéant le script doit éliminer les caractères en trop et ne garder que les huit premiers.

Exercice n°6

Ecrivez un script qui demande la saisie d'un chemin d'accès à un fichier et qui éclate cette référence en chemin d'accès au répertoire et en nom de fichier. Le script ne contrôle pas la validité de la saisie.

Exercice n°7

Ecrivez un script qui vérifie qu'une variable contient bien un nombre réel. Le nombre réel peut être de la forme : [signe][chiffre...],chiffre...

Cela signifie que le signe est optionnel, que la partie entière peut être vide mais qu'il doit y avoir au moins un chiffre après la virgule.

- *Lire ou écrire dans des fichiers*
- *La variable IFS*
- *exec >fichier*
- *exec <fichier*
- *while do ...done < fichier*
- *exec 3>, exec 4<*
- *exec 3>&-*

11

La gestion de fichiers

Objectifs

Après la lecture de ce module, le lecteur maîtrise les fonctions de gestion de fichiers. Il sait lire des lignes ou des mots, créer ou mettre à jour des fichiers, accéder à un fichier à l'aide de son descripteur.

Contenu

La mise à jour d'un fichier par la redirection >>
La redirection avec <<
La définition des séparateurs de champs : IFS
La redirection des entrées/sorties avec la commande **exec**
La lecture d'un fichier dans une boucle avec la commande **read**
La redirection des entrées/sorties en Korn shell
Atelier

Mise à jour d'un fichier avec la redirection >>

```
$ more programme
#!/bin/sh
echo "nom ? \c"
read nom
echo "téléphone ? \c"
read telephone
echo "${nom}:${telephone}"  >> agenda

$ more agenda
pierre:30-12
cathy:11-13
```


Ajout d'enregistrements en fin de fichier

Quand on redirige la sortie standard d'une commande vers un fichier avec «>>», le shell l'ouvre en ajout et les lignes de résultats sont ajoutées au contenu initial du fichier. Le fichier est créé s'il n'existe pas.

Cette forme de redirection est utile pour tenir à jour des fichiers historiques ou enregistrer des comptes rendus d'exécution de programmes. Chaque exécution du script enrichit son contenu. Les fichiers historiques sont souvent mis à jour par des scripts exécutés à partir de « cron tables ».

Remarque

Il faut veiller à ne pas constituer de trop gros fichiers historiques. Les premières lignes ne signifient souvent plus rien. La remise à zéro d'un fichier historique est réalisée par l'une des commandes :

$ > fichier.log

$ cp /dev/null fichier.log

Exemples

```
$ cat > progs.batch
# Ce script enchaîne l'exécution d'un ensemble de programmes
# et enregistre un compte rendu de l'exécution de chacun d'eux dans un fichier
# Pour l'exemple on se contente de lancer les commandes UNIX ps, who, ls
date >> progs.log
echo "========================" >> progs.log
ps
if [ $? -eq 0 ]
then
        echo "Programme PS : Exécution réussie" >> progs.log
```

```
else
      echo "Programme PS : Erreur d'exécution" >> progs.log
fi

who
if [ $? -eq 0 ]
then
      echo "Programme WHO : Exécution réussie" >> progs.log
else
      echo "Programme WHO : Erreur d'exécution" >> progs.log
fi

ls -l /etc/password    # On provoque délibérément une erreur pour l'exemple
if [ $? -eq 0 ]
then
      echo "Programme LS : Exécution réussie" >> progs.log
else
      echo "Programme LS : Erreur d'exécution" >> progs.log
fi
^D

$ chmod u+x progs.batch

$ progs.batch

$ cat progs.log
Jeu 22 Jan 21:30:03 WET 1998
===========================

Programme WHO : Exécution réussie
Programme PS : Exécution réussie
Programme LS : Erreur d'exécution
```

Suppression et modification d'enregistrements dans un fichier

Il est rare qu'un script ait cette tâche à réaliser mais elle est possible grâce, par exemple, aux commandes **grep**, **tail**, **head** ou **sed**. Dans les cas complexes, il est cependant plus aisé d'utiliser un filtre tel que **awk** pour réaliser le traitement.

Exemple de suppression

On souhaite supprimer les lignes qui ne concernent pas pierre.

```
$ cat  agenda
 cathy:11-13
pierre:30-12
louis:11-44

$ grep -v "^pierre:" agenda > /tmp/temp$$

$ mv /tmp/temp$$ agenda
```

Exemple de modification

La commande **sed** est adaptée à ce type d'opération.

```
$ sed 's/cathy/catherine/' agenda > /tmp/temp$$

$ mv /tmp/temp$$ agenda

$ cat agenda
catherine:11-13
louis:11-44
```

La redirection <<

```
$ more programme
#!/bin/sh
grep $1  << FIN
pierre:30-12
cathy:11-13
FIN
date

$ more p2  # solution avec deux fichiers :
grep $1  agenda
date
$ more agenda
pierre:30-12
cathy:11-13
$
```


Introduction

Les caractères « << » redirigent l'entrée standard d'une commande depuis les lignes qui suivent la commande, et non plus d'un fichier.

Cette forme de redirection est principalement utilisée dans les scripts shell afin d'inclure dans le même fichier la commande et les lignes de données nécessaires à son exécution. Le script **shutdown**, par exemple, utilise ce mécanisme pour annoncer aux utilisateurs connectés l'imminence de l'arrêt du système.

Syntaxe

cmd << [-]Mot_clé

..

.

Mot_clé

La commande «**cmd**» lit toutes les lignes comprises entre la ligne de commande et la ligne qui contient uniquement le délimiteur de fin «Mot_clé», interprété comme une marque de fin de fichier.

Le délimiteur de fin doit figurer en début de ligne et cette ligne ne doit pas contenir d'autres caractères, pas même un commentaire.

Les caractères spéciaux contenus dans les lignes de données sont interprétés. Ceci est très utile pour remplacer les variables du shell. Pour éviter l'interprétation des caractères spéciaux, il faut protéger le symbole Mot-clé (\Mot_clé).

En l'absence du délimiteur de fin ou si ce dernier n'est pas tout seul sur la ligne ou n'est pas en début de ligne, la commande prendra comme entrées toutes les lignes restantes du fichier.

La présence du caractère «-» devant le délimiteur signifie qu'il faut éliminer les caractères de tabulation qui se trouvent en tête des lignes de données de la commande.

Cela permet de les faire ressortir dans le script, en les indentant, sans que les caractères de tabulation aient une signification.

```
cmd << -Mot_clé
<tab><tab>blabla…
.
Mot_clé
```

Exemples

Envoi d'un message par la commande mail *et « << »*

```
$ cat > dejeuner
# Ce script envoie le même message à un utilisateur
mail "$1" << EOF
    Bonjour, à quelle heure manges-tu ce midi ?
    Pierre.
EOF
echo "Heure d'envoi du message à $1 :  $(date +%T)"
^D

$ chmod u+x dejeuner

$ dejeuner henri
Heure d'envoi du message à henri :  10:35
```

Le délimiteur de fin n'est pas en début de ligne

```
$ cat > dejeuner.err

    mail "$1" << EOF
    Bonjour, à quelle heure manges-tu ce midi ?
    pierre.
    EOF  # ce délimiteur n'est pas reconnu,  car il n'est pas en début de ligne
echo "Heure d'envoi du message à $1 :  $(date +%T)"
^D

$ chmod u+x dejeuner.err

$ dejeuner.err $LOGNAME # vous vous envoyez le message à vous-même

$ mail        # vous lisez le message que vous vous êtes envoyé
    Bonjour, à quelle heure manges-tu ce midi ?
    pierre.
    EOF     # ce délimiteur ne sera pas reconnu,  car il n'est pas en début de ligne
echo " Heure d'envoi du message à $1 :  $(date +%T)"
```

Elimination des espaces et des tabulations en tête des lignes de données

```
$ cat > dejeuner.pres

mail "$1" <<- EOF
        Bonjour, à quelle heure manges-tu ce midi ?
EOF
^D

$ chmod u+x dejeuner.pres

$ dejeuner.pres $LOGNAME # vous vous envoyez le message à vous-même

$ mail        # vous lisez le message que vous vous êtes envoyé
Bonjour, à quelle heure manges-tu ce midi ?
```

Interprétation des caractères spéciaux

```
$ cat > dejeuner.int

mail "$1" << EOF
          Bonjour, à quelle heure manges-tu ce midi ? signé $LOGNAME
EOF
^D

$ chmod u+x dejeuner.int

$ dejeuner.int $LOGNAME # vous vous envoyez le message à vous-même

$ mail      # vous lisez le message que vous vous êtes envoyé
          Bonjour, à quelle heure manges-tu ce midi ? signé pierre
```

Suppression de l'interprétation des caractères spéciaux

```
$ cat > dejeuner.nonint

mail "$1" << \EOF
          Bonjour, à quelle heure manges-tu ce midi ? signé $LOGNAME
EOF
^D

$ chmod u+x dejeuner.nonint

$ dejeuner.nonint $LOGNAME # vous vous envoyez le message à vous-même

$ mail      # vous lisez le message que vous vous êtes envoyé
          Bonjour, à quelle heure manges-tu ce midi ? signé $LOGNAME
```

Définition de séparateur de champs : IFS

```
$ more programme
#!/bin/sh
echo "? \c" ; read v1 v2 v3
echo "$v1:$v2:$v3"
IFS=,
echo "? \c" ; read v1 v2 v3
echo "$v1:$v2:$v3"

$ programme
? un deux trois quatre
un:deux:trois quatre
? un,deux,trois,quatre
un:deux:trois quatre
$
```


Introduction

Un fichier est constitué d'un ensemble de lignes, délimitées par le caractère <Saut de ligne>, et chaque ligne est elle-même constituée d'un ensemble de champs ou mots, séparés par un ou plusieurs des caractères délimiteurs de champs contenus dans la variable prédéfinie IFS («*Input Field Separator*»).

La commande interne **read** lit une ligne entière et utilise la variable IFS pour décomposer la ligne en mots qu'elle affecte aux différentes variables de lecture qui lui sont passées en argument.

Par défaut, la variable IFS est initialisée avec les caractères <Espace>, <Tabulation> et <Saut de ligne>.

Pour lire un fichier dont les champs des lignes sont séparés par des caractères autres que ceux qui sont initialement dans la variable IFS, il faut initialiser cette variable avec les nouveaux caractères séparateurs.

Exemples

La variable IFS n'a pas été modifiée

```
$ echo $IFS

$ cat > script1.age
# La  variable IFS est inchangée
echo "Nom et âge ? : "
read nom age
echo "$nom a  $age ans"
^D

$ chmod u+x script1.age
```

```
$ script1.age
Nom et âge ? : Pierre 25
Pierre a 25 ans
```

La variable IFS est modifiée, le séparateur de champs est la virgule

```
$ cat > script2.age
IFS=,
echo "Nom et âge ? :  "
read nom age
echo "$nom a  $age ans"
^D

$ chmod u+x script2.age

$ script2.age
Nom et âge ? : Pierre,25
Pierre a 25 ans

IFS=:
```

Utilisation de la variable IFS pour séparer les champs d'une variable shell

```
$ cat sc_ifs
IFS=:
for rep in $PATH
do
  echo "Le nom du repertoire est : $rep"
done

$ sc_ifs
Le nom du repertoire est : /usr/local/bin
Le nom du repertoire est : /bin
Le nom du repertoire est : /usr/bin
Le nom du repertoire est : /usr/X11R6/bin
Le nom du repertoire est : /home/gilles/bin

$ IFS= :

$ set $PATH

$ echo $2
/bin
```

Remarque
Pour visualiser le contenu de la variable IFS, il faut exécuter la commande suivante :
```
$ set | grep IFS
IFS= :
```
ou
```
$ echo "$IFS
```
En effet, la commande **echo $IFS** affiche une une ligne vide car son contenu est interprété comme délimiteur.

Rediriger les entrées-sorties de tout un script

```
$ more programme
#!/bin/sh
exec < f1
exec > f2
read A ; echo "1:$A"
read A ; echo "2:$A"

$ more f1
Bonjour
Salut

$ programme
$ more f2
1:Bonjour
2:Salut
```


Introduction

Pour lire ou écrire dans un fichier, un script utilise les redirections des entrées-sorties standard. Il est parfois plus simple de rediriger les entrées-sorties standard d'une séquence de commandes, voire de tout le script, plutôt que de le faire pour chaque commande.

Dans un script, la commande interne **exec** redirige les entrées-sorties standard de façon permanente pour toutes les commandes qui suivent, et seul un autre appel à la commande **exec** pourra les restaurer ou les réassigner à d'autres fichiers.

Syntaxe

Redirection de la sortie standard vers le fichier nom_fichier

exec > nom_fichier

Redirection de l'entrée standard depuis le fichier nom_fichier

exec <nom_fichier

Exemples

Redirection globale de l'entrée standard

```
$ cat > redir.in
# ! /bin/sh
who am i > fic_ent   # crée le fichier d'entrée
exec < fic_ent       # redirige l'entrée standard de toutes les commandes qui suivent
read nom terminal reste
echo "Nom : $nom Terminal : $terminal"
^D

$ chmod u+x redir.in
```

```
$ redir.in
Nom : pierre Terminal : tty03
```

Redirection globale de la sortie standard

```
$ cat > redir.out
# ! /bin/sh
exec > fic_sort        # redirige la sortie standard de toutes les commandes qui suivent
cat fic_ent    # fic_ent est le fichier créé dans l'exemple précédent
^D
```

```
$ chmod u+x redir.out
```

```
$ redir.out
```

```
$ cat fic_sort
Nom : pierre Terminal : tty03
```

Redirection de toutes les entrée- sorties standard

```
$ cat > redir.io
# ce script redirige l'entrée et la sortie standard de tout le script
who am i > fic_ent2
exec < fic_ent2
exec > fic_sort2
read nom terminal reste
echo "Nom : $nom Terminal : $terminal"
^D
```

```
$ chmod u+x redir.io
```

```
$ redir.io
```

```
$ cat fic_sort2
Nom : pierre Terminal : tty03
```

Lecture d'un fichier dans une boucle

```
$ more programme
#!/bin/sh
while read ligne
do
  echo ">$ligne"
done < fichier

$ more fichier
Bonjour
Salut

$ programme
>Bonjour
>Salut
```


Lecture d'un fichier avec l'instruction while

Un script interactif utilise la commande interne **read** pour lire des données sur l'entrée standard. Elle renvoie un code retour de 0 lorsqu'elle lit une ligne ou un code différent de 0 lorsqu'elle rencontre le caractère fin de fichier «^D».

Pour lire un fichier, il suffit alors de rediriger l'entrée standard d'une boucle **while** dont la condition d'itération est la commande **read**.

Dans le cas où les séparateurs de champs du fichier ne correspondent pas à ceux définis dans la variable IFS, le script devra modifier cette dernière en conséquence.

Syntaxe

while read var [...] ; do ; …; done < fichier

Exemple

```
$ cat > script.user
# ce script lit un fichier dans une boucle while
who > listusers
while read nom terminal
do
      echo "Nom : $nom Terminal : $terminal"
done < listusers
^D

$ chmod u+x script.user

$ script.user
Nom : pierre Terminal : tty03
Nom : cathy  Terminal : tty04
Nom : paul   Terminal : tty05
```

Autres méthodes

La boucle **for** permet également de lire un fichier. Il suffit de générer la liste qui convient derrière le mot clé « in » de l'instruction **for**. La commande **cat** est bien adaptée au traitement de la totalité du fichier et la commande **grep** à un traitement partiel.

```
for ligne in `cat /etc/passwd`
do
  echo ">$ligne"
done

for ligne in `grep 'sh$' /etc/passwd`
do
  echo ">$ligne"
done
```

Remarque

Quand on utilise cette technique, il faut éventuellement modifier la variable IFS en lui donnant par exemple la valeur chaîne vide (IFS=""). Dans les exemples précédents, les lignes qui contiennent des séparateurs (espace ou tabulation) sont considérées comme composées d'autant de lignes que de champs dans la ligne.

Rediriger les entrées-sorties en ksh

```
$ more programme
#!/bin/ksh
exec   3< f1
exec   4> f2
read   -u3  A ; print -u4 "1:$A"
read   -u3  A ; print -u4 "2:$A"

$ more f1
Bonjour
Salut

$ programme
$ more f2
1:Bonjour
2:Salut
```


Introduction

En plus des redirections des entrées-sorties standard, la commande **exec** du Korn shell permet d'ouvrir un fichier en assignant le nom de fichier à un descripteur de fichier. Ce descripteur sert à lire avec la commande **read,** ou à écrire dans ce fichier avec la commande **print**, selon son mode d'ouverture.

Cette caractéristique ouvre au Korn shell la possibilité de manipuler d'autres fichiers que ceux associés aux entrées-sorties standard, qu'il y ait eu ou non redirection.

Remarque

Cette fonctionnalité s'ajoute à la gestion des tableaux. Certains traitements nous amènent à nous poser la question de l'outil qui convient le mieux. Le Korn shell vient concurrencer le processeur de texte awk et l'interpréteur perl. En a-t-il la puissance ?

Syntaxe

Ouverture d'un fichier en lecture

exec descripteur < nom_fichier

Ouverture d'un fichier en écriture

exec descripteur > nom_fichier

Lecture d'un fichier

read -u descripteur variable ...

Ecriture dans un fichier

print -u descripteur argument ...

Un argument est soit une constante soit une expression.

Fermeture d'un fichier ouvert

exec descripteur>&-   # ou exec descripteur<&-

Exemples

$ echo "Pierre Paris" >> f_entree

$ exec 3<f_entree   # le descripteur 3 désigne le fichier f_entree ouvert pour lecture

$ exec 4>f_sortie   # le descripteur 4 désigne le fichier f_sortie ouvert pour écriture

$ read -u3 < nom ville

$ print "Nom :" $nom "Ville :" $ville
Nom : pierre Ville : Paris

$ print -u4 "Nom :" $nom "Ville :" $ville

$ cat f_sortie
Nom : pierre Ville : Paris

$ exec 3<&-# fermeture du fichier de descripteur 3 (f_entree)

$ read -u3 < nom ville
ksh : Erreur d'unité

Tester les entrées-sorties standard

L'entrée standard est-elle ouverte ?

```
if [ -t 0 ]
 then
   echo "L 'entrée standard est ouverte"
fi
```

Le fichier 3 est-il associé à un terminal ?

```
if [ ! -t 3 ]
 then
   echo "3 n 'est pas associé à un terminal"
fi
```


Introduction

La commande **test** ([]) permet de tester si un fichier ouvert est associé à un terminal. C'est un moyen pratique, pour un script, de tester si l'entrée ou la sortie standard ont été redirigées. Ceci peut s'avérer pratique quand on veut, pour des raisons de sécurité, interdire à un utilisateur de mettre des informations confidentielles dans un fichier. Il suffit que le script teste si l'entrée standard est associée à un terminal.

Syntaxe

test –t [descripteur]

ou

[-t [descripteur]]

Le descripteur est le numéro du fichier auquel s'applique le test pour déterminer s'il est associé à un terminal. Rappelons que l'entrée standard par défaut a le numéro 0, la sortie standard et l'erreur standard par défaut, respectivement les numéros 1 et 2.

La valeur par défaut de « descripteur » est 1.

Exemples

Le fichier de descripteur 4 est-il associé à un terminal ?

$ exec 4> fichier

$ [-t 4]

$ echo $?
1

Empêcher la redirection de l'entrée ou de la sortie standard

Un script peut être redirigé. Pour éviter que l'entrée ou la sortie standard de certaines commandes du script ne soient redirigées, il faut explicitement faire référence au terminal à partir duquel le script a été exécuté. Ce terminal a comme nom générique */dev/tty*. Ce nom de périphérique fait, quelles que soient les circonstances, référence au terminal de contrôle de tous les processus issus de la descendance du shell de connexion.

Exemples

Empêcher la redirection de la sortie standard

```
$ { echo bonjour > /dev/tty ;  date; } > /tmp/temp$$
bonjour

$ cat /tmp/temp$$
vendredi, 10 mai 2002, 19:59:29 WET DST
```

Empêcher la redirection de l'entrée standard

```
$ cat lireterminal
echo "Saisissez votre texte depuis l'entrée standard"
echo "Terminez la saisie par CTRL D"
cat < /dev/tty > fichier

$ lireterminal < .profile
Saisissez votre texte depuis l'entrée standard
Terminez la saisie par CTRL D
Bonjour le
monde UNIX
^D

$ cat fichier
Bonjour le
monde UNIX
```

La sortie standard a-t-elle été redirigée ?

```
$ [ -t ]

$ echo $ ?
0
```

Le script teste la redirection de l'entrée standard

```
$ cat sc_redir
#!/bin/ksh
# le script n'accepte pas que les données viennent d'un fichier
# ce qui est le cas s'il a été appelé avec une redirection en entrée.
if [ ! -t 0 ]
then
   echo "Le script est exécuté avec une redirection de l'entrée standard"
   exit 3
fi
read v
echo $v
```

```
$ sc_redir < fichier
```
Le script est exécuté avec une redirection de l'entrée standard

```
$ echo $ ?
3
```

```
$ sc_redir
bonjour
bonjour
```

```
$
```

Atelier 11 : La gestion de fichiers

Objectifs :

- **Savoir lire ou écrire dans des fichiers.**
- **Savoir utiliser le séparateur de champs.**

Durée : 45 minutes.

Exercice n°1

Ajoutez à votre fichier .profile une ligne qui vous souhaite la bienvenue à chaque connexion.

Exercice n°2

Ecrivez un script qui envoie un courrier à un utilisateur, et qui ensuite vous affiche que le courrier a bien été envoyé (le texte du message ne doit pas être saisi au clavier).

Exercice n°3

Ecrivez un script qui enregistre dans un fichier les sorties de toutes les commandes du script (par exemple les commandes **date**, **who** et **id**).

Exercice n°4

Ecrivez un script qui affiche le nom et le GID (Group ID) de tous les groupes de votre système (fichier /etc/group).

Exercice n°5

Ecrivez un script qui affiche le nom et l'heure de connexion de tous les utilisateurs connectés à votre système.

Exercice n°6

Ecrivez un script qui crée un fichier de nom ficsoc dont chaque ligne contient le nom d'une société, le code postal et la ville (informations à saisir au clavier). Les champs doivent être séparés par le caractère «-» (société – 75009 – Paris).

Exercice n°7

Ecrivez un script qui affiche le contenu du fichier ficsoc, créé dans l'exercice précédent.

Exercice n°8

Réalisez un programme de gestion d'agenda téléphonique. Chaque enregistrement contient le nom d'une personne et son numéro de téléphone. Les deux champs sont séparés par une virgule. Le programme affiche le menu suivant :

1. Ajouter une nouvelle fiche
2. Rechercher une fiche (via une partie du nom)
3. Détruire une fiche
4. Modifier une fiche
5. Lister l'annuaire
6. Fin
Votre choix ? :

Exercice n°9

Ecrivez une commande qui permet de tuer tous les processus qui possède le même nom. Voici la syntaxe de la commande :

    tue nom_de_la_commande [tue]

Si l'on ajoute l'argument « tue », le script utilise le signal KILL pour arrêter les applications. Par défaut, le script utilise le signal TERM.

Exercice n°10

Ecrivez une commande qui affiche le montant des primes du mois des employés et calcule le total des primes. Le script utilise un fichier qui contient sur chaque ligne le nom de l'employé suivi du montant de sa prime, séparé par une virgule.

Exercice n°11

Ecrivez une commande qui affiche le montant des grosses primes du mois des employés et qui calcule le total des primes et la valeur moyenne d'une prime. Le script utilise le fichier décrit dans l'exercice précédent. Le seuil d'affichage des grosses primes est passé au programme par l'intermédiaire d'une variable d'environnement.

La programmation multitâche en shell

Objectifs

Après la lecture de ce module, le lecteur sait programmer des scripts qui exécutent plusieurs tâches en parallèle, contrôler l'exécution de ses tâches, assurer la synchronisation et la communication entre scripts parallèles.

Contenu

Panorama des commandes de gestion de processus
La programmation parallèle en shell
Le regroupement de commandes
Les variables $ et !
La gestion des signaux : trap et kill
Les groupes de processus
L'échange de données par tube
Les verrous
Les coprocessus
La gestion des travaux
Atelier

Panorama des commandes de gestion de processus

cmd &	Lance la commande **cmd** en arrière-plan
ps	Liste des processus
kill	Tue un processus ou lui envoie un signal
wait	Attend la fin des processus lancés en arrière-plan
nice	Permet de lancer un processus à faible priorité
nohup	Rend un processus insensible à la déconnexion
at	Lance un script en différé

<cmd>&

La commande «**cmd**» est en arrière-plan. Il est possible de faire exécuter une ou plusieurs autres tâches en parallèle. Le nombre de tâches que l'on peut exécuter en parallèle est un paramètre du système.

ps

Affiche la liste des processus et leurs attributs.

kill

Envoie un signal à une tâche.

wait

wait [PID]

La commande **wait** demande au shell d'attendre la fin des tâches d'arrière-plan pour continuer son exécution. Cette commande est principalement utilisée dans des « scripts » quand il est nécessaire que toutes les tâches d'arrière-plan soient terminées pour passer à l'exécution de la prochaine commande du « script ».

nice

nice commande ... &

La commande **nice** permet de faire exécuter une tâche d'arrière-plan à plus faible priorité que la normale. Cette commande est surtout destinée aux tâches d'arrière-plan qui effectuent beaucoup de calcul, d'où une forte occupation du CPU. La commande **nice** évite de pénaliser la tâche d'avant-plan.

nohup

nohup commande ...&

La commande **nohup** empêche que les tâches d'arrière-plan qui s'exécutent au moment de la déconnexion (« **exit** ») soient tuées par le shell qui se termine. Si l'utilisateur n'a pas prévu de redirection explicite de la sortie standard dans la ligne de commande, les résultats sont écrits dans le fichier **nohup.out**.

at

at heure [date]

La commande **at** permet d'exécuter des commandes en différé, à l'heure et à la date indiquées.

crontab fichier

La commande **crontab** permet d'exécuter toutes les commandes du fichier avec une périodicité bien déterminée, de toutes les minutes à une fois par an.

Exemples

Exécution d'un script en arrière-plan

```
$ cat > exemple.proc
# ce script écrit la liste des utilisateurs connectés dans un fichier toutes les dix minutes
while :
do
     who >> qui.dat
     sleep 600
done
^D

$ chmod u+x exemple.proc

$ exemple.proc&       # script lancé en arrière-plan
[1] 22325             # numéro de job :1 et PID : 22325

$ ps
22322 tty03 00:00:00 -sh         # le shell de connexion
22325 tty03 00:00:00  sh         # le shell qui exécute le script


$ kill 22325
[1]  +      Terminated           exemple.proc&


$ nohup exemple.proc&            # script insensible à la déconnexion
[1] 22350

$ exit                          # déconnexion

$ who am i
pierre tty03 12:25:30

$ ps -u pierre                  # les processus de pierre
22370 tty03 00:00:00 -sh        # le shell de connexion
22350 ?  00:00:00 sh            # le shell qui exécute le script qui est toujours actif

$ kill 22350
[1]  +      Terminated     exemple.proc&
```

Exécution du script avec une faible priorité

```
$ nice exemple.proc&              # le script est lancé avec une faible priorité
[1] 22372

$ kill 22372
[1]   +      Terminated      exemple.proc&
```

Exécution d'un script à une heure donnée

```
$ cat > pause.dej
echo "C'est l'heure du déjeuner !"
^D

$ chmod u+x pause.dej

$ at 1230 < pause.dej             # le script sera lancé à 12 heures 30

$ date "+%T"
12:31:30                          # la commande est exécutée

$mail

C'est l'heure du déjeuner !       # l'exécution du script à 12 heures 30

$
```

La programmation parallèle en shell

```
#!/bin/sh
cal
who
ls -lR / &
find / -print &
wait
date
```

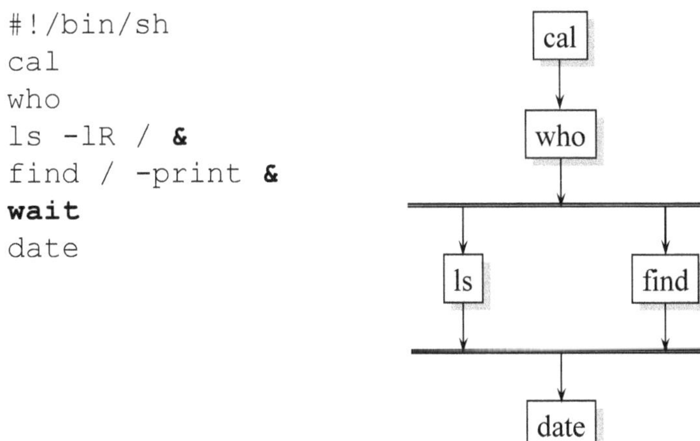

Introduction

Pour l'exécution des commandes, le shell donne à l'utilisateur le choix entre deux modes d'exécution : l'exécution séquentielle et l'exécution parallèle.

L'exécution séquentielle

Dans ce premier mode, le shell crée un processus fils qui exécute la commande et se met en attente de la terminaison de son fils, avant d'afficher à nouveau son invite (« prompt ») dans le cas d'un shell interactif ou de passer à la commande suivante dans le cas d'un script. Le processus s'exécute en avant-plan.

L'exécution parallèle

Dans ce deuxième mode, le shell crée un processus fils qui exécute la commande en arrière-plan, et sans attendre la terminaison de son fils, il affiche le numéro de «job» ainsi que le PID du processus fils, et se met en attente de la frappe d'une nouvelle commande dans le cas d'un shell interactif ou passe à l'exécution de la commande suivante dans le cas d'un script.

Syntaxe d'exécution en arrière-plan

cmd &

Exemples

Le script exécute deux tâches en parallèle et attend leur achèvement pour continuer

```
$ cat parallele
exec > fic.dat          # redirige les sorties vers le fichier fic.dat
echo "Lancement des processus ls et find en tâches de fond"
ls -lR / &
find / -print &
```

```
wait                    # le script attend que les processus ls et find se terminent
echo 'Heure : `date  "+%T`"
echo "Fin des processus ls et find, suite du script ..."
^D
```

```
$ chmod u+x parallele
```

```
$ parallele&
[1] 22580
Lancement des processus ls et find en tâches de fond
```

```
$ ps
2315  tty03   00:00:01 sh     # le shell de connexion
2316  tty03   00:00:00 sh     # le shell qui exécute le script
2318  tty03   00:00:00 ls     # le processus ls
2319  tty03   00:00:00 find   # le processus find
```

```
Heure : 11:112:32
Fin des processus ls et find, suite du script ...
```

Le regroupement de commandes

```
Bloc exécuté par le shell en cours
{
  date
  ps
} > taches.log
[ -d rep ] && {
    cd rep ; mkdir rep/sousrep
}
Bloc exécuté par un shell fils
(
  cd /tmp; ...
)
pwd
```


Introduction

Le shell permet le regroupement d'un ensemble de commandes à des fins de structuration ou pour leur associer une même propriété.

Les principales utilisations du regroupement de commandes sont :

- la redirection d'une séquence de commandes vers ou depuis un même fichier,

- l'exécution en arrière-plan d'un ensemble de commandes,

- le conditionnement de l'exécution d'un ensemble de commandes.

Syntaxe

{ cmd ; cmd ; ... ; }

Les commandes sont exécutées par le shell courant.

(cmd ; cmd ; ...)

Les commandes sont exécutées par un shell fils.

Remarques

- Il est intéressant de faire exécuter les commandes par un shell fils quand les commandes, alors regroupées entre parenthèses, utilisent un environnement différent de celui du shell courant.

- Le code retour d'un bloc de commandes est celui de la dernière commande exécutée.

- Le séparateur de commandes peut être « New line ».

- Un séparateur « ; » est nécessaire devant l'accolade fermante si elle est sur la même ligne que la dernière commande du bloc. Ce n'est pas le cas avec la parenthèse fermante.

Exemples

Utilisation de l'environnement avec les accolades

```
$ pwd
/home/pierre

$ v=123

$ {
>  v=abc
> cd /
> }

$echo $v
abc

$ pwd
/
```

Utilisation de l'environnement avec les parenthèses

```
$ pwd
/home/pierre

$ v=123

$ (
>  v=abc
> cd /
> )

$echo $v
123

$ pwd
/home/pierre
```

Exécution conditionnelle d'un groupe de commandes

```
$ cat > test_rep
[ -d "$1" ] && {
    ls -ld $1
    cd $1
    pwd
}

$ chmod u+x test_rep

$ mkdir ~/sous_rep

$ test_rep sous_rep
drwxrwxrwt 2 pierre info 512 12:15:30 sous_rep
/homer/pierre/sous_rep
```

Redirection de la sortie standard d'un groupe de commandes

```
$ cat > fic.qui
{
        date
        who
} > fic_user.dat
^D

$ chmod u+x fic.qui
```

```
$ fic_qui
```

```
$ cat fic_user.dat
mardi, 30 avril 2003, 13 :17 :29 WET DST
root     console     avr     30     08 :58
...
```

Exécution d'un groupe de commandes en arrière-plan

```
$ touch f1.tmp f2.tmp
```

```
$ ls –c *.tmp
f1.tmp f2.tmp
```

```
$ (  echo suppression des fichiers temporaires
    find ~ -name "*.tmp" –exec rm –f {} \;
    echo suppression des fichiers temporaires terminée
```

```
) & # commandes exécutées en arrière-plan par un shell fils
suppression des fichiers temporaires terminée
```

```
$ ls –c *.tmp
ls : *.tmp : no such file or directory
```

Les variables $ et !

```
#!/bin/sh
(
        sleep 10
        kill $$
) &
echo "heure de départ ?\c"
read heure
kill $!
echo "ps -ef > liste"  |  at  $heure
```


Introduction

Pour désigner le shell courant dans une commande, on utilise la variable réservée «$»,
qui est initialisée dynamiquement avec son numéro de processus.

La variable «!» contient le numéro de processus de la dernière tâche lancée en arrière-
plan.

Dans un script, ces deux variables sont principalement utilisées pour mettre fin à des
processus, ainsi la variable «$» permettra de tuer tous les processus lancés par le
script, alors que la variable «!» se limite à la dernière tâche lancée en arrière-plan.

Remarque
La variable «$» sert à fabriquer des fichiers dont le nom est unique dans
l'arborescence. Toutes les tâches ont nécessairement des numéros de processus
différents.

Exemples

Le shell met fin à tous les processus qui composent son groupe (cf. Les groupes de processus)

```
$ cat sc_groupe
#!/bin/sh
sleep 600 &
sleep 500 &
ps -f > res_sc_groupe
echo "=================" >> res_sc_groupe
kill -9 -$$
ps -f >> res_sc_groupe      # Cette commande ne sera jamais exécutée

$ more res_sc_groupe
   UID  PID PPID C  STIME TTY     TIME CMD
```

```
root  351  349  0 13:33:13 console  0:00 sleep 500
root  288    1  0 08:17:50 console  0:00 –ksh
root  349  288  0 13:33:13 console  0:00 /bin/sh sc_groupe
root  350  349  0 13:33:13 console  0:00 sleep 600
root  352  349  0 13:33:13 console  0:00 ps –f
```

```
$ ps
 PID    TTY     TIME  CMD
 288    console 0:00  ksh
 359    console 0.00  ps
```

Le shell génère un nom de fichier unique

```
$ > fic$$
```

```
$ ls fic*
fic288
```

Le shell arrête l'exécution du groupe de commandes qui s'exécute en arrière-plan

```
$ cat > script.fond
```

```
# ce script lance une tâche en arrière-plan, qu'il tue au bout de dix secondes
 (
while :
do
            sleep 4
            echo "bonjour " >> fic.bon
done
 ) &         # mise à jour du fichier fic.bon en arrière-plan
sleep 10
kill $!      # tue le processus d'arrière-plan
echo "Fin du processus d'arrière-plan, le script se poursuit"
 ^D
```

```
$ chmod u+x  script.fond
```

```
$ script.fond
Fin du processus d'arrière-plan, le script se poursuit
```

La gestion de signaux : trap et kill

```
$ more programme        $ programme & ⏎
#!/bin/sh               [1] 215
trap "" INT             $ je boucle
trap "echo reçu" HUP    je boucle
trap "echo FIN;         je boucle
      exit" TERM        kill -INT 215 ⏎
while :                 $ je boucle
do                      kill -HUP 215 ⏎
  sleep 10              $ reçu
  echo je boucle        je boucle
done                    kill -TERM 215 ⏎
                        $ FIN
                        Terminated
```


Introduction

Un signal est envoyé à un processus par le noyau UNIX à la suite d'un événement logiciel (un processus envoie un signal à un autre processus avec la commande **kill**) ou matériel (un processus a effectué une division par zéro). Le processus destinataire du signal peut déclencher l'exécution d'une séquence de commandes mémorisées en son sein à l'aide de la commande **trap**.

Par défaut, un signal a le plus souvent pour effet de mettre fin au processus qui le reçoit. Pour la plupart des signaux, un processus peut décider d'en ignorer la réception ou installer un gestionnaire de signal, c'est-à-dire une séquence de commandes qui est exécutée à la réception du signal. Des signaux, comme le signal numéro 9, qui tuent, ne peuvent être interceptés.

Les commandes trap et kill

trap ['[liste_de_commandes]'] [Liste_de_signaux]

kill [-Numéro_de_signal] Numéro_de_processus ...

kill -l

La commande **kill** permet d'envoyer un signal à un ou plusieurs processus, certains signaux peuvent aussi être émis par l'appui de touches au clavier, c'est le cas par exemple de la combinaison « ^C », que l'on utilise afin d'arrêter le processus d'avant-plan.

La commande **kill -l** permet de visualiser tous les signaux.

A la place du numéro du signal, on peut utiliser le mnémonique correspondant, tel que l'affiche la commande **kill –l**.

La commande **trap** permet de programmer le comportement du processus s'il reçoit le signal.

Les signaux fondamentaux d'UNIX

Numéro de signal	Mnémonique du signal	Description
0		Pseudo signal que le shell génère à la fin de son exécution. Ce pseudo signal est donc produit à la déconnexion ou à la fin d'un script.
1	HUP	Lors de la déconnexion de l'utilisateur, tous les processus qui s'exécutent en arrière-plan reçoivent ce signal qui a pour effet de les tuer, sauf s'ils ont été démarrés via la commande **nohup**.
2	INT	Le signal INTERRUPT correspond au caractère « ^C ». Ce signal est utilisé pour demander à un processus de s'arrêter.
3	QUIT	Le signal QUIT correspond au caractère « ^\ ». Ce signal a le même effet que le signal 2 mais génère en plus un fichier « core ». Il est utile aux programmeurs.
15	TERM	Le signal TERM (TERMINAISON SOFT)demande à un processus de s'arrêter, ce dernier peut réaliser des actions avant de se terminer, telles que la fermeture de fichiers ou la suppression de fichiers temporaires.
9	KILL	Ce signal ne peut être géré par un processus, il a toujours pour effet de le tuer. Il ne doit être utilisé qu'en dernier recours, par exemple si le signal TERM a échoué. C'est d'ailleurs ainsi que procède la commande **shutdown** qui envoie d'abord le signal TERM aux processus utilisateurs toujours actifs, puis le signal KILL aux récalcitrants.
23	STOP	Ce signal suspend l'exécution d'un processus.
25	CONT	Ce signal reprend l'exécution d'un processus suspendu.

Il faut aussi noter l'existence des pseudo signaux :

Pseudo signal	Description
EXIT	Nom du pseudo signal 0 que le shell feint de recevoir quand il se termine.
ERR	Il est déclenché quand une commande se termine avec un code retour différent de 0 (ksh).
DEBUG	Il est déclenché à la fin de l'exécution de toutes les commandes.

Envoi d'un signal à un processus

kill [-Numéro-de_signal] Numéro_de_processus ...

Par défaut, c'est le signal 15 (TERM) qui est envoyé aux processus.

Gestion des signaux

Définir les commandes à exécuter sur réception d'un signal

trap "liste_de_commandes" liste_de_signaux

Rendre un shell insensible à certains signaux, il les ignore

trap "" Liste_de_signaux

Rétablir le comportement par défaut

trap Liste_de_signaux

Lister les signaux gérés et les commandes associées

trap

L'interception des signaux par la commande **trap** est un mécanisme asynchrone à l'exécution du script. Quand le script reçoit le signal, il se déroute pour exécuter la séquence de commandes associées au signal et reprend ensuite son exécution au point d'interruption. Après la première interception, le « trap » reste en place, la commande **trap** n'a pas à être exécutée à nouveau pour le signal.

Remarques

La commande **trap** a deux utilisations principales :

La commande **trap** est souvent utilisée pour demander à un script lancé en arrière plan et qui exécute une action cyclique et sans fin, de se terminer. On met alors la commande **exit** dans la liste des commandes à exécuter sur réception du signal :

trap "rm *.tmp;exit 0" 2 3 15

La commande **trap** est souvent utilisée pour empêcher qu'une séquence de commandes soit interrompue par la réception d'un signal :
trap ""   1 2 3 15   # ignorer les signaux
commande
…
trap 1 2 3 15   # revenir à l'état par défaut

Exemples

Exemples interactifs de gestion des signaux

$ trap "echo CTRL-C"   2   # installer un gestionnaire pour le signal 2

$ ^C
CTRL-C

$ trap   # visualiser les signaux et les gestionnaires
trap -- 'echo CTRL-C'   INT

$ trap "" 2   # ignorer le signal 2

$ trap 2   # revenir à l'action par défaut

$ trap

$ trap "echo CTRL-C"   INT   # utilisation des mnémoniques

$ kill –INT 1615

Exécution automatique d'un script à la déconnexion

$ echo "trap '~/logoff' 0" >> ~/.profile # script logoff exécuté à chaque déconnexion

```
$ cat >  logoff
# ce script sera exécuté automatiquement à chaque déconnexion
exec 4>&-
rm *.tmp
clear
echo "Mise à jour des fichiers historiques terminée"
echo " Suppression des fichiers temporaires terminée "
echo "Déconnexion"
^D

$ chmod u+x logoff

login: pierre
$ …

$ exit
Mise à jour des fichiers historiques terminéc
Suppression des fichiers temporaires terminée
Déconnexion
```

Ignorer un ensemble de signaux

```
$ cat > ignore.sig
trap "" 2 3 15                 # ignore les signaux 2 (INT) 3 (QUIT) et 15 (TERM)
while :
do
        echo "Entrer le mot de passe : \c"
        read mot
        if [ "$mot" = "unix" ]
        then
            echo "Bravo, c'était unix"
            break
        fi
done
trap 2 3 15   # restaure les signaux 2 3 et 15
^D

$ chmod u+x ignore.sig

$ ignore.sig
Entrer le mot de passe : ^C
Entrer le mot de passe : unix
Bravo, c'était unix

$ ignore.sig&
[1] 23254
Entrer le mot de passe :

$ kill -TERM 23254
Entrer le mot de passe : unix
Bravo, c'était unix
```

Les groupes de processus

```
#!/bin/sh
for v in un deux trois
do
    (
        while : ; do
            sleep 5
            echo $v
        done
    ) &
done
sleep 20
kill -TERM -$$
```

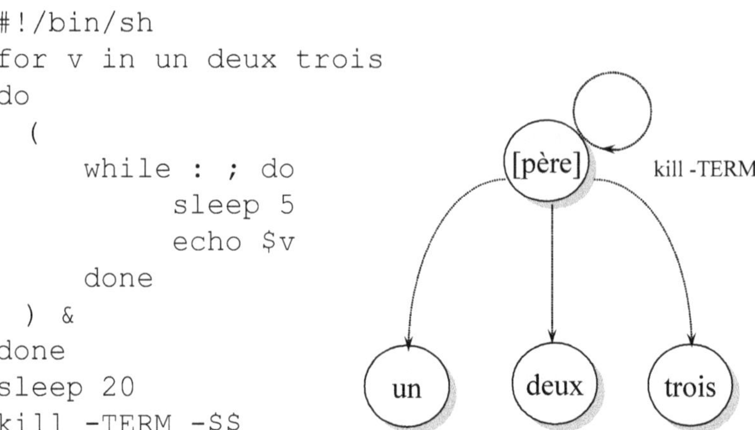

Introduction

Un groupe de processus est un ensemble de processus, tous descendants du processus qui a créé le groupe, et que l'on appelle « group leader » ; le groupe de processus porte le même identifiant (« PGID ») que le processus « group leader ».

Le fait de se connecter crée une session contrôlée par le terminal depuis lequel on a initié la connexion ; en effet, tous les processus de la session recevront les signaux émis par le terminal suite à la frappe des combinaisons de touches : « ^C », « ^D », « ^\ ». Le shell de connexion est le «group leader» des processus de la session d'un utilisateur.

Un processus peut se détacher de la session contrôlée par le terminal, pour former un nouveau groupe dont il sera «group leader», l'ensemble des processus de ce groupe sera alors insensible aux signaux émis par le terminal, y compris la mise hors tension de ce dernier. La commande **nohup** permet de lancer un groupe de processus indépendant du terminal de contrôle. Pour mettre fin à un groupe de processus, il faut tuer le processus «group leader». L'option «-g» de la commande **ps** permet de connaître les processus d'un groupe.

Les commandes

Exécution d'une tâche en arrière-plan

nohup «cmd» &

Envoi d'un signal à tous les processus du groupe

kill –signal –pid_group_leader

Affichage des processus d'un groupe

ps –g pid_group_leader

Affichage du groupe d'appartenance des processus

ps -j

Exemples

Exemple d'envoi de signal à un groupe de processus

```
$ cat nouv_grp
# Ce script va lancer un groupe de processus en arrière-plan
# et mettre fin à l'ensemble des processus du groupe
(
while :
do
  sleep 10
  echo "je suis un processus d'arrière-plan "
done
) &
sleep 20
echo  Le père met fin au groupe de processus $$
kill –15 -$$
^D

$ chmod u+x nouv_grp

$ nouv_grp
je suis un processus d'arrière-plan
je suis un processus d'arrière-plan
Le père met fin au groupe de processus 2309
```

Exemple de gestion de groupe de processus (*ps, kill, nohup...*)

```
$ cat sc_groupe
#!/bin/ksh
for i in 1 2 3
do
  sleep 60 &
done
echo "======= On visualise les processus et leur groupe ======="
ps –j
echo "======= On visualise les processus du groupe ======="
echo "PID du shell $$"
ps -g $$
echo "======= On met fin au processus du groupe ======="
sleep 5
kill -15 -$$
echo "======= On visualise les processus ======="
ps

$ sc_groupe
======= On visualise les processus et leur groupe =======
  PID  PGID   SID TTY      TIME CMD
  393   393   393 console  0:00 ksh
  429   429   393 console  0:00 groupe
  431   429   393 console  0:00 sleep
  430   429   393 console  0:00 sleep
  432   429   393 console  0:00 sleep
======= On visualise les processus du groupe =======
PID du shell 429
```

```
PID TTY    TIME CMD
429 console  0:00 groupe
431 console  0:00 sleep
430 console  0:00 sleep
434 console  0:00 ps
432 console  0:00 sleep
======= On met fin au processus du groupe =======
```

$ cat insensible
# ce script sera indépendant du terminal, car lancé avec la commande **nohup**
while :

do
      date >> fic.out
      sleep 10
done
^D

$ chmod u+x insensible

$ nohup insensible &
[1]   435
nohup : sending output to nohup.out

$ ps –g 435 # visualise les processus du nouveau groupe (pid 435)
```
PID    TTY     TIME CMD
 435   tty03   00:00:00 sh
 442   tty03   00:00:00 sleep
```

exit # déconnexion

$ ps –fu pierre
```
UID  PID PPID C  STIME    TTY      TIME CMD

 pierre  422   379 3 07:28:57  tty03    00:00:00 –ksh
 pierre  435   422 4 07:31:13  tty03    00:00:00 sh ./insensible
 pierre  450   435 1 07:32:03  tty03    00:00:00 sleep 10
 pierre  451   422 11 07:32:04  tty03    00:00:00 ps -f
```

$ ps –g 435 # après connexion, on visualise les processus du groupe 435

```
PID    TTY     TIME CMD
 435   tty03   00:00:00 sh
 480   tty03   00:00:00 sleep
```

$ kill -15 -435 # tue les processus du groupe 435

L'échange de données par tube nommé

```
$ more p1              $ more p2
#!/bin/sh              #!/bin/sh
exec > tube            exec < tube
while read var         while read ligne
do                     do
  echo $var              echo ">$ligne"
done                   done

$ mknod tube p         $ p2 &
                       $ p1
                       bonjour
                       >bonjour
```


Introduction

Pour échanger des données, deux processus peuvent utiliser un tube «nommé» :, le premier processus écrit ses résultats dans le tube (sa sortie standard), et le deuxième lit ses entrées depuis ce tube (son entrée standard).

Contrairement à un tube sans nom (le méta-caractère « | »), un tube nommé possède un nom de fichier dans l'arborescence et peut alors être utilisé par tout processus qui connaît ce nom de fichier et qui possède les droits d'accès nécessaires.

La commande **exec** permet d'ouvrir un tube pour la lecture ou l'écriture de la même manière que pour un fichier.

La commande **read** permet la lecture dans un tube, et toute commande qui produit des résultats sur la sortie standard peut être utilisée pour écrire dans un tube.

Création d'un tube nommé

mknod nom_du_tube p

La commande **mknod** permet également de créer des fichiers spéciaux de type périphérique. Un fichier spécial de type « tube nommé » est également appelé FIFO. Il possède une entrée dans l'arborescence et, à ce titre, a un propriétaire, un groupe et des droits.

Exemples

Création d'un tube nommé

$ mknod un_tube p

$ ls –l un_tube
prw-r—r—1 pierre etude 0 avr 30 14 :30 un_tube

```
$ file un_tube
un_tube :    FIFO
```

Echange de données via un tube nommé

```
$ cat > ecrire_tube
# ce script envoie les lignes saisies au clavier dans le tube de nom un_tube
exec > un_tube        # redirige la sortie standard vers le tube de nom un_tube
while :
do
        echo "Saisissez une ligne (<Entrée> = Fin) : \c"
        read ligne
        if [ -n "$ligne" ]
        then
            echo "$ligne"
        else
            echo "Au revoir !"
        fi
done

$ chmod u+x  ecrire_tube

$ cat > lire_tube
# ce script lit ses données d'entrée depuis le tube de nom un_tube
exec < un_tube        # redirige l'entrée standard depuis le tube de nom un_tube
while read ligne
do
        echo "Lu dans le tube ===> $ligne"
done
^D

$ chmod u+x lire_tube

$ mknod un_tube p   # Création du tube

$ lire_tube&

[1] 23154

$ ecrire_tube
Saisissez une ligne (<Entrée> = Fin) : Le tube est un moyen de communication
Lu dans le tube ===> Le tube est un moyen de communication
Saisissez une ligne (<Entrée> = Fin) : entre deux processus quelconques
Lu dans le tube ===> entre deux processus quelconques
Saisissez une ligne (<Entrée> = Fin) :
```

Les verrous

```
#!/bin/sh
if mkdir ~/verrou  2> /dev/null
then
  echo "== entre en section critique =="
  sleep 10
  echo "== sort de la section critique =="
  rmdir ~/verrou
else
  echo "Erreur: impossible d'entrer \c"
  echo "en section critique"
fi
```


Introduction

Le verrou est un des moyens de gestion des accès concurrents à une ressource non partageable, par exemple un fichier mis à jour par plusieurs processus.

Un processus qui désire accéder à une ressource doit d'abord vérifier que celle-ci n'est pas déjà en cours d'utilisation. Pour cela il tente par convention de créer un répertoire (le verrou) dont le nom est convenu. Si cette opération de création réussit, alors il a un usage exclusif à la ressource. En effet, si un autre processus veut accéder à cette ressource, sa tentative de création du répertoire (verrou) va échouer car il existe déjà. En fin d'utilisation, le processus qui a pris le contrôle de la ressource doit supprimer le répertoire verrou afin que d'autres processus puissent à leur tour accéder à la ressource. Les tubes nommés permettent également de réaliser cette opération. La lecture correspond à verrouiller et l'écriture d'un seul octet à déverrouiller.

Exemple

```
$ cat  maj_fic
if mkdir ~/rep_verrou 2>/dev/null ; then
      echo "Prise de la ressource réussie !" ; sleep 30; rmdir ~/rep_verrou
else   echo "La tentative de prise de ressource a échoué !"
 fi
$ chmod u+x maj_fic
$ ls -ld ~/rep_verrou
ls : rep_verrou No such file or directory
$ maj_fic
Prise de la ressource réussie !
$ ls -ld ~/rep_verrou
drwxrwxr-x 2 pierre info     512 Jan 14 12:10:30 rep_verrou
$ maj_fic
La tentative de prise de ressource a échoué !
```

Les coprocessus

```
#!/bin/sh
who  |&
while  read  -p nom term le_reste
do
  echo "nom : $nom, $term"
done
```

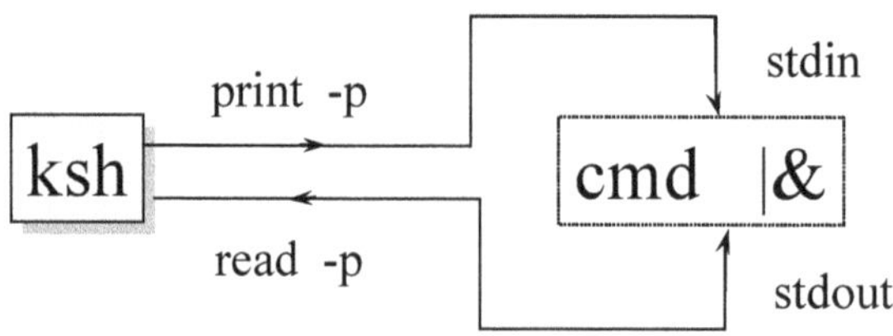

Introduction

En Korn shell, la notion de coprocessus permet de connecter les entrées-sorties du shell avec celles d'un processus fils lancé en arrière-plan, appelé coprocessus. Ce mécanisme permet alors au shell d'écrire des données sur l'entrée standard du coprocessus ou de lire les résultats produits par le coprocessus sur sa sortie standard.

L'exécution du shell et celle du coprocessus se font en parallèle. Ce mécanisme peut s'avérer intéressant dans un nombre réduit de cas. A défaut on exécute la commande en redirigeant les résultats dans un fichier et le shell lit ensuite les résultats grâce à une boucle while de lecture dans un fichier.

Création d'un coprocessus

cmd | &   # lance un coprocessus

Lecture de résultats sur la sortie standard d'un coprocessus

read -p var ...

Ecriture de données sur l'entrée standard d'un coprocessus

print -p expression_chaîne ...

Fermeture de l'entrée ou de la sortie standard d'un coprocessus

exec > &-

Exemple

Lecture des données produites par un coprocessus

$ who am i |&   # la commande who est lancée en tant que coprocessus
pierre tty03 10:25:23

$ read nom term reste   # lecture sur la sortie standard du coprocessus

```
$ echo "Nom :$nom Terminal : $term"
Nom :  pierre Terminal : tty03
```

Ecriture de données pour un coprocessus

```
$ cat > fic.coproc |& # la commande cat est lancée en tant que coprocessus

$ print -p "Bonjour" # écrit le mot Bonjour dans l'entrée standard du
                                coprocessus

$ print -p `date`        # écrit la date dans l'entrée standard du coprocessus

$ exec >&-               # ferme l'entrée standard du coprocessus
```

La gestion des travaux en Korn shell

```
$ sleep 200
Ctrl-Z
[1] + Stopped  sleep 200
$ sleep 300 &
[2]   478
$ jobs    # liste des travaux
[2] + Running  sleep 300 &
[1] - Stopped  sleep 200
$ kill %2 # met fin à une tâche
[2] + Terminated sleep 300 &
$ bg %1    # met une tâche en arrière-plan
[1] sleep 200
$ fg %1    # met une tâche en avant-plan
sleep 200
```


Introduction

Quand on lance plusieurs tâches en arrière-plan, il est parfois nécessaire de vérifier que ces dernières sont toujours actives, ou de suspendre l'exécution de l'une d'elles pour des raisons d'administration ou d'exploitation, pour ensuite la réactiver.

A cet effet, le Korn shell offre la possibilité d'agir sur un travail (un « job »), typiquement une tâche de fond, avec une commande, ou tout simplement avec une combinaison de touches au clavier qui envoie ainsi un signal à la tâche.

L'intérêt des jobs a beaucoup diminué avec l'extension du mode graphique où l'on peut facilement ouvrir une nouvelle fenêtre avec un shell. Cela reste intéressant pour basculer une tâche de l'avant-plan vers l'arrière-plan ou réciproquement.

Mise en œuvre

Suspension de l'exécution d'une tâche
Par défaut, la frappe « ^Z », combinaison modifiable par l'utilisateur avec la commande **stty**.

Liste des travaux
jobs

Arrêt d'un travail
kill %numéro_du_travail
ou
kill %nom_de _programme

Mettre une tâche en avant-plan
fg %numéro_de_travail

Remettre une tâche en arrière-plan
bg %numéro_de_travail

Exemples

```
$ cat > job1
while true
do
        echo "Premier travail"
        sleep 5
done
^D

$ cat > job2
while true
do
        echo "Second travail"
        sleep 5
done
^D

$ job1&
 [1]+  Running            job1 &

$ vi fic.txt    # c'est un nouveau travail

^Z

$ jobs
[1]-  Running            job1 &
[2]+  Stopped            vi fic.txt

$ job2&

$ jobs
[1]   Running            job1 &
[2]+  Stopped            vi fic.txt
[3]-  Running            job2 &

$ fg %vi

^Z

$ jobs
[1]   Running            job1 &
[2]+  Stopped            vi fic.txt
[3]-  Running            job2 &

$ kill %3

$ kill %vi
```

Atelier 12 : La programmation multitâche en shell

Objectifs :

- **Savoir lancer des tâches en parallèle, et en contrôler l'exécution.**

- **Savoir échanger des données entre processus parallèles**

Durée : 60 minutes.

Exercice n°1

Ecrivez un script de nom scrute_util, qui vérifie pendant dix minutes (en arrière-plan) si un utilisateur est connecté, et qui affiche un message et se termine, si ce dernier est connecté.

Exercice n°2

Ecrivez un script qui redirige vers un fichier les sorties d'un ensemble de commandes avec le caractère «>» (n'utilisez pas «>>») et qui ensuite affiche le contenu du fichier.

Exercice n°3

Ecrivez un script qui lance les commandes **date** et **ps** en arrière-plan toutes les cinq secondes et qui les tue au bout de vingt secondes.

Exercice n°4

Ecrivez un script qui affiche «Bonjour» toutes les dix secondes, et qui s'arrête et affiche «Au revoir» quand on frappe ^C.

Exercice n°5

Reprenez l'exercice précédent et modifez-le de façon à ce que l'on ne puisse l'arrêter qu'en lui envoyant le signal 9. Pensez à l'exécuter en arrière-plan.

Exercice n°6

Créez un tube nommé **le_tube**, en exécutant la commande **mknod le_tube p** et écrivez deux scripts qui échangent des données à travers le tube nommé le_tube. Le premier envoie un message au deuxième, qui l'affiche à l'écran. L'exécution prend fin quand le récepteur reçoit le message *fin*.

Exercice n°7

Ecrivez un script qui utilise un verrou pour gérer les accès concurrents à une ressource, ici l'écran, où le script affiche un message dans une boucle de programme. On exécute en arrière-plan deux instances du script. Ils seront tués par l'envoi du signal 9. Il faut prévoir une attente (**sleep 10**) immédiatement après l'affichage du message pour vérifier visuellement la bonne synchronisation d'accès à l'écran.

- *eval*
- *select*
- *getopts*

13

Quelques commandes utiles

Objectifs

Après l'étude de ce chapitre, le lecteur maîtrise l'utilisation des commandes d'évaluation de commandes, de création de menus et sait décoder les options d'un script.

Contenu

Evaluation de commandes
Création de menus
Décoder les options d'un script

eval : réinterprétation d'une commande

```
$ A=toto
$ B='$A'
$ set -x
$ eval echo $B
+ eval echo $A
+ echo toto
toto
$
```


La commande eval

Le **shell** procède à une interprétation des caractères spéciaux de la ligne de commandes. Cette interprétation peut conduire à l'exécution de remplacement de variables et de commandes. Le shell ne procède pas à une nouvelle évaluation de la ligne générée par les remplacements. Les caractères spéciaux générés par les remplacements ne sont pas interprétés.

Pour obliger le shell à effectuer une nouvelle interprétation, il faut faire exécuter la commande par la commande **eval**.

Syntaxe

eval commande...

Exemples

Une variable contient le remplacement d'une autre variable

L'exemple du transparent est le cas le plus typique du besoin de faire évaluer une ligne de commandes. Nous disposons d'une variable B qui contient, comme valeur, le texte d'un remplacement de variable. La variable B joue un rôle intermédiaire ; le véritable but à atteindre, c'est la variable A.

$ A=bonjour

$ B='$A'

Exécutons la commande, sans procéder à l'évaluation :
$ echo $B
$A

En évaluant, shell évalue à nouveau la chaîne «$A». Il en effectue le remplacement.
$ eval echo $B
bonjour

Remarque

L'option « -x » permet de visualiser les opérations exécutées par le shell.
```
$ set –x
$ eval echo $B
+ eval echo $A
+ echo bonjour
bonjour
```

La ligne de commandes à exécuter est mémorisée dans une variable

Soit un script qui lit la ligne de commandes à faire exécuter par le shell :

1. Sans utiliser **eval**
   ```
   read V          # lecture de la ligne de commandes
   who|more
   $V              # exécution de la ligne de commandes
   sh: who|more: command not found
   ```

2. En utilisant **eval**
   ```
   read V          # lecture de la ligne de commandes
   who|more
   eval $V         # exécution de la ligne de commandes
   pierre   ttyp0   Feb 23 12:03
   ```

La construction du nom d'une variable

Il est parfois nécessaire de construire dynamiquement le nom d'une variable. Les exemples qui suivent en illustrent le principe.

```
$ XX=fleur
$ YY=iris
$ eval "mod_$XX=$YY"
$ echo $mod_fleur
iris

$ set alpha beta gamma
$ n=2
$ eval echo $`echo $n`
beta
```

La construction utilise une double indirection.

```
$ A=B
$ B=C
$ eval "D=\"\$$A\""
$ echo $D
C
```

select : gestion de menus (ksh)

```
$ more programme          $ programme
#!/bin/ksh                1) archive
PS3="votre choix ?"       2) liste
select choix in \         3) restaure
  "archive" "liste" \     4) fin
  "restaure" "fin" \      votre choix ? 2 ⏎
do                        ==> liste
  echo "==> $choix"       f1
  case $REPLY in          f2
  1) tar c * ;;           1) archive
  2) tar t   ;;           2) liste
  3) tar x   ;;           3) restaure
  4) break   ;;           4) fin
  esac
done                      votre choix ?
```


La commande select

La commande **select** permet de programmer facilement des menus. C'est une instruction d'itération, au même titre que **while**, spécialisée dans l'affichage des libellés de chaque choix du menu et la lecture de la réponse de l'utilisateur. La commande **select** affiche automatiquement les numéros des items du menu suivis du libellé associé ; l'utilisateur saisit le numéro de l'item qu'il veut exécuter. La présentation standard proposée par la commande **select** n'est cependant pas des plus sophistiquées et les programmeurs qui ont acquis l'expérience de la programmation en shell et qui disposent de modèles plus construits de gestion de menus ne l'utiliseront peut-être pas.

Syntaxe

```
PS3="invite générale du menu"
select variable [ in Choix [ Choix ...] ]
    do
        # gestion du menu
        # la variable (select variable) contient le texte de l'item choisi parmi «Choix»
        # la variable REPLY contient le texte saisi par l'utilisateur,
        # normalement le numéro de l'item sélectionné

    done
```

A défaut de choix précisé par in Choix [Choix ...], la commande **select** propose comme choix les paramètres du shell : $1, $2,...

Remarque

Selon les implémentations, le menu n'est pas nécessairement affiché à chaque itération.

Exemple

$ cat programme
```
PS3="Gestion des sauvegardes, votre choix : "
select  choix  in   archive  liste  restaure  fin
do
     [ $REPLY = 1 -o $REPLY = 2  -o $REPLY = 3 -o $REPLY = 4 ] &&   echo
"choix : $choix "
     case  $REPLY  in
     1)  tar  c  *  ;;
     2)  tar  t ;;
     3)  tar  x  ;;
     4)  break  ;;
     *) echo "Choix incorrect $REPLY , recommencez"
     esac
done
```

$ programme
```
Gestion des sauvegardes, votre choix : 3
choix : restaure
1) archive
2) liste
3) restaure
4) fin
Gestion des sauvegardes, votre choix : 2
choix : liste
1) archive
2) liste
3) restaure
4) fin
Gestion des sauvegardes, votre choix : 8
Choix incorrect 8 , recommencez
1) archive
2) liste
3) restaure
4) fin
Gestion des sauvegardes, votre choix : 4
choix : fin

$
```

getopts : décoder les options d'un script

```
$ more  programme
#!/bin/ksh
while getopts ":ab:c" opt "$@"
do
  case "$opt" in
  a) echo "Option a" ;;
  b) echo "Option b, argument: $OPTARG" ;;
  c) echo "Option c" ;;
  \?)echo "Option inconnue $OPTARG" ;;
  esac
done
shift $((OPTIND - 1))
echo "arguments suivants : $*"
```


La commande getopts

Les utilisateurs du système UNIX sont habitués à indiquer les options des commandes sans se soucier, en général, ni de l'ordre où ils les mentionnent, ni de la manière dont ils les regroupent. Un utilisateur écrira « ls -lds » et un autre « ls -s -dl ». La règle de présentation est très souple. La commande **getopts** va permettre aux programmeurs de scripts de les doter de la même facilité de présentation des options et ce, avec une programmation assez simple. En conclusion, c'est une commande qu'il ne faut pas hésiter à utiliser.

La commande **getopts** automatise l'analyse d'arguments, à défaut ceux du shell, pour comparer ceux qui contiennent des options avec une liste d'options possibles. C'est au programmeur de positionner, pendant l'exécution de la commande **getopts**, des indicateurs pour mémoriser les options sélectionnées. A chaque fois que la commande **getopts** est appelée, elle avance d'un pas dans la liste des arguments et compare l'argument courant avec les options possibles. Tant qu'elle trouve des options, elle renvoie la valeur 0 et la valeur 1 quand toutes les options ont été traitées. Dans la pratique, la commande **getopts** est utilisée comme condition d'une boucle **while** pour traiter toutes les options.

Syntaxe

getopts [:] [option[:]...] variable [argument...]

Le champ option indique les options possibles.

La variable « variable » reçoit la valeur de l'option effective « x » en cours de traitement, « +x » si l'option rencontrée en argument est de la forme « +x » . Si l'option « x » ne figure pas dans les options possibles, la commande **getopts** affiche un message d'erreur. Pour que le programmeur gère lui-même la reconnaissance des options incorrectes, il faut mettre le caractère « : » en début de la liste des options possibles ; dans ce cas, la variable « variable » vaut le caractère « ? » et la variable prédéfinie OPTARG vaut « x ».

Si une option doit avoir un argument, au sens de « cut –d+ » par exemple, où le caractère « + » est l'argument associé à l'option -d, il faut faire suivre l'option, dans la liste des options possibles, du caractère « : ». La valeur de l'argument de l'option est alors affectée à la variable OPTARG. L'utilisateur peut coller l'argument à l'option ou l'en séparer par des espaces. Si l'argument de l'option est oublié, l'erreur peut être gérée dans l'instruction **case** par le cas « : ». La variable OPTARG contient alors la valeur de l'option pour laquelle l'argument n'a pas été fourni.

On peut résumer les cas de figure dans le tableau suivant :

Cas	Variable à tester
Option ou + Option	Mémorisation de l'option dans une variable du programme.
?	La variable OPTARG contient l'option erronée.
:	La variable OPTARG contient l'option qui nécessite l'argument oublié.
Option :	La variable OPTARG contient l'argument.

Quand la liste des options est épuisée, c'est au programmeur de procéder à un décalage dans la liste des arguments, en utilisant la commande **shift**, pour éliminer les options qu'il a traitées. Pour ce faire, **getopts** a conservé dans la variable OPTIND le nombre d'éléments qu'il faut décaler. La variable OPTIND comptabilise le paramètre 0, ce qui oblige à décaler de OPTIND-1.

Exemple

```
$ cat programme              # gestion élémentaire des erreurs
#!/bin/ksh
while getopts abc OPTION
do
  case $OPTION in
    a) echo "option a" ;;
    b) echo "option b" ;;
    c) echo "option c" ;;
  esac
done

$ programme -a -xb     # on ne gère pas les erreurs
option a
./prog: illegal option -- x
option b

$ cat programme
#!/bin/ksh
while getopts :abc OPTION
do
 case $OPTION in
  a) echo "option a";;
  b) echo "option b";;
  c) echo "option c";;
  \?) echo "option incorrecte $OPTARG";;
 esac
done
```

```
$programme -a -xb   # on gère les erreurs
option a
option incorrecte x
option b

$ cat programme
#!/bin/ksh
while getopts :ab:c OPTION     # l'option b a un argument
do
  case $OPTION in
    a) echo "option a" ;;
    b) echo " argument de l'option b $OPTARG" ;;
    c) echo "option c" ;;
    \?) echo "option incorrecte $OPTARG";;
  esac
done

$programme -b bonjour -xa   # récupération de l'argument d'une option
argument de l'option b bonjour
option incorrecte x
option a

$cat programme                # récupération du reste des arguments
#!/bin/ksh
while getopts :ab:c OPTION     # l'option b a un argument
do
  case $OPTION in
    a) echo "option a" ;;
    b) echo " argument de l'option b $OPTARG" ;;
    c) echo "option c" ;;
    \?) echo "option incorrecte $OPTARG";;
  esac
done
shift $((OPTIND-1))
echo "Reste des arguments $*"

$programme -b bonjour -xa arg1 arg2 arg3
option b
argument de l'option b bonjour
option incorrecte x
option a
Reste des arguments arg1 arg2 arg3
```

Un exemple complet

Les exemples qui sont présentés se limitent à afficher la valeur d'une option quand elle est présente dans la ligne de commandes. Nous rappelons au programmeur qu'il doit positionner des identificateurs pour se souvenir, une fois la boucle ***while getopts*** terminée, quelles sont les options qu'il a rencontrées. On obtient alors un programme de la forme :

```
#!/bin/ksh
SAUVER=off
CHARGER=off
BANDE=/dev/rmt0                # unité de sauvegarde par défaut
while getopts :scb: OPTION     #
do
  case $OPTION in
    s) [ $CHARGER = on ] && {
```

```
          echo "Les options -s et -c sont incompatibles"
          exit 1 }
        SAUVER=on ;;
     c) [ $SAUVER = on ] && {
          echo "Les options -s et -c sont incompatibles"
          exit 2 }
        CHARGER=on;;
     :)  echo "L'option $OPTARG requiert un argument"
          exit 5 ;;
     b) BANDE=$OPTARG ;;
     \?) echo "Option incorrecte,... "
          exit 3 ;;
  esac
done
[ $SAUVER = off  -a $CHARGER = off ] && {
        echo "Une des options -s ou -c est obligatoire"
        exit 4 }
shift $((OPTIND-1))
if [ $SAUVER = on ] ;  then
    tar -cvf $BANDE   $*
else
    tar -xvf $BANDE
fi
```

Atelier 13 : Quelques commandes utiles

Objectifs :

- **Evaluer une commande.**

- **Créer un menu.**

- **Gérer des options.**

Durée : 45 minutes.

Exercice n°1

Pourquoi la variable prédéfinie du Korn shell PS1, qui contient l'invite de shell, est-elle modifiée à chaque changement de répertoire (commande **cd**) alors qu'elle est initialisée de la manière suivante : PS1='${PWD}' ?

Exercice n°2

Ecrivez un programme qui affiche et gère le menu :
1) Ajouter un client
2) Supprimer un client
3) Fin

On suppose que les programmes **ajoucli** et **supcli** existent et sont exécutables.

Exercice n°3

Ecrivez un programme qui exécute une commande, par défaut un shell. Les arguments terminaux sont ceux de la commande.

programme [-c commande] [arg ...]

programme   # exécute un shell
programme lescript # exécute un shell qui exécute «lescript»
programme -c ls
programme -c 'ls | more '   /bin /dev

- *what*
- *xargs*
- *tput*

14

Des commandes simples et pratiques

Objectifs

Après l'étude de ce chapitre, le lecteur sait définir une aide en ligne pour les utilisateurs d'un script, construire dynamiquement les arguments d'une ligne de commandes et gérer l'écran.

Contenu

Commenter un script
Construire des arguments et gérer l'écran

La commande **what**

```
$ more  lescript
#!/bin/sh
# @(#) lescript,17/12/96, exemple de script
# @(#) version 1.2, auteur : Dupont
# Affiche la date et la liste des
# utilisateurs connectés
date
who

$ what lescript
  lescript,17/12/96, exemple de script
  version 1.2, auteur : Dupont
$
```


La commande what

La commande **what** extrait et affiche sur la sortie standard le texte qui, dans une ligne, suit les symboles «@(#) ». Appliqué à un script, la commande **what** traite les lignes commentaires de la forme :

@(#)   Un commentaire

Pour exécuter **what**, il suffit de frapper la ligne de commandes :

$ what [fichier...]

C'est un excellent moyen pour développer une aide en ligne pour les utilisateurs. On marque avec les symboles «@(#) » les seuls commentaires destinés aux utilisateurs.

Remarques

- La commande **what** peut s'appliquer à n'importe quel fichier, y compris un programme binaire exécutable. Dans le cas du langage C où les commentaires sont de la forme /* commentaire */, il suffit, pour appliquer **what** à un fichier source C, de saisir des commentaires /* @(#) commentaire */.
- La commande **what** fait partie d'un ensemble de commandes, le paquetage **sccs**, qui permet de gérer les versions d'un logiciel. Bien que principalement utilisé pour des applications écrites en langage C, rien n'interdit de l'utiliser pour des scripts shell. Les commandes de sccs permettent la mise à jour automatique des commentaires au sens de **what**.
- La commande **ident** joue un rôle identique dans les systèmes qui utilisent « rcs », généralement des systèmes d'origine BSD. Elle recherche les chaînes ayant la forme suivante : $Id : <espace>phrase<espace>$.

La commande **xargs**

```
$ cat  > liste
f1
f2
Ctrl-D

$ cat  liste  | xargs tar c

$ tar  c  $(cat liste)
```


La commande xargs

La commande **xargs** génère les arguments d'une commande depuis l'entrée standard. On réalise avec la commande **xargs** une opération similaire à ce que l'on peut souvent obtenir avec un remplacement de commande « $(commande) ».

Syntaxe

xargs [-l] commande

L'option **-l** demande à **xargs** de générer autant de lignes de commandes que de lignes provenant de l'entrée standard. Cette option fait toute la différence avec le remplacement de commandes qui ne permet pas de générer plusieurs lignes de commandes. Ceci est souvent vrai pour les commandes de copie de fichiers au format DOS, telles que **doscp**, **doswrite**, qui n'acceptent qu'un seul nom de fichier par ligne de commandes.

Exemples

```
$ xargs ls
/bin
^D

Mail       df        head       mt        stty
arch       dialog    hostname   mt-GNU    su
...

$ cat liste | xargs -l tar c   # tar c f1   ; tar c f2
```

La commande **tput**

```
$ more programme        $ programme
!/bin/sh
tput clear
tput cup 3 5                    Nom ? Durand   ↵
echo "Nom ?"
tput cup 5 5                    Tel ? 21-22   ↵
echo "Tel ?"
tput cup 3 11            Durand:21-22
read nom                $
tput cup 5 11
read tel
tput cup 7 1
echo "$nom:$tel"
```


La commande tput

La commande **tput** permet de gérer l'adressage du curseur et les séquences de contrôle du terminal tels que le clignotement, la vidéo inverse, la surbrillance et même les couleurs d'un terminal de type texte.

Syntaxe

tput commande [argument...]

La commande **tput** exécute la commande indiquée, ce qui consiste à envoyer sur la sortie standard la séquence de contrôle associée à la commande et au terminal dont le nom est renseigné dans la variable TERM.

Exemples

tput clear # effacer l'écran

tput cup 3 5 #positionner le curseur en ligne 3, colonne 15

tput smso # passer en caractère gras

tput rmso # revenir en mode non gras

tput rev # passer en vidéo inverse

tput sgr0 # revenir en mode normal

reverse=`tput rev`

echo $reverse

Atelier 14 : Des commandes simples et pratiques

Objectifs :

- **Extraire des commentaires.**

- **Générer les arguments.**

- **Gérer le curseur.**

Durée : 15 minutes.

Exercice n°1

Quels types de commentaires d'un script définissez-vous avec la commande *what* ?

Exercice n°2

Créez la ligne de commandes (via des filtres et des tubes, et la commande *xargs*) qui exécute la commande **grep 'sed '** sur tous les fichiers de type « text » du répertoire /etc.

Exercice n°3

Mettez votre invite de shell en caractères gras. La saisie des commandes doit se faire en mode normal.

/home/pierre $ ls

- *Sed*
- *Commandes d'édition*
  s/.../.../
  $d
- *Expression*
  régulière
  ^[0-9]$*

15

Le filtre sed

Objectifs

Après l'étude de ce chapitre, le lecteur maîtrise les commandes indispensables de **sed** et l'écriture d'expressions régulières.

Contenu

Appel de **sed** et principes de fonctionnement
Les commandes
Les expressions régulières et les sous-expressions

Principe de fonctionnement de **sed**

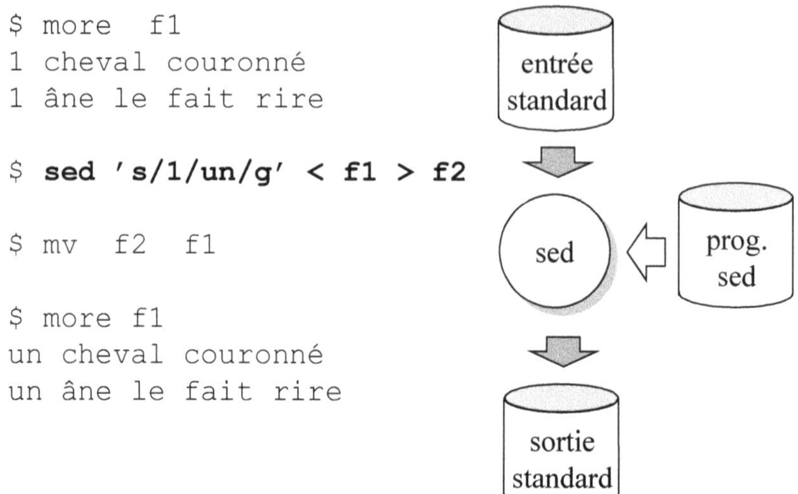

Principes de fonctionnement

Le filtre **sed** (« *stream editor* ») est un filtre programmable. Cela lui confère un caractère généraliste que les filtres traditionnels n'ont pas. On peut, avec **sed**, réaliser un large éventail de manipulation de texte.

Le filtre **sed** dispose de la plupart des commandes de l'éditeur de texte **ed**. Les commandes du filtre **sed** sont appliquées à des fichiers, l'entrée standard par défaut ; le résultat du traitement est envoyé, comme pour n'importe quel filtre, sur la sortie standard.

Syntaxe

sed 'commande d'édition' [fichier...]

Dans sa forme la plus simple, l'utilisateur fournit la commande d'édition en premier argument de la ligne de commande.

> **Remarque**
> Compte tenu des symboles utilisés dans la commande d'édition, il est conseillé de toujours protéger la commande en utilisant des quotes ' ou " .

Le module illustre l'utilisation des principales commandes que doit connaître un utilisateur confirmé du filtre **sed**.
La maîtrise du filtre **sed** réside dans la connaissance et l'écriture des expressions régulières (*cf 15.4 et 15.5*), tout autant que dans celles des commandes d'édition.

La commande **s** (« substitue ») s/chaîne1/chaîne2/[g] qui illustre nos premiers exemples est, sans conteste, la commande la plus utilisée du filtre **sed**. Elle remplace, dans chaque ligne, la première occurrence de chaîne1 par chaîne2. Toutes les chaînes chaîne1 sont remplacées si l'attribut **g** (« global ») est ajouté. Les caractères « / » contenus dans la chaîne à remplacer doivent être quotés. Pour l'éviter, une autre solution consiste à utiliser un autre délimiteur en remplacement du « / ». La chaîne de substitution peut être vide, ce qui permet de supprimer du texte.

Exemples

Soit le fichier f1 :

```
le filtre sed est un filtre
utile. Il permet de traiter
un grand nombre de fichiers.
parfois, le même résultat
peut être obtenu avec un autre
filtre.
```

Substitution d'une occurrence par ligne

```
$ sed 's/filtre/programme/' f1
```

```
le programme sed est un filtre
utile. Il permet de traiter
un grand nombre de fichiers.
parfois, le même résultat
peut être obtenu avec un autre
programme.
```

Substitution de toutes les occurrences d'une ligne

```
$ sed 's/filtre/programme/g' f1
```

```
le programme sed est un programme
utile. Il permet de traiter
un grand nombre de fichiers.
parfois, le même résultat
peut être obtenu avec un autre
programme.
```

Substitution du caractère « / »

```
$ echo "/bin/sh" | sed 's/\//-/g'
-bin-sh
```

```
$ echo "/bin/toto" | sed 's:/:-:g'
-bin-toto
```

Suppression d'un texte

```
$ echo "un cheval avec une couronne" | sed 's/ //g'
unchevalavecunecouronne
```

Principe de fonctionnement de **sed** (compléments)

■ **Utilisation de plusieurs instructions sur la ligne de commandes.**
```
$ more f1
un cheval couronné
un âne le fait rire

$ sed -e 's/u/U/g' -e 's/a/A/g' f1
```

■ **Utilisation d'un fichier de commandes.**
```
$ more prog
s/u/U/g
s/a/A/g

$ sed  -f  prog  f1
```


Principes de fonctionnement

L'option **-e** permet d'exprimer plusieurs instructions d'édition en une seule ligne de commandes de **sed**.

Quand le nombre d'instructions devient trop important et nuit à la lisibilité de la ligne, ou si les mêmes instructions doivent être utilisées dans plusieurs commandes **sed** distinctes, il est plus simple de créer un fichier, un script **sed**, que l'on donne en argument, via l'option **-f**, dans la ligne de commandes.

Syntaxe

sed -e 'instruction' ... [fichier...

sed -f programme_sed [fichier...]

Exemples

$ sed -e 's/le/LE/g' -e 's/filtre/programme/' f1

Soit le fichier programme :

$ cat > programme
s/le/LE/g
s/filtre/programme/
^D
$ sed -f programme f1

Les commandes de **sed**

- **Substitution de la chaîne «root» par la chaîne «adm».**
  ```
  $ sed 's/root/adm/g' /etc/passwd
  ```

- **Afficher les trois premières lignes d'un fichier.**
  ```
  $ sed '3q' /etc/passwd
  ```

- **Ne pas afficher les lignes qui contiennent la chaîne «root».**
  ```
  $ sed '/root/d' /etc/passwd
  ```

- **Afficher la dernière ligne d'un fichier.**
  ```
  $ sed -n '$p' /etc/passwd
  ```

- **Afficher les lignes 5 à 10 d'un fichier.**
  ```
  $ sed -n '5,10p' /etc/passwd
  ```


Les commandes de sed

Les commandes dont on dispose dans **sed** sont extraites de l'éditeur de texte **ed**. La maîtrise de cet outil ne nécessite pas la connaissance de la totalité de ses instructions. Le manuel de référence est là pour nous en fournir, si besoin est, la liste exhaustive.

La liste qui suit les mentionne par ordre croissant d'importance.

Commande	Action	Indispensable Peut être utile On peut l'oublier
adr**i**	Insère du texte avant la ligne adr.	O
adr**a**	Ajoute du texte après la ligne adr.	O
adr**q**	Affiche les n premières lignes du fichier.	P
adr1,adr2**p**	Affiche les lignes de l'intervalle adr1,adr2.	P
adr1[,adr2]**d**	N'affiche pas la(es) ligne(s) désignée(s) par adr1, les lignes des intervalles adr1,adr2.	I
adr1,adr2s/chaîne1/chaîne2/[g]	Replace, dans l'intervalle adr1,adr2, la première occurrence ou toutes les occurrences de chaîne1 par chaîne2	I

adr représente l'adresse d'une ligne. Il existe deux façons de la représenter :

1. En indiquant sa position dans le fichier, sachant que la première ligne a le numéro 1 et que la dernière se désigne par $.

2. En indiquant l'expression régulière à laquelle la ligne doit satisfaire. /chaîne/ désigne la ligne qui contient la chaîne.

Remarques
- Le filtre **sed** est, rappelons-le, un filtre généraliste. Certaines opérations, réalisées avec **sed**, peuvent l'être par d'autres filtres tels que **grep**, **tail** ou **head**. Les utilisateurs doivent employer les outils qui leur conviennent le mieux ou les plus performants. C'est le résultat qui compte.
- Quand un intervalle est de la **forme /chaîne1/,/chaîne2/**, il peut exister plusieurs groupes de lignes dans le fichier qui y correspondent, alors qu'un intervalle exprimé sous forme numérique ne peut correspondre qu'à un seul groupe de lignes.

L'option **-n** est une nécessité quand on utilise l'instruction **p**. C'est elle qui restreint l'affichage à l'intervalle des lignes indiquées dans l'instruction. A défaut, sed affiche la totalité des lignes.

Exemples

Rappelons le contenu du fichier f1:

```
le filtre sed est un filtre
utile. Il permet de traiter
un grand nombre de fichiers.
parfois, le même résultat
peut être obtenu avec un autre
filtre.
```

$ sed '3q' f1   # afficher les trois premières lignes
```
le filtre sed est un filtre
utile. Il permet de traiter
un grand nombre de fichiers.
```


$ sed '/filtre/d' f1   # grep -v 'filtre' f1
```
utile. Il permet de traiter
un grand nombre de fichiers.
parfois, le même résultat
peut être obtenu avec un autre
```

$ sed '3,4d' f1   # éliminer les lignes 3 à 4 incluses
```
le filtre sed est un filtre
utile. Il permet de traiter
peut être obtenu avec un autre
filtre.
```

$ sed -n '3,4p' f1   # afficher les lignes 3 à 4 incluses
```
un grand nombre de fichiers.
parfois, le même résultat
```

$ sed '/filtre/,/grand/d' f1 # détruire les lignes <u>des</u> intervalles filtre à grand
```
parfois, le même résultat
peut être obtenu avec un autre
```

$ cat > programme
```
1i\
DEBUT\
```
===========================

```
$a\
========================\
FIN
^D
$ sed -f programme f1
DEBUT
========================
le filtre sed est un filtre
utile. Il permet de traiter
un grand nombre de fichiers.
parfois, le même résultat
peut être obtenu avec un autre
filtre.
========================
FIN
```

Utilisation des expressions régulières dans **sed**

- **Liste des différents shells utilisés.**
  ```
  $ sed 's/.*://' /etc/passwd|sort|uniq
  ```

- **Liste des comptes utilisateurs ayant un mot de passe.**
  ```
  $ sed '/^[^:]*::/d' /etc/passwd
  ```

- **Affecte le shell sh à tous les utilisateurs de ksh, csh ou rsh.**
  ```
  $ sed 's/\/[kcr]sh$/\/sh/' /etc/passwd
  ```


Rappel des expressions régulières

Rappelons que les expressions régulières sont des modèles de chaînes de caractères qui, plutôt que de définir complètement un texte, n'en donnent qu'une forme générique pour signifier des expressions comme « une suite de lettres minuscules ou majuscules », « une suite de chiffres (un nombre) » ou bien encore de préciser la position du texte dans la ligne, « la ligne commence par » ou « se termine par ». Le tableau qui suit rappelle et complète le tableau des symboles utilisés pour les exprimer.

Symbole	Utilisation
^Chaîne	La chaîne est en début de ligne (la ligne commence par).
Chaîne$	La chaîne est en fin de ligne (la ligne se termine par).
.	Le caractère « . » désigne un caractère quelconque. Il joue un rôle analogue au caractère « ? » des jokers dans les noms de fichiers.
[SuitedeCaractères]	Remplace un des caractères de la liste. La signification est identique à celle des crochets utilisés dans les jokers.
[^SuitedeCaractères]	Remplace un caractère qui n'appartient pas à la liste.
*Car**	Remplace une répétition de 0 à n caractères *Car*. La séquence *CarCar** signifie donc au moins un caractère *Car*.
Car	Le caractère *Car* perd la signification particulière qu'il a normalement dans une expression régulière. La séquence * désigne le caractère *.
&	La chaîne à remplacer dans la chaîne de remplacement.

Les expressions régulières sont utilisées pour représenter l'adresse d'une ligne et, le plus souvent, pour exprimer le modèle d'une chaîne à remplacer dans la commande **s** (« *substitute* »).

Exemples

Prenons le fichier f1.

$ sed -n '/^le/p' f1   # afficher les lignes qui commencent par le.

$ sed -n '/filtre$/p' f1   # afficher les lignes qui se terminent par filtre.

$ sed 's/^/ligne : /' f1   # ajouter ligne : en début de chaque ligne.

Supposons le fichier f1 numéroté, un nombre étant composé d'éventuels espaces ou caractères de tabulation, d'au moins un chiffre et peut-être d'autres espaces et caractères de tabulation. Supprimons la numérotation des lignes.

      1 le filtre sed est un filtre
      2 utile. Il permet de traiter
      3 un grand nombre de fichiers.
      4 Parfois, le même résultat
      5 peut être obtenu avec un autre
      6 filtre.

$ sed 's/^[   ]*[0-9][0-9]*[   ]*//' f1
le filtre sed est un filtre
utile. Il permet de traiter
un grand nombre de fichiers.
Parfois, le même résultat
peut être obtenu avec un autre
filtre.

$ sed 's/filtre/(&)/g' f1   # mettre le mot filtre entre parenthèses.
le (filtre) sed est un (filtre)
utile. Il permet de traiter
un grand nombre de fichiers.
Parfois, le même résultat
peut être obtenu avec un autre
(filtre).

Les sous-expressions

▪ **Principe.**
```
commande:   sed 's/chaîne1/chaîne2/'
chaîne1:    ... \(...\) ... \(...\) ...


chaîne2:        \1          \2
```

▪ **Exemple.**
```
$ more f2
un,deux,troix
one,two,three

$ sed 's/\(.*\),.*,\(.*\)/\1:\2/'  f2
un:troix
one:three
```


Principes des sous-expressions

La commande de substitution **s** a un usage plus général que le remplacement de chaînes de caractères. Elle permet, grâce aux sous-expressions, de recomposer la ligne de texte.

Une sous-expression est une partie d'expression régulière que l'on souhaite réutiliser dans la chaîne de remplacement. Une sous-expression est encadrée par des parenthèses protégées. Dans la chaîne de remplacement, on indique le numéro de la sous-expression : **\1** désigne la première sous-expression, **\2** la seconde, et ainsi de suite.

La lecture d'une instruction sed qui utilise les sous-expressions est difficile. Un utilisateur confirmé doit cependant savoir les déchiffrer ; elles sont fréquemment utilisées dans les scripts de base d'un système UNIX.

Remarques
Le filtre **awk** permet souvent de réaliser facilement une opération complexe à décrire avec **sed** et les sous-expressions.

La commande **expr** utilise les sous-expressions pour afficher une sous-chaîne sur la sortie standard :
```
$ expr bonjour : '\(...\).*'
bon
```

Exemples

```
$ cat > villes
75000      Paris
13000      Marseille
58000      Nevers
^D
```

$ # inverser les champs code postal et nom de ville (séparés par le caractère <TAB>)
$ sed 's/^\(.....\)\(.*\)$/\2\1/' villes
     Paris75000
     Marseille13000
     Nevers58000

$ # supprimer le champ mot de passe d'un utilisateur
$ sed 's/^\([^:]*:\)[^:]*\(:.*\)$/\1\2/' /etc/passwd
pierre::502:1:Pierre le grand:/home/pierre:/bin/ksh
pauline::503:1:30 3097090:/home/pauline:/bin/ksh
patrick::505:1::/home/PatrickA:/bin/ksh
cathy::506:1:Catherine T.:/home/cathy:/bin/ksh
louise::507:1:Louise michel:/home/louise:/bin/ksh

$ # afficher l'UID d'un utilisateur sous la forme uid=pierre, en filtrant la commande id
$ id
uid=201(pierre) gid=106(stage)
$ id | sed 's/^\(....\)[^(]*(\(([^)]*\)).*$/\1\2/'
uid=pierre

Atelier 15 : Le filtre **sed**

Objectifs :

- **Apprendre les commandes fondamentales.**

- **Apprendre à utiliser les expressions régulières dans sed.**

Durée : 45 minutes.

Exercice n°1

Affichez le fichier /etc/passwd en remplaçant le premier symbole « : » par « ! ».
Recommencez l'opération en remplaçant tous les symboles « : ».

Exercice n°2

Affichez le fichier des utilisateurs /etc/passwd sous la forme :
=========== Liste des utilisateurs ================
root...
pierre...

===

Exercice n°3

Affichez les lignes 5 à 10 du fichier /etc/passwd.

Exercice n°4

N'affichez pas les lignes 5 à 10 du fichier /etc/passwd.

Exercice n°5

$ cat > fichier
bonjour.
Comment vas-tu ?

bien et toi ?

Supprimez le dernier caractère de chaque ligne.

Exercice n°6

Affichez l'arborescence courante à la manière de Windows. Les chemins Windows utilisent le séparateur « \ » au lieu du « / ».

Exercice n°7

Eliminez les répétitions d'espaces entre les champs des lignes produits par la commande **ls -l**, en utilisant la commande **sed** (Il est possible de le faire en utilisant le filtre **tr**).

Exercice n°8

Grâce à la commande **sed**, n'affichez que le nom des utilisateurs ayant un compte sur votre système (premier champ du fichier */etc/passwd*).

Exercice n°9

Supprimez le champ GID du fichier /etc/group.

- *awk*
- *Clauses* *{ print $1 }*
  critères *$1 ~ /hello/*
- *Instruction* *if, while,...*
- *Fonction* *split,...*

16

Le processeur de texte awk

Objectifs

Après l'étude de ce chapitre, le lecteur sait utiliser le filtre **awk** dans des cas simples et de difficultés moyennes. Il connaît les instructions et les fonctions nécessaires à l'écriture de programmes plus complexes.

Contenu

Appel de **awk** et principes de fonctionnement
Structure d'un programme **awk**
Les variables et les expressions
Les tableaux
Les fonctions prédéfinies
Les fonctions utilisateurs

Atelier

Principes de fonctionnement de **awk**

```
$ who  >  fichier
$ awk  '{ print  $1  }'  fichier
pierre
cathy

$ who | awk  '{ print $1 }'
pierre
cathy

$ cat > programme
{ print $1  }
Ctrl-D
$ awk  -f programme  fichier
pierre
cathy
```


Introduction

Le filtre **awk** doit son nom à ses auteurs, messieurs Aho, Weinberger et Kernighan. Quand on sait que Kernighan est l'un des pères du langage C, on devine que **awk** est un outil puissant et programmable. C'est le filtre le plus généraliste parmi les filtres standard disponibles universellement dans les systèmes UNIX. Son emploi peut remplacer celui de tous les filtres de base, y compris **sed**. La commande **awk** est apparentée à un interpréteur de langage C, utile pour traiter des fichiers ASCII.

On peut distinguer deux utilisations types de **awk** :

1. Une utilisation de premier niveau où le programme **awk** est constitué d'un ensemble limité d'instructions élémentaires. C'est l'usage le plus fréquent que l'on a de **awk**. Il ne nécessite pas de connaissance spécifique de la programmation et se révèle souvent plus simple à utiliser que **sed** par exemple.

2. Une utilisation de second niveau qui nécessite alors la maîtrise des expressions régulières et la connaissance, même minimum, de la programmation ; celle du langage C est un atout précieux.

Remarques

- Dans certains systèmes UNIX, la commande **awk** ne reconnaît pas les fonctions avancées de programmation telles que les fonctions. Le programmeur doit alors utiliser la commande **nawk**, entendez « new awk ».

- L'interpréteur perl concurrence à la fois le shell et le filtre awk. Il rassemble les fonctionnalités de ces deux outils et de bien d'autres encore.

Quelle que soit la complexité du programme, le fonctionnement de **awk** est analogue à celui de tous les filtres : **awk** applique les instructions du programme à toutes les lignes des fichiers arguments, à défaut l'entrée standard, et affiche les résultats sur la sortie standard.

Syntaxe

Le programme **awk** est fourni sur la ligne de commandes. La protection du programme par des quotes « ' » ou « " » devient une obligation de fait.

awk [-Fdél] 'programme awk' [fichier...]

Le programme **awk** est déporté dans un fichier programme, on peut dire un script **awk**. Cette solution est choisie quand le programme devient important et qu'il occupe plusieurs lignes.

awk [-Fdél] -f fichierprogramme [fichier...]

Dans tous les cas, l'option -F permet de dire le séparateur de champs s'il est autre que le caractère de tabulation ou de l'espace.

Fonctionnement

Un programme **awk** est composé d'au moins une section (*cf. Structure d'un programme awk*) dont la forme la plus simple est :

{ instruction [<Entrée>|; instruction...]}

Remarques
- La touche <Entrée> génère le caractère « New Line », séparateur standard de ligne dans les outils UNIX. On peut aussi séparer les instructions par des ;.
- On utilise également le terme énoncé pour désigner une instruction.

Le programme est appliqué à toutes les lignes des fichiers de données. Chaque ligne est automatiquement analysée par **awk** et chaque champ est mémorisé, selon sa position, dans des variables prédéfinies $1, $2,... $1 contient le premier champ, $2 le second et ainsi de suite. La variable $0 contient la ligne entière.

A la différence des filtres comme **sed** ou **grep**, la commande **awk** ne prend pas l'initiative d'afficher un résultat sur la sortie standard. Le programmeur doit le préciser explicitement. Dans l'immédiat, nous utiliserons l'instruction **print** qui affiche les résultats bruts sans mise en forme. Les arguments de la fonction print sont séparés par des espaces ou une virgule. Dans le premier cas, les valeurs affichées sont concaténées et, dans le second, séparées par un espace (*cf. Variable OFS*).

Exemples

Affiche les noms des utilisateurs connectés et leur tty

```
$ who | awk '{ print $1 $2 }'
roottty1
roottty2
jfpts/0
```

Remarque
Le programmeur peut intercaler des chaînes de caractères pour améliorer la présentation : '{ print $1 " " $2 }'

Affiche les noms des utilisateurs connectés et leur tty en séparant les données

```
$ who | awk '{ print $1, $2 }'
root tty1
root tty2
jf pts/0
```

Affiche les noms des utilisateurs connectés avec un libellé

```
$ who | awk '{ print "Nom : " $1 }'
Nom : gilles
Nom : root
```

Affiche le nom et le numéro des utilisateurs définis dans /etc/passwd

```
$ awk -F: '{ print $1 " * " $3 }' /etc/passwd
root * 0
bin * 1
daemon * 2
adm * 3
…
named * 25
pcap * 77
gilles * 500
```

Affiche le fichier /etc/passwd en supprimant le mot de passe

```
$ awk -F: '{ OFS=":" ; $2="" ; print $0 }' /etc/passwd
root::0:0:root:/root:/bin/bash
bin::1:1:bin:/bin:/sbin/nologin
daemon::2:2:daemon:/sbin:/sbin/nologin
adm::3:4:adm:/var/adm:/sbin/nologin
…
named::25:25:Named:/var/named:/bin/false
pcap::77:77::/var/arpwatch:/bin/nologin
gilles::500:500::/home/gilles:/bin/bash
```

Structure d'un programme **awk**

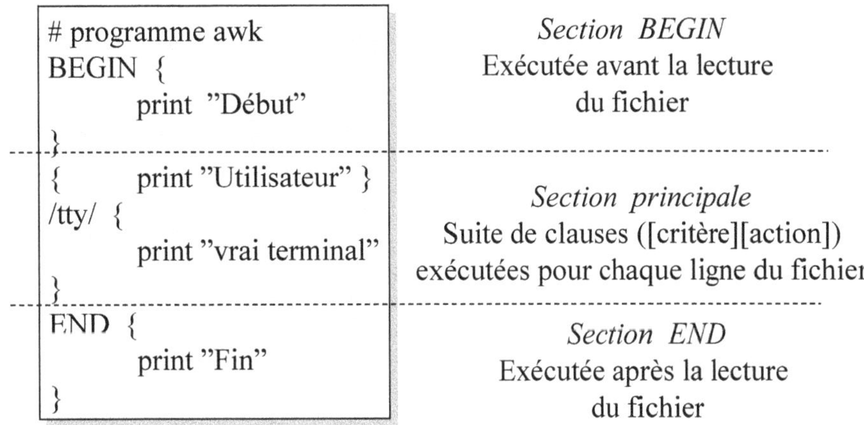

$ who > fichier ; awk -f programme fichier

Introduction

Un programme **awk** peut être constitué de plusieurs sections (au moins une). Une section est elle-même constituée d'une ou plusieurs clauses ; une clause comprenant un critère (optionnel) et un bloc action exprimant entre accolades les instructions de la clause.

L'élément principal d'un programme **awk** est la clause :

[critère] [action] où action est définie comme { instruction ... }

La section BEGIN

La section BEGIN est introduite par le critère BEGIN. BEGIN est un pseudo critère et la clause qui lui est associée n'est exécutée qu'une fois, au démarrage du programme **awk**, avant que ne commence le traitement des fichiers. On y trouve l'affichage des titres de rapport, l'initialisation des variables.

La section principale

La section principale peut comporter plusieurs clauses.

Si une clause ne comporte pas de critères, le bloc action est appliqué à toutes les lignes du fichier.

Si la clause comporte un critère, le bloc action n'est appliqué qu'aux lignes qui vérifient le critère. Le critère sert donc à exprimer une condition que la ligne doit vérifier pour que le bloc action soit exécuté.

Si une clause ne comporte pas d'action, elle affiche toutes les lignes qui répondent au critère, ce qui est équivalent à l'action « print $0 ».

La section END

La section END est introduite par le critère END. END est un pseudo critère et la clause qui lui est associée n'est exécutée qu'une fois, à la fin du programme awk, après le traitement des fichiers. On y trouve l'affichage des pieds de rapport et des variables de totalisation.

Insertion d'un script awk dans un script shell

Un script shell peut évidemment comporter des commandes **awk**. Quand le programme awk est complexe, on peut le rejeter dans un fichier que l'on désigne en argument de l'option « -f ». Il peut aussi être intéressant d'inclure le programme awk dans le script. Cela permet d'utiliser, par exemple, les variables du shell à l'intérieur du programme awk. Il faut par contre quoter chaque morceau du programme awk pour que le shell continue à accéder aux variables.

```
$ cat un_script
#!/bin/sh
USER=`logname`
awk '
    BEGIN{ FS=":" }
    $1 ~ /'$USER'/ {
        print $1 " : " $3
    } ' /etc/passwd
$ ./un_script
jf : 100
```

Remarques

- On constate que la variable $USER est encadrée de quotes. La première termine la protection de la première partie du programme awk et la deuxième commence la protection de la deuxième partie du programme awk.

- Quand il s'agit d'utiliser des variables du shell dans un programme awk, une autre solution consiste à utiliser l'option « -v » de la commande **awk** (*cf. définir des variables sur la ligne de commandes*) :
  awk −v variable_awk=$variable_shell …

- On peut aussi transmettre des données au script awk avec le tableau ENVIRON (*cf. Les variables prédéfinies*).

Exemples

Affiche le nombre de lignes de /etc/group (wc -l /etc/group)

```
$ awk ' END { print NR }' /etc/group
```

La variable NR contient le numéro de la ligne en cours de traitement. Une fois atteinte la section END, elle correspond au numéro de la dernière ligne.

Affiche le fichier des utilisateurs avec une présentation

Le programme comporte trois sections : la section BEGIN, la section principale et la section END. On note que la section principale ne comporte qu'une seule clause appliquée à toutes les lignes du fichier.

```
$ cat > programme
BEGIN {
   print "Liste des utilisateurs" }
{ print $0 }
END {   print "===============" }
^D
$ awk -f programme /etc/passwd
```

Les critères

```
/sh/  {  print  $1  }

$2  == "" { print $1 }

$2 ~ /^$/ { print $1 }

$2 !~ /^$/ { print $1 }

!($2 == "") { print $1 }

$2 ~ /^$/ && $7 ~ /sh/
     { print $1 }

/^root/,/^bin/ { print $1 }
```

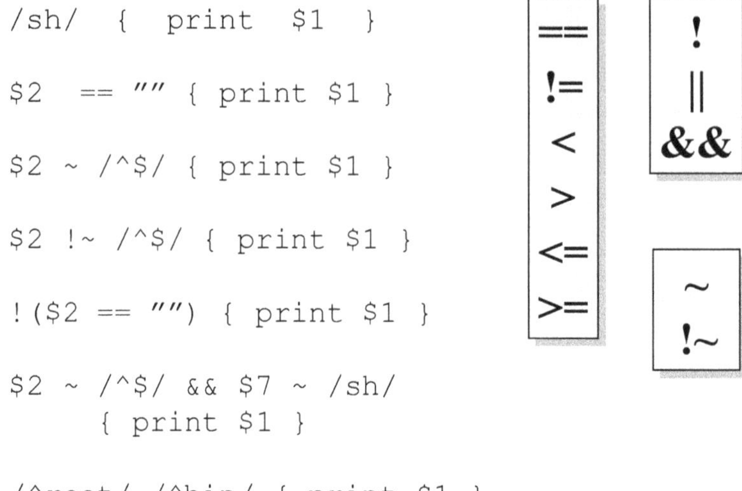

Introduction

Les critères conditionnent l'exécution du bloc action d'une clause. Ils sont de plusieurs formes et peuvent être combinés dans une expression logique. Ils permettent d'exprimer des sélections complexes qui nécessiteraient plusieurs lignes de programmation dans un langage plus traditionnel.

Une expression régulière valide pour la ligne

Syntaxe

/expression régulière/ { instruction...}
Le bloc action est exécuté si la ligne se conforme à l'expression régulière.

Exemples

/bonjour/ { print $0 }
La ligne n'est affichée que si elle contient la chaîne bonjour.

/^le/ { print $0}
La ligne n'est affichée que si elle commence par le.

/^[0-9][0-9]*$/ { print $0 }
Seules les lignes exclusivement numériques sont affichées.

Une expression régulière valide pour un champ

Syntaxe

$<n> ~ /expression régulière/ { instruction...}
Le bloc action est exécuté si le champ $<n> se conforme à l'expression régulière.

$<n> ! ~ /expression régulière/ { instruction...}
Le bloc action est exécuté si le champ $<n> ne se conforme pas à l'expression régulière.

Exemples

$1 ~ /bonjour/ { print $0 }
La ligne est affichée si le champ $1 contient bonjour.

$1 ~ /^le/ { print $0 }
La ligne est affichée si le champ $1 commence par le.

$1 ~ /^[0-9][0-9]*$/ { print $0 }
Seules les lignes dont le champ $1 est exclusivement numérique sont affichées.

$1 ! ~ /bonjour/ { print $0 }
La ligne est affichée si le champ $1 ne contient pas bonjour.

Une comparaison qui doit être vraie

Syntaxe

expression opérateur expression {instruction...}

Les opérateurs sont ceux du langage C et du shell. Le tableau qui suit rappelle les opérateurs de comparaison. On dispose en sus des opérateurs arithmétiques et des opérateurs logiques (*cf. Opérateurs logiques*).

Définition	inférieur	inférieur ou égal	supérieur	supérieur ou égal	égal	différent
Définition **awk**	<	<=	>	>=	==	!=

Remarque
Nous attirons l'attention du lecteur sur la confusion à éviter entre l'opérateur « = » d'affectation et l'opérateur « == » de comparaison. Le langage awk, tout comme le langage C, traite des expressions et n'interdit pas d'utiliser « = » dans des expressions de comparaison. Le critère $2 = "bonjour" affecte la chaîne "bonjour" au champ $2 et produit en outre la valeur vraie.

Exemples

$3 > 1000 { print $0 }
Affiche la ligne si $3 est plus grand que 1000.

$1 == "hello" { print $0 }
Affiche la ligne si le champ $1 vaut hello.

Un intervalle de lignes borné par leur position ou des expressions régulières

Syntaxe

expression , expression { instruction...}

Exemples

NR==3 , NR==5 { print $0 }
Affiche les lignes de numéro 3 à 5.

Les opérateurs logiques

Les expressions qui composent les critères peuvent être combinées grâce à des opérateurs logiques. Le langage awk propose ceux que nous trouvons dans le langage C et aussi rencontrés en Korn Shell.

Le tableau qui suit les rappelle :

Définition	OU	ET	NON
Définition awk	||	&&	!

$1 ~ /stage/ && $3 > 100 { print $0 }
La ligne est affichée si le champ $1 contient stage ET que $3 est supérieur à 100.

Remarque
Le programmeur a parfois le choix entre plusieurs formes de critères pour exprimer une seule et unique condition. La comparaison du champ $1 avec la chaîne « stage » peut ainsi prendre les formes suivantes :

$1 ~ /stage/

$1 == "stage"

Les variables prédéfinies

$0	L'enregistrement (ligne) courant
$1, $2, ...	Les champs de l'enregistrement courant
FS	Séparateur de champs en entrée
NR	Nombre d'enregistrements lus (tout fichier confondu)
FNR	Nombre d'enregistrements lus (du fichier courant)
NF	Nombre de champs de l'enregistrement courant
FILENAME	Le nom du fichier d'entrée courant

Introduction

Nous connaissons déjà les variables utilisées par **awk** pour mémoriser, pour chaque ligne, les champs qui la composent : $1 pour le premier champ, $2 pour le deuxième et $0 pour la ligne entière. Il est important de noter que le symbole $ n'a pas valeur de remplacement, comme en shell ; il représente le premier caractère du nom de la variable. A l'inverse du shell, **awk** remplace la variable qui suit immédiatement un symbole $ par sa valeur pour déterminer le champ qui est référencé.

```
{  i=3                                          {
    print $i           est équivalent à           print $3
}                                               }
```

Cet artifice se révèle particulièrement utile pour programmer, dans une boucle, le parcours des champs d'une ligne (*cf. Les instructions*).

awk possède un ensemble de variables prédéfinies qui s'avèrent très utiles pour réaliser des traitements particuliers, souvent dans des programmes relativement complexes (*cf. Annexe F*).

Variable	Description

FS	La variable FS (« *Field Separator* ») définit le séparateur de champs en entrée. Cela évite de mentionner l'option **-F** à l'appel de **awk**. Il est défini dans la section BEGIN. Il n'est pas utilisé pour tabuler les champs en sortie si le contenu de la ligne a été modifié (un champ $<n> ou $0). Le séparateur de champs peut être une chaîne de caractères et même une expression régulière.
	
	BEGIN {
	       FS=":" }
	BEGIN {
	       FS=" +++" }

NR	La variable NR désigne le compteur de lignes de l'ensemble des fichiers. NR n'a pas à être initialisé et est automatiquement incrémenté par **awk**. Soit un fichier f1 de quinze lignes et un fichier f2 de dix lignes, exécutons la commande : $ awk 'END { print NR }' f1 f2 25
FNR	La variable FNR désigne le compteur de lignes d'un fichier. FNR n'a pas à être initialisé et est automatiquement incrémenté par **awk**. Dans le cas où **awk** a un seul fichier argument, la valeur de FNR se confond avec celle de NR ; elle est sinon réinitialisée à chaque fichier.
NF	La variable NF est initialisée à chaque ligne que traite **awk**. Elle vaut le nombre de champs que contient la ligne. Cette variable est très utile pour traiter les lignes qui contiennent un nombre variable de champs. { print "Numéro du dernier champ" NF "Valeur : " $NF }
FILENAME	La variable FILENAME contient le nom du fichier en cours de traitement.
OFS	La variable OFS permet de spécifier le séparateur de champs en sortie, ce qui est obligatoire si l'on modifie l'un des champs et que l'on souhaite afficher une ligne avec un séparateur autre que le séparateur par défaut. La valeur par défaut de OFS est « espace ». La commande **print expr, ...** utilise le séparateur de champs OFS quand les expressions sont séparées par le caractère « , ».
ORS	Le séparateur d'enregistrements en sortie. A chaque utilisation de la fonction print, ce séparateur est affiché. Sa valeur par défaut est le « new line ».
RS	Le séparateur d'enregistrements en entrée. Sa valeur par défaut est le « new line ».
ENVIRON	Le tableau associatif ENVIRON contient l'environnement. Chaque clef correspond au nom d'une variable d'environnement (*cf. les chapitres suivants*). Cette variable est nouvelle en **awk**.
ARGC	Le nombre d'arguments. Cette variable est nouvelle en awk.
ARGV	Le tableau qui contient les arguments de la ligne de commandes. Cette variable est nouvelle en awk.

Exemples

Affichage du nombre de lignes d'un fichier (variable NR)

```
$ cat pnr.awk
END {
    print "Le fichier " FILENAME " a " NR " lignes " }

$ awk –f pnr.awk /etc/passwd
Le fichier /etc/passwd a 33 lignes
```

Utilisation des séparateurs (variables FS et OFS)

```
$ cat villes
58000*****NEVERS
13000*****MARSEILLE
75000*****PARIS

$ cat fs.awk
BEGIN {
    FS="*****"
    OFS="+++"
}
{ print $1,$2 }

$ awk –f fs.awk villes
58000+++NEVERS
13000+++MARSEILLE
75000+++PARIS
```

Le séparateur de champs (variable FS) est une expression régulière

Le nombre de caractères « = » est variable d'une ligne à l'autre.

```
$cat villes2
58000===NEVERS
13000=======MARSEILLE
75000==PARIS
```

L'expression « =* » signifie plusieurs caractères « = ».

```
$ cat fsreg.awk
BEGIN {
    FS="=*"
    OFS="+++"
}
{ print $1,$2 }

$ awk –f fsreg.awk villes2
58000+++NEVERS
13000+++MARSEILLE
75000+++PARIS
```

Exemple d'utilisation des variables ENVIRON, ARGV

```
$ nawk 'BEGIN{ print "<" ENVIRON["PATH"] ">" }' /dev/null
</usr/bin:>

$ nawk 'BEGIN{ print "<" ARGV[0] ">" }' /dev/null
<nawk>

$ nawk 'BEGIN{ print "<" ARGV[1] ">" }' /dev/null
</dev/null>
```

Remarque

La commande **awk** doit obligatoirement traiter un fichier. Si l'on ne veut pas traiter de fichier particulier, on peut indiquer le fichier */dev/null* et rassembler tous les traitements dans la section BEGIN.

Les variables et les expressions

```
var = 32

var = var * 2

var += 5

var ++

nb = 3.2 * 2E-1

txt = "Bonjour "

txt = txt  " Mr "
```

$$+, -, *, /, \%$$
$$++, --$$
$$=, +=, -=, *=, /=, \%=$$
$$<, <=, ==, !=, >=, >$$
$$\&\&, ||, !$$

Les variables

awk permet d'écrire des programmes sophistiqués pour manipuler du texte. Cela nécessite alors d'utiliser, comme en shell, des variables créées par l'utilisateur et des instructions.

Nous allons dans l'immédiat traiter des variables et des expressions. Les noms des variables sont des identificateurs composés d'une suite de caractères dont le premier est une lettre, le caractère $ ou _, et les suivants des lettres ou des chiffres. Le langage **awk** distingue les lettres minuscules des majuscules.

Comme en shell, les variables n'ont pas à être déclarées préalablement à leur utilisation. Le langage **awk** décide de leur type (la nature des données qu'elles contiennent) lors de leur première initialisation. Elles sont de type chaîne de caractères ou numériques. La représentation interne des numériques est celle des variables de type double du langage C.

Les constantes de type chaîne de caractères sont représentées par une suite de caractères encadrée par le symbole «"». Les constantes numériques peuvent être des nombres entiers, des réels avec la notation décimale ou exponentielle.

Dans la pratique, les variables sont souvent initialisées dans la section BEGIN, modifiées dans la section principale et affichées dans la section END.

Le programme qui suit affiche le nombre de lignes dont le champ $2 est nul.

```
BEGIN {
    cpt = 0
    titre="Total " }
$2 == 0 { cpt++ }
END {
    print titre cpt }
```

Les expressions

Les expressions, comme dans tous les langages, mélangent constantes, variables et opérateurs. L'affectation de la valeur d'une expression à une variable est réalisée par l'opérateur =.

Variable = expression

Il existe dans le langage **awk** un opérateur implicite : l'opérateur de concaténation qui met bout à bout des valeurs d'expression. Il est principalement utilisé pour les chaînes de caractères.

Variable = expression[expression...]

```
END {  titre="PIB"
       unite=" en dollars " "canadien"
       texte=titre unite
       print texte }
```

donne PIB en dollars canadiens.

Le langage **awk** a repris pour les expressions numériques les opérateurs du langage C. Le lecteur les a déjà rencontrés dans le chapitre *L'arithmétique en shell*.

Le tableau qui suit rappelle la signification des moins intuitifs. Leur emploi n'est d'ailleurs jamais une obligation.

Opérateur	Signification	Exemple	Equivalent
%	Reste de la division entière (modulo)	8 % 3 => 2	
++	Incrément	i++	i = i + 1
--	Décrément	i--	i = i -1
+=	Ajout d'une expression à une variable	i += 5	i = i + 5
==	Egalité	5 == 5 est vraie	
!=	Différence	5 != 7 est vraie	
!	Négation	!(5 != 7) est fausse	

Définir des variables sur la ligne de commandes

Il est possible, grâce à l'option « -v », de définir des variables sur la ligne de commandes.

Syntaxe

awk –v variable=valeur ...

Exemple

```
$cat prix
1000
300

$ awk -v monnaie=euros '{ print $0 " " monnaie }' prix
1000 euros
200 euros
300 euros
```

Les tableaux

- **Un élément d'un tableau.**
  ```
  tb[i]
  ```

- **Un élément d'un tableau à deux dimensions.**
  ```
  tab[i,j]
  ```

- **Un élément d'un tableau associatif.**
  ```
  table["pierre"]
  ```

- **Supprimer un élément de tableau.**
  ```
  delete tb[i]
  ```

- **Tester l'existence d'un élément de tableau (indice in tableau).**
  ```
  "pierre"  in table
  ```


Introduction

Certains traitements nécessitent la mémorisation d'une liste de valeurs. Pour cela, le langage **awk** permet aux programmeurs de créer des tableaux.

Les tableaux du langage **awk** sont dynamiques : leur taille s'accroît au fur et à mesure que l'on crée des éléments, ou décroît automatiquement quand on en supprime.

L'utilisation des tableaux nécessite une bonne maîtrise du langage **awk** et de la programmation. Elle est nécessaire dans des applications élaborées. Un élément de tableau est repéré par son indice. Cet indice est très souvent un nombre entier qui en indique la position. L'indice est mentionné, comme en shell, entre les caractères « [» et «] » (t[3]=2).

Exemple

Le programme qui suit affiche les lignes d'un fichier en commençant par la dernière ligne. L'affichage du fichier ne peut se faire qu'après avoir été lu dans sa totalité, ce qui implique l'utilisation d'un tableau.

La section BEGIN initialise les variables nécessaires au traitement, ici l'unique compteur « i ».

La section END contient une itération qui permet d'afficher tous les éléments du tableau. La compréhension de cette instruction n'est pas une obligation. La section principale est la plus significative, qui mémorise la ième ligne du fichier dans le ième élément du tableau.

```
BEGIN {
        i = 1 }
{       t[i]=$0
        i++ }
```

```
END {
        for ( j=i-1; j >= 1; j--) print t[j] }
```

Tableau à deux dimensions

Il est possible de gérer des tableaux à deux dimensions, des matrices. Un élément de la matrice est repéré par deux indices qui représentent respectivement le numéro de la ligne et de la colonne où l'élément est mémorisé.

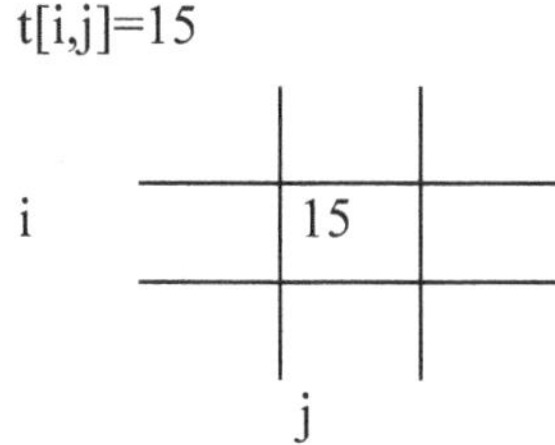

Exemple

Le programme qui suit mémorise dans une matrice tous les champs de toutes les lignes d'un fichier.

```
BEGIN {
        i=1 }
{       for (j=1 ; j <= NF ; j++) champ[i,j]=$j
        i++ }
```

Les tableaux associatifs

Un tableau, dans **awk**, est un tableau dit associatif. L'indice d'un élément n'est pas nécessairement un entier, cela peut être une chaîne de caractères. Cela permet de construire des index et confère au langage **awk** une capacité que les langages de programmation classiques, y compris le langage C, ne possèdent pas. L'usage est certes limité à un nombre réduit d'applications, mais c'est un des éléments qui donnent toute sa puissance au filtre **awk**.

Exemple

Le programme qui suit compte le nombre d'utilisateurs utilisant le Korn shell (« ksh ») et le C-shell (« csh »).

```
BEGIN {
        t["ksh"]=0
        t["csh"]=0 }
/ksh$/  { t["ksh"]++ }
/csh$/  { t["csh"]++ }
END {
        print "Nombre d'utilisateurs du Korn shell " t["ksh"]
        print "Nombre d'utilisateurs du C-shell "    t["csh"] }
```

Suppression d'un élément de tableau

On peut être amené à supprimer un élément de tableau. La suppression d'un élément de tableau est facile à réaliser.

Syntaxe

delete Tableau[indice]

Exemple

END { if (t["ksh"] == 0) delete t["ksh"] }

Appartenance d'un élément à un tableau

L'opérateur **in** teste l'appartenance d'un élément à un tableau. Cette opération est d'une grande utilité car les tableaux sont dynamiques et associatifs. On ignore souvent le nombre d'éléments et les valeurs des indices qui servent à les atteindre. Les instructions **if** et **for** (*cf. Les instructions*) permettent de s'assurer qu'un élément est bien présent dans un tableau ou de balayer tous les éléments sans avoir à connaître les indices ni le nombre d'éléments. L'existence de l'opérateur **in** justifie la possibilité de détruire les éléments inutiles d'un tableau. Cette destruction met à jour la liste des indices pour l'opérateur **in**.

Exemple

Le programme qui suit crée et initialise un élément à la valeur 1 s'il est nouveau ou incrémente son nombre d'occurrences sinon.

```
{ if ( $1 in t ) t[$1]++
   else        t[$1]=1 }
```

Parcours d'un tableau associatif

C'est la boucle for (*cf. le chapitre suivant*) qui permet de parcourir un tableau associatif.

Exemple

```
$ who | awk '
{ TTY[$1]=$2 }
END {
    for ( i in TTY ) print i " = " TTY[i]
}'
jf = pts/0
root = tty2$
```

Les instructions

```
if  ( condition ) énoncé [ else énoncé ]
while ( condition ) énoncé
do énoncé while ( condition )
for ( exp ; condition ; exp ) énoncé
for ( variable in tableau ) énoncé
delete tableau[ domaine ]
print [ liste_d_expression ] [ > exp ]
printf format [, liste_d_expression ]
break
continue
next
exit [ expression ]
return [ expression ]
expression
```


Introduction

Les instructions sont indispensables à l'écriture des programmes un tant soit peu complexes et l'usage des variables est rapidement limité sans celui conjoint des instructions. Le langage **awk** est apparenté au langage C. Les lecteurs qui connaissent déjà ce langage reconnaîtront l'essentiel de ses instructions ; pour les autres, il convient d'établir un fort parallèle avec les instructions du langage shell quant à leur nature et leur principe de fonctionnement. Le langage de **awk** permet d'affecter des expressions à des variables, grâce à l'opérateur =, que nous avons déjà étudié. Comme dans tous les langages, les instructions d'un bloc action sont exécutées séquentiellement. Nous rappelons que les séparateurs d'instructions sont les caractères « Entrée » ou « ; ». Dans toutes les instructions qui suivent, le terme énoncé désigne une seule instruction ou bien un bloc d'instructions (instruction composée) encadrées par des accolades.

Instructions

SI condition **ALORS** exécuter une instruction **SINON** exécuter une autre instruction

> **if** (condition) énoncé [**else** énoncé]

> Si l'expression qui définit la condition est vraie, alors on exécute l'énoncé qui suit immédiatement, sinon l'énoncé qui suit le mot else, s'il est présent. Un énoncé correspond à une instruction ou à un bloc d'instructions définies entre accolades, on parle aussi d'instruction composée.

> **if (NF == 0) print "ligne vide"**

TANT QUE condition **FAIRE** exécuter une instruction

> **while** (condition) énoncé

> **while** (i <= NF) { print $i ; i++ }

FAIRE énoncé **TANT QUE** condition

> **do** énoncé **while** (condition)
>
> L'instruction **do ... while** est une instruction **while** dont on est sûr qu'elle est exécutée au moins une fois.

POUR un intervalle de valeurs **FAIRE** exécuter une instruction

> **for** (initialisation d'un compteur ; condition ; incrément du compteur) énoncé
>
> La boucle est exécutée tant que la condition est vraie (**for** est une extension de l'instruction **while**). Au premier passage le compteur est initialisé et incrémenté à chaque itération.
>
> **for (i =1 ; i <= NF ;i++) print $i**

POUR TOUS les éléments d'un tableau **FAIRE** exécuter une instruction

> **for** (indice **in** tableau) énoncé
>
> **for** (i **in** t) print t[i]
>
> L'indice i prend successivement toutes les valeurs possibles pour les indices des éléments qui existent réellement dans le tableau.

TERMINER UNE ITERATION

> **break**
>
> L'instruction **break**, comme en shell, provoque le passage à l'instruction qui suit la boucle (for, while ou do...while).

PASSER A L'ITERATION SUIVANTE

> **continue**
>
> L'instruction **continue** provoque le passage immédiat à l'itération suivante. Son fonctionnement est identique à celui du shell.

PASSER A LA LIGNE SUIVANTE DU FICHIER EN IGNORANT LES CLAUSES QUI SUIVENT

> **next**
>
> L'instruction **next** provoque l'abandon des clauses pour la ligne en cours et le passage immédiat à la ligne suivante du fichier. Le programme qui suit n'affiche que les lignes dont le premier champ est OK. Si le premier champ est différent de OK, l'instruction **next** est exécutée, la clause { print $0 } est abandonnée.
>
> $1 != "OK" { next }
> { print $0 }

TERMINER L'EXECUTION DU PROGRAMME AWK

> **exit** [n]
>
> L'instruction **exit** fonctionne exactement comme en shell, la valeur « n » alimente la variable « ? » du shell à partir duquel le programme **awk** a été exécuté.
>
> **$ awk '{ exit 5}' fichier**
> **$ echo $?**
> 5

DETRUIRE UN ELEMENT DE TABLEAU (*cf. Tableau*)

delete tableau[indice]

AFFICHER DES EXPRESSIONS

print expression[, expression...]

Quand les expressions sont séparées par un espace, l'instruction **print** affiche une seule expression, résultat de la concaténation de plusieurs expressions. Si les expressions sont normalement séparées par des virgules, l'instruction **print** sépare les valeurs des expressions en utilisant le séparateur de champs en sortie, la valeur par défaut, ou celle définie par la variable **OFS**.

```
$ awk -F: '{ print $1,$3}' /etc/passwd
root 0
pierre 150
```

AFFICHER DES EXPRESSIONS AVEC UN FORMAT

printf "format"[,expression,...]

L'instruction **printf** permet, comme en langage C, d'afficher des expressions avec un certain format. La chaîne de caractères *format* contient du texte et des descripteurs du format d'affichage des différentes expressions. Chaque descripteur commence par le symbole « **%** » suivi de l'indication de la taille et du type de l'expression à afficher. Le premier descripteur sert pour la première expression et ainsi de suite.

%d   s'applique à des nombres entiers
%f   s'applique à des nombres réels
%s   s'applique à des chaînes de caractères

Descripteur de format	Signification
%5d	Afficher un entier sur cinq positions, cadré à droite
%8.2f	Afficher un réel sur huit positions dont deux pour la partie décimale, cadré à droite
%20s	Afficher une chaîne de caractères sur vingt positions, cadrée à gauche
%-20s	Afficher une chaîne de caractères sur vingt positions, cadrée à droite

```
printf "%5d Ligne : %20s\n",NR,$1
```

Les fonctions prédéfinies

length(x)	Renvoie la longueur de la chaîne x
index(x,y)	Renvoie la position de la chaîne x dans la chaîne y, sinon renvoie 0
substr(x,i,l)	Renvoie la sous-chaîne de x, qui commence au ième caractère et de longueur l
split(x,tb)	Met chaque champ de x dans un élément du tableau tb
sqrt(x)	Racine carrée de x (exemple de fonction arithmétique)
system(cmd)	Exécute la commande **cmd** et renvoie son code retour

Des opérations obligent à l'exécution d'une fonction de calcul ou de manipulation de chaîne de caractères. Le langage **awk** nous fournit des fonctions prédéfinies pour les opérations usuelles. Le tableau qui suit illustre les fonctions les plus utilisées pour manipuler du texte et ne mentionne, pour l'exemple, qu'une fonction mathématique.

Fonction	Signification
length(x)	Renvoie la longueur de la chaîne x. { print length($0) }
index(x,y)	Renvoie la position de la chaîne y dans la chaîne x, si elle existe, sinon 0. /soleil/ { print " soleil commence à la " index($0, "soleil") "position"
substr(x,i,l)	Renvoie la sous-chaîne de x qui commence à la position i et de longueur l. { print substr($0,1,5) }
split(x,tb)	Chaque champ de la variable x est rangé dans un élément du tableau tb, selon sa position. A défaut du séparateur standard, la fonction split utilise la valeur de variable FS pour décider du séparateur de champs. Le programme qui suit éclate dans un tableau t les mots du champ $1, séparés par des virgules. { FS="," ; split($1,t) ; for (i in t) print t[i] "+++" }
split(x,tb,fs)	Le troisième argument représente le séparateur.
sqrt(x)	Calcule la racine carrée de x.
system(cmd)	La fonction system exécute la commande **cmd** donnée en argument et renvoie son code retour. Cela permet de faire exécuter une commande binaire, voire un shell à partir d'un programme awk. { system(ls $1) }

Les fonctions utilisateurs

Définition de la fonction

```
function affiche() {
    printf "Exemple de fonction\n";
}
```

Appel de la fonction

```
BEGIN {
    affiche();
}
```


Introduction

Nous rappelons que les fonctions utilisateurs ne sont pas obligatoirement implémentées dans la commande native **awk**. Si cela est le cas, le système UNIX dispose d'une commande **nawk** qui les supporte.

Le programmeur peut, comme en shell, écrire des sous-programmes sous forme de fonctions. La définition d'une fonction est introduite par le mot-clé **function**. Une fonction a un nom. Elle peut avoir des paramètres et des variables locales. Les fonctions peuvent aussi être récursives.

Syntaxe de la définition

La syntaxe de la définition d'une fonction est la suivante :

function nom_fonction ([paramètre | <espace>variable_locale] ...)
{ instructions de la fonction
}

La définition d'une fonction est extérieure aux sections et sa position dans le programme **awk** n'a pas d'importance. On peut aussi bien les placer en début qu'en fin de programme.

L'en-tête d'une fonction doit comporter des parenthèses, même si la fonction n'a pas de paramètre. La déclaration des variables locales des fonctions constitue la principale originalité de **awk** ; elles sont déclarées dans la liste des paramètres et sont reconnaissables au fait que le premier caractère de leur nom est obligatoirement précédé d'un ou de plusieurs espaces.

Appel d'une fonction

L'appel d'une fonction utilisateur se fait de la même manière que celui d'une fonction prédéfinie, dans une expression du type de la fonction. Une fonction peut être récursive car elle peut s'appeler elle-même. La programmation de certains algorithmes s'en trouve facilitée, mais cela nécessite, dans certains cas, beaucoup de piles.

Syntaxe

nom_fonction([argument]…)

On note que les parenthèses sont obligatoires, même si la fonction n'a pas de paramètre.

Les variables d'un programme awk

Les variables définies dans les sections sont globales. Elles peuvent donc être référencées dans les fonctions. De même, les variables définies dans les fonctions sont accessibles dans les autres fonctions et dans les sections.

Les paramètres constituent l'autre moyen de fournir des données à la fonction. Lors de l'appel, les valeurs des paramètres effectifs, encore appelés arguments, sont copiées dans les paramètres formels, ceux de la définition.

La terminaison de l'exécution

L'exécution d'une fonction se termine quand on franchit l'accolade fermante ou bien quand on exécute l'ordre **exit**, qui met fin au programme **awk**, ou l'ordre **return** qui rend le contrôle à la clause ou à la fonction où a eu lieu l'appel. Le retour d'une fonction est de type numérique ou de type chaîne de caractères.

Une fonction peut avoir des variables locales qui, rappelons-le, sont déclarées à la suite des paramètres formels.

Exemples

Une fonction élémentaire

```
function affiche() {
    printf "========================================\n";
    printf "Exemple d'appel de fonction\n";
    printf "========================================\n";
}
BEGIN {
  affiche();
}
```

Une fonction avec quelques paramètres

```
{
  affiche(NR,$0);
}
function affiche(numligne,ligne) {
    printf "%5d %50s\n",numligne,ligne;
}
```

La fonction accède à une variable globale

```
BEGIN {
  affiche();
}
function affiche() {
    printf "========================================\n";
    printf "Nous traitons le fichier %s\n",FILENAME;
```

```
        printf "=============================================\n";
}
```

La fonction crée une variable globale

```
BEGIN {
   f();
   print "Variable v",v;
}
function f() {
   v=7;
}
```

La fonction renvoie une valeur entière

```
BEGIN {
   print f();
}
function f() {
   return 5;
}
```

La fonction renvoie une chaîne de caractères

```
BEGIN {
   print "Bonjour monsieur " f();
}
function f() {
   return "Dupont";
}
```

La fonction possède des paramètres et des variables locales

```
BEGIN {
   print "Somme de 1 a 10 " f(10);
}
function f(n, i, s) {
   s=0;
   for (i=1;i<=n;i++) s+=i;
   return s;
}
```

La fonction est récursive

```
BEGIN {
   print "Somme de 1 a 10 " f(10);
}
function f(n) {
  if ( n ) return f(n-1)+n;
  else    return 0;
}
```

Atelier 16 : Le filtre **awk**

Objectif :

- **Apprendre les éléments fondamentaux de awk et un peu plus.**

Durée : 60 minutes.

Exercice n°1

Ecrivez un programme qui affiche le nom et l'UID des utilisateurs du système.

Exercice n°2

Ecrivez un programme qui affiche les noms des groupes d'utilisateurs précédés du numéro de la ligne dans le fichier.

Exercice n°3

Affichez les lignes 5 à 10 du fichier */etc/passwd*.

Exercice n°4

Affichez le nombre de lignes d'un fichier (par exemple */etc/passwd*).

Exercice n°5

Ecrivez un programme qui affiche le dernier champ du fichier /etc/passwd.

Exercice n°6

Affichez l'UID le plus élévé (l'UID est le troisième champ du fichier */etc/passwd*).

Exercice n°7

Affichez les utilisateurs qui n'ont pas de shell explicit (le shell est le dernier champ du fichier */etc/passwd*).

Exercice n°8

Affichez les utilisateurs qui ont un shell. Le nom d'un shell contient la chaîne « sh ». Le shell est le dernier champ du fichier */etc/passwd*. Si ce champ est vide, l'utilisateur utilise alors le shell standard sh.

Exercice n°9

Ecrivez un programme qui supprime le champ mot de passe du fichier des utilisateurs /etc/passwd.

Exercice n°10

Affichez les utilisateurs qui possédent un UID supérieur à 100 (l'UID est le troisième champ du fichier */etc/passwd*).

Exercice n°11

```
$ cat > villes
PARIS      2000000
LYON       500000
LONDRES  5000000
LILLE      300000
^D
```
Affichez le nom des villes dont la population est supérieure à 1 000 000 d'habitants. Vous écrirez deux versions pour le programme : la première utilise un critère, la seconde l'instruction if.

Exercice n°12

Ecrivez un programme qui détecte les champs UID incorrects dans le fichier /etc/passwd et affiche les lignes concernées sous la forme :
Ligne N° 13 - ERREUR UID **   pierre:...

Pour cela, vous effectuerez une copie du fichier /etc/passwd dans votre répertoire et modifierez quelques champs UID.

Exercice n°13

Ecrivez une commande qui affiche le montant des primes du mois des employés et calcule le total des primes. Le script utilise un fichier qui contient sur chaque ligne le nom de l'employé suivi du montant de sa prime, séparé par une virgule.

Exercice n°14

Ecrivez une commande qui affiche le montant des grosses primes du mois des employés, calcule le total des primes et la valeur moyenne d'une prime. Le script utilise le fichier décrit dans l'exercice précédent. Le seuil d'affichage des grosses primes est passé au programme par l'intermédiaire d'une variable d'environnement.

Exercice n°15

Ecrivez une commande qui affiche le total des primes par service. Le programme utilise le fichier décrit dans l'exercice précédent auquel on ajoute le champ service.

Exercice n°16

```
$ cat > fichier
a
a    b
a    b    c
a    b    c    d
^D
```

Ecrivez un programme qui affiche le fichier sous la forme :

```
a
b    a
c    b    a
d    c    b    a
```

Exercice n°17

Ecrivez un script qui, pour chaque utilisateur, affiche les groupes auxquels il appartient. Il vous est en fait demandé de réaliser un affichage croisé de /etc/group.

pierre:users,stage,oracle

Exercice n°18

Ecrivez un programme qui compte le nombre d'occurrences des mots d'un texte et avec la présentation qui suit :

```
Mot :          bonjour   Nombre d'occurrences     15
Mot :             jour   Nombre d'occurrences      5
```

Exercice n°19 (exercice long)

Ecrivez un programme qui affiche l'arborescence des processus. L'appel du programme est le suivant : ps –ef | awk –f process.awk.

- *Attributs des fichiers*

- *Identité des processus*

- *Journaux de bord*

- *Scripts de démarrage*

- *Sécurité*

17

Le shell
et l'administration
d'UNIX et de Linux

Objectifs

Après l'étude de ce module, le lecteur a étudié et programmé des scripts de synthèses réalistes et complexes qui lui permettront de se confronter à l'écriture de scripts élaborés dans sa vie professionnelle.

Contenu

Rappels sur les tests des attributs des fichiers
Faire exécuter une commande avec une autre identité
Créer des journaux de bord
Contrôler et limiter l'usage des ressources
Connaître les scripts de démarrage
Reconnaître le shell de connexion
Manipuler des mots de passe
Connaître les commandes d'information

Utiliser shell pour mieux administrer

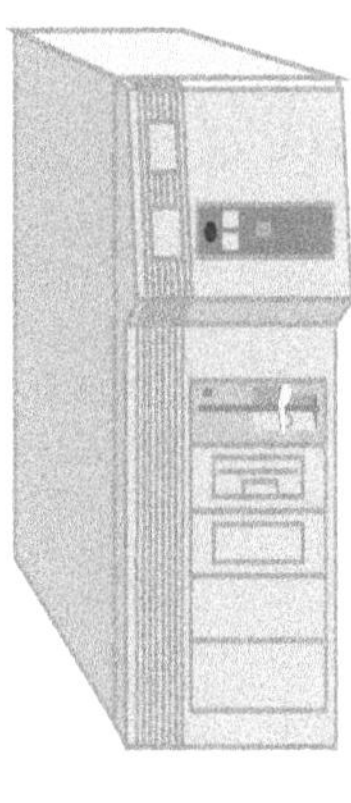

- **Réaliser l'exploitation**
- **Veiller à la sécurité**
- **Analyser les journaux de bord**
- **Développer des outils pour les utilisateurs**

Introduction

Le shell est principalement utilisé pour écrire et maintenir des scripts d'exploitation et d'administration d'un système UNIX ou Linux. Tout ce qui a été étudié peut être utilisé à ces fins.

Certaines commandes et certaines options sont plus spécifiquement utilisées dans cette optique. L'objectif de ce module est de les présenter.

La commande test

La commande **test** permet de tester les attributs d'un fichier et elle a été étudiée en détails (*cf. Module 6 : chapitre La commande **test***). Certaines options sont plus particulièrement intéressantes dans le cadre d'un script d'administration.

Tester le type d'un fichier

-f fic   Vrai si le fichier *fic* est un fichier ordinaire.

-d fic   Vrai si le *fic* est un répertoire.

-h fic   Vrai si *fic* est un lien symbolique.

-c fic   Vrai si le fichier *fic* est un périphérique caractère.

-b fic   Vrai si le fichier *fic* est un périphérique bloc.

-p fic   Vrai si le fichier *fic* est un tube nommé (FIFO).

-S fic   Vrai si le fichier *fic* est une socket.

Tester les droits spéciaux d'un fichier

-u fic   Vrai si le fichier possède le droit SUID.

-g fic   Vrai si le fichier possède le droit SGID.

-k fic   Vrai si le fichier possède le « sticky-bit ».

Tester si un descripteur correspond à un terminal

-t [desc]   Vrai si le descripteur, 0 par défaut, correspond à un terminal.

Modifier l'identité des commandes

Des scripts d'administration imposent souvent de diminuer les privilèges de root. La commande **su -c** permet d'exécuter des commandes avec une identité différente et, si la commande est exécutée par root, le mot de passe du compte n'est pas demandé. Elle peut alors être utilisée dans un script exécuté de manière automatique. La commande **id** renvoie l'identité du processus.

```
# su pierre -c "id"
uid=1002(pierre) gid=1(other)
```

Remarque

Inversement, la commande **sudo** permet d'exécuter des commandes de manière interactive avec l'identité de root sans être root. L'administrateur indique les utilisateurs autorisés dans le fichier */etc/sudoers*. Lors de l'utilisation de **sudo**, la commande demande le mot de passe de l'utilisateur (*cf. man sudo(1) et sudoers(5)*).

La création de fichiers « log »

La création de fichiers « log » (journaux de bord) est fréquente en administration. Les informations stockées sont souvent précédées de la date et de l'heure. La commande **date** permet de générer ces informations en utilisant différents formats. Si l'on désire interagir avec les logs système, la commande **logger** est faite pour cela.

La commande date

Syntaxe :

    date [-u] [+format]

L'option « -u » affiche les valeurs en heure GMT, par défaut c'est l'heure locale, calculée grâce à la variable d'environnement TZ, qui est utilisée.

Le format peut contenir les codes suivants :

%m Numéro du mois

%d Jour du mois

%H L'heure (de 0 à 24)

%M Minutes

%S Secondes

%y Les deux derniers chiffres du siècle

%Y L'année

%Z TZ (« Time Zone »)

%a Le jour de la semaine

%b Le mois (son nom)

%T L'heure

%D La date

Exemple :

```
$ date '+DATE: %m/%d/%y%nTIME:%H:%M:%S'
DATE: 05/11/02
```

TIME:16:57:05

$

La commande logger

La commande **logger** permet d'envoyer un message au service **syslog**. Ce service permet notamment de centraliser l'ensemble des logs système et de manière plus générale de permettre leur gestion par l'administrateur.

Exemple :

$ logger -p daemon.notice "L'application XXX demarre"

$ tail /var/adm/messages

...

May 11 17:12:26 ponita jf: L'application XXX demarre

Limiter l'usage des ressources

La commande **ulimit** et le paramètre ULIMIT sont bien connus pour limiter la taille du plus gros fichier qu'un utilisateur peut créer. La commande **ulimit** est une commande interne des shells qui permet de fixer les limites de taille ou d'utilisation de nombreuses ressources système. Le tableau qui suit rappelle quelques options de la commande **ulimit** de ksh.

Option	Description
-a	Visualise toutes les limites.
-f NB	Définit le nombre de blocs de 512 octets écrits autorisés.
-s Nb	Définit la taille de la pile en kilo-octets.
-n Nb	Définit le nombre de descripteurs de fichiers plus 1.
-t Nb	Définit le nombre de secondes de temps CPU pour chaque processus.

```
# ulimit –a
temps(secondes)      Sans limite
fichier(blocs) Sans limite
données(kilo-octets) Sans limite
pile(kilo-octets) 8480
coredump(blocs) Sans limite
nofiles(descripteurs) 64
vmemory(kilo-octets) Sans limite

# ulimit -t 10

# ulimit –a
temps(secondes)      10
```

Les scripts RC de démarrage

Une application Unix de type démon, comme un serveur réseau, est fréquemment démarrée automatiquement au démarrage du système par un script dit RC (« *Run Command* »). Nous renvoyons le lecteur à la bibliographie pour connaître le détail de gestion de ces RC.

Au minimum, il faut savoir qu'il existe un exemplaire de ces RC dans le répertoire */etc/init.d/*. Chaque RC permet à la fois le démarrage et l'arrêt du service. On peut l'utiliser pour gérer un service de manière automatique et interactive en utilisant les arguments conventionnels « start » pour démarrer le service et « stop » pour l'arrêter.

Voici un exemple de ce type de script qu'un administrateur doit savoir créer ou modifier.

```
#!/sbin/sh
#
# Copyright (c) 1997 by Sun Microsystems, Inc.
# All rights reserved.
#
#ident  "@(#)lp 1.9     97/12/08 SMI"
case "$1" in
'start')
    if [ -z "$_INIT_PREV_LEVEL" ]; then
        set -- `/usr/bin/who -r`
        _INIT_PREV_LEVEL="$9"
    fi

    [ $_INIT_PREV_LEVEL = 2 -o $_INIT_PREV_LEVEL = 3 ] && exit 0
    [ -f /usr/lib/lpsched ] && /usr/lib/lpsched
    ;;
'stop')
    [ -f /usr/lib/lpshut ] && /usr/lib/lpshut
    ;;
*)
    echo "Usage: $0 { start | stop }"
    exit 1
esac
exit 0
```

Tester le shell de connexion

Lorsqu'on utilise la commande **ps -ef** pour lister les processus actifs, on peut reconnaître les shells de connexion au fait qu'ils commencent par le caractère « - ».

Dans un script, le plus fréquemment **/etc/profile**, on peut tester si c'est un shell de connexion qui exécute le script et quel est ce shell.

Exemple :

```
case "$0" in-sh | -jsh)
    echo  Shell standard  ;;
-ksh)
    echo Korn shell ;;
esac
```

Les mots de passe

Un script d'exploitation peut être amené à manipuler des mots de passe. La commande **makekey** crypte un mot de passe, ce qui permet ensuite de le stocker dans un fichier en toute sécurité. Quand cette commande n'est pas disponible, on peut utiliser la fonction **crypt** de l'interpréteur perl. Dans les deux cas, il faut fournir le mot de passe et une graine (« *salt* »), un couple de deux caractères qui intervient dans la génération du mot de passe crypté. Cette graine se retrouve devant le résultat.

Si dans un script on désire saisir un mot de passe, il ne faut pas qu'il apparaisse à l'écran. Pour ce faire, on utilise la commande **stty** qui configure le terminal.

```
$ perl -e "print crypt('COUCOU','XY')"
XYee46FWy7mI6$

$ ksh mot_de_passe
Mot de passe ?
```

```
salut
Mot de passe: salut

$ cat mot_de_passe
# mot_de_passe
echo "Mot de passe ? "
stty -echo
read passe
stty echo
echo "Mot de passe: $passe"
```

Les commandes d'information

Un script d'administration Unix est souvent amené à exploiter le résultat d'une commande d'information système en utilisant **awk** ou la lecture de fichiers. Voici la liste des principales commandes d'information système :

df	Liste des systèmes de fichiers montés.
ipcs	Liste les IPC actives.
lsof	Liste des fichiers ouverts.
netstat	Affiche des statistiques réseaux.
ps	Liste des processus.
rpcinfo	Liste les services RPC actifs
sar	Informations concernant l'usage des ressources.
uname	Informations générales sur le système.
uptime	Donne des indications sur la charge système.

Exemples de scripts d'administration

Les exercices des modules précédents avaient pour but principal l'apprentissage du shell. Les exercices de ce présent module (et leur corrigé) donnent des exemples concrets et souvent utiles de scripts d'administration. Ce sont également des exercices récapitulatifs qui utilisent les principales techniques du shell. Ils seront très utiles pour les lecteurs qui sont sensibles à une approche pratique.

Atelier 17 : Le shell et l'administration d'UNIX et de Linux

Objectif :

- **Maîtriser l'écriture de scripts élaborés.**

Durée : Beaucoup de temps.

Exercice n°1

Créez un script qui permet d'imprimer les pages de manuel d'une section. Si l'on désire simplement simuler l'impression, on remplace la commande **lp** par la commande **more**.

Exercice n°2

Créez un script permettant de créer un utilisateur de manière interactive. Le script exécute en final la commande **useradd** avec en paramètres les réponses fournies.

Exercice n°3

Créez un script qui modifie le propriétaire, le groupe et les droits d'une arborescence de fichiers.

Exercice n°4

Créez un script qui vérifie s'il reste de la place dans les systèmes de fichiers actuellement montés. Si le pourcentage d'occupation des systèmes de fichiers dépasse un seuil critique (80% par exemple), le script envoie un e-mail à l'administrateur. Ce script est destiné à être exécuté automatiquement par le démon cron.

Exercice n°5

Réalisez un script qui permet à un utilisateur débutant de sauvegarder et de restaurer ses données. Le script affiche un menu : sauvegarder, lister, restaurer.

Exercice n°6

Listez tous les descendants d'une application. On donne en paramètre un PID.

Exercice n°7

Créez un script qui écrit le résultat de la commande **ps** dans le fichier */home/pierre/ps.log*. Ce script doit s'exécuter au démarrage au niveau 2. Réalisez un arrêt et un redémarrage pour tester la commande.

Exercice n°8

Ecrivez un script qui permet de créer de manière interactive une file d'attente d'impression. Le script, par exemple, demande le nom de la file, le nom de l'imprimante et génère ensuite la commande **lpadmin** appropriée.

Exercice n°9

Ecrivez un script qui, pour un disque donné, liste les partitions qui ne sont pas des FS ou qui correspondent à des FS non montés.

Exercice n°10

En vous inspirant de l'exercice 1, écrivez un script qui liste les documentations associées aux pilotes de périphériques.

Exercice n°11

Ecrivez un script qui permet une rotation des fichiers de logs gérés par syslog.

Exercice n°12

Votre hiérarchie interdit l'utilisation de logiciels libres. Créez un script qui simule, globalement, le comportement de la commande **top**. Elle doit afficher les processus classés par ordre décroissant d'utilisation du CPU avec un temps de rafraîchissement de 5 secondes. Avant de visualiser les processus, la commande exécute **uptime** et montre la mémoire vive et la mémoire swap restantes.

Exercice n°13

Ecrivez un script qui permet de tester la présence d'un ensemble de machines données en argument.

Exercice n°14

Ecrivez un script qui sauvegarde le profil graphique d'un ou de plusieurs utilisateurs. On donne le nom des utilisateurs en argument.

Exercice n°15

Ecrivez un script qui permet de changer les mots de passe d'un ensemble d'utilisateurs. Le script utilise un fichier qui contient sur chaque ligne le nom de l'utilisateur et le nouveau mot de passe. Pour que le script accepte de s'exécuter, le fichier qui contient les mots de passe ne doit être lisible que par root.

Si l'utilisateur dispose de **perl**, on peut générer le mot de passe crypté en employant la technique suivante :

```
pass_clair=bonjour          # Le mot de pass en clair
racine=GR                   # La graine (2 lettres aléatoires)
pass_crypt=$(perl  -e "print crypt($pass_clair, $racine)")
```

Exercice n°16

La société AURORE souhaite se doter d'un outil de sauvegarde de fichiers de machines Unix. Cet outil, SEVE (« Sauvegarde Edulcorée Volontairement Elémentaire »), fonctionne en réseau selon le mode client-serveur.

Dans la première version que vous allez réaliser, le logiciel SEVE a un ensemble de fonctionnalités volontairement limitées.

Le principe de la sauvegarde

Le serveur sait sauvegarder les systèmes de fichiers d'un client (en réalité des arborescences de fichiers). Il utilise le principe des sauvegardes incrémentales simples : totales ou incrémentales (pas de niveaux 1, 2, 3, ...). Une sauvegarde incrémentale enregistre les fichiers créés ou modifiés depuis la dernière sauvegarde totale. On utilise les commandes « remote » et la commande GNU **tar**.

Les détails de la sauvegarde

Il faut principalement créer la commande **seve_backup** qui est chargée de déclencher les sauvegardes. Elle est destinée à être activée par un crontab, par exemple :

```
0  22  *  *  1-5  /usr/local/seve/seve_backup
```

La commande **seve_backup** manipule plusieurs fichiers :

· Le fichier *seve.conf* contient la configuration générale du logiciel. Voici un exemple :

```
BACKUP       /dumps
DEVICE       /dev/null
CYCLE        5
```

Le logiciel **seve_backup** réalise d'abord une sauvegarde sur disque dans le répertoire *$BACKUP*. Quand toutes les sauvegardes ont été réalisées, **seve_backup** recopie les fichiers sur le périphérique $DEVICE qui correspond à un périphérique d'archivage sans rembobinage, par exemple */dev/rmt/0n*. Au bout de ($CYCLE-1) exécutions de **seve_backup**, on réalise de nouveau une sauvegarde complète. $CYCLE représente donc la durée du cycle de sauvegarde. Si on active **seve_backup** avec le crontab donné en exemple et si le cycle est de 5, cela signifie que l'on réalise une sauvegarde complète par semaine.

· Le fichier *fs.lst* liste les systèmes de fichiers à sauvegarder et sur quel ordinateur client ils résident. Voici un exemple de ce fichier :

```
venus   /usr
mars    /home
mars    /oracle
```

· Le fichier *cartouche* contient le nom de la cartouche qui sera utilisée lors de la prochaine sauvegarde. Ce nom doit correspondre au nom inscrit sur l'étiquette de la cartouche. Pour simplifier l'exploitation, on n'utilise qu'une cartouche de grande capacité par « run » (une exécution de seve_backup). Pour mémoire, nous signalons qu'il existe des cartouches de plus de 100 Go de capacité.

· Le fichier *seve.dumpdates* qui enregistre les sauvegardes réalisées. Voici un exemple :
```
venus   /usr 200203242210  seve-1  full

mars    /home 200203242210 seve-1 full
mars    /oracle 200203242210 seve-1 full
venus   /usr 200203252210  seve-2  inc
mars    /home 200203252210 seve-2 inc
mars    /oracle 200203252210 seve-2 inc
```

Chaque enregistrement mémorise les champs suivants : le client, l'arborescence, la date (année, mois, jour, heure et minute), le nom de la cartouche et le niveau incrémental (full ou inc).

· Un fichier *log* de l'activité de **seve_backup** et qui mémorise également les erreurs. Ce fichier n'a pas de nom, c'est tout simplement la sortie standard. Comme seve_backup est destiné à être activé par un crontab, on récupère ce log dans la boîte aux lettres de l'administrateur.

· Le logiciel **seve_backup** peut nécessiter d'autres fichiers. Nous laissons le développeur les découvrir.

Le contenu d'une sauvegarde

Une sauvegarde commence par un fichier « label », voici un exemple :

```
seve-2
inc
lun mar 25 20:48:36 CET 2002
1 venus /usr
2 mars /home
3 mars /oracle
```

La première ligne spécifie le nom de la cartouche, la deuxième le niveau, la troisième la date de la sauvegarde. Les lignes suivantes indiquent les FS sauvegardés.

Après le label, on a les différents FS à la suite les uns des autres, dans l'ordre indiqué par le label.

Restauration

La restauration de fichiers ou de FS est une opération heureusement rare. En conséquence le développeur n'a pas besoin, dans cette première version, d'écrire de script. Il doit par contre indiquer la marche à suivre de manière écrite pour aider l'administrateur à accomplir une restauration.

Annexes

ANNEXE A : Les commandes POSIX 2

awk - *Langage qui traite du texte.*
awk [-Fx] [-v affec] program fichier ...
awk [-Fx] [-v affec] -f prg fichier ...

-Fx   Spécifie le séparateur de champs.
-v affec   Permet d'affecter des variables, variable=valeur.
program   Le programme AWK en argument, généralement quoté.
-f prg   Le programme AWK stocké dans le fichier prg.

basename - *Extrait le nom d'un fichier à partir d'un chemin.*
basename chemin [suffixe]

suffixe Le suffixe sera retiré du nom du fichier.

bc - *Calculatrice.*
bc [-l] [fichier ...]

-l   Inclut la bibliothèque mathématique.
fichier Fichier qui contient des fonctions.

cat - *Concatène et affiche le contenu de fichiers texte.*
cat [-u] [fichier ...]

-u   Les caractères sont affichés sans attendre (pas de tampons).

cd - *Change de répertoire.*
cd [chemin]

chgrp - *Change le groupe d'un fichier.*
chgrp [-R] groupe fichier ...

-R   Agit sur une arborescence de fichiers (action récursive).

chmod - *Change les droits d'un fichier.*
chmod [-R] mode fichier ...

-R   Agit sur une arborescence de fichiers (action récursive).
mode   Indique la modification des droits.

chown - *Change le propriétaire d'un fichier.*
chmod [-R] util[:groupe] fichier ...

-R   Agit sur une arborescence de fichiers (action récursive).
util   Le propriétaire du fichier.
groupe Le groupe du fichier.

chksum - *Calcule un total de contrôle.*
chksum [fichier ...]

cmp - *Compare deux fichiers octet par octet.*
    cmp [-l | -s] fichier1 fichier2

        -l   Affiche toutes les différences rencontrées.
        -s   Mode silencieux, affecte seulement le code retour.

comm - *Compare deux fichiers ligne à ligne.*
    comm [-123] fichier1 fichier2

        -1   Supprime la colonne 1 (lignes trouvées seulement dans fichier1).
        -2   Supprime la colonne 2 (lignes trouvées seulement dans fichier2).
        -3   Supprime la colonne 3 (lignes communes aux deux fichiers).

command - *Exécute une commande.*
    command [-p] cmd [arg ...]

        -p   Utilise la valeur par défaut de la variable PATH, pour rechercher une commande standard.
        cmd   Le nom du fichier qui contient la commande à exécuter, surchage éventuellement le nom d'une commande interne ou d'une fonction.

cp - *Copie de fichier.*
    cp [-fip] fichier1 fichier2
    cp [-R | -r] [-fip] fichier ... rep

        -f   Force la destruction du fichier cible si ce dernier est protégé en écriture.
        -i   Demande confirmation de l'éventuel remplacement d'un fichier.
        -p   Conserve les droits, le propriétaire, le groupe, la date de dernière modification et de dernier accès.
        -R   Copie d'une arborescence de fichiers.
        -r   Idem.

cut - *Sélectionne des caractères ou des champs.*
    cut -b liste [-n] [fichier ...]
    cut -c liste [fichier ...]
    cut -f liste [-d del [-s] [fichier ...]

        -b liste La liste qui suit contient les octets sélectionnés.
        -n   N'affiche pas les octets spécifiés (avec l'option -b).
        -c liste La liste qui suit contient les caractères sélectionnés.
        -f liste La liste qui suit contient les champs sélectionnés.
        -d del   Spécifie le délimiteur de champs.
        -s   Supprime les lignes qui ne possèdent pas le séparateur de champs.

date - *Affiche la date et l'heure.*
    date [-u] [+format]

        -u   N'utilise pas la variable TZ, et renvoie donc l'heure universelle au lieu de l'heure locale.
        +format   Spécifie un format d'affichage, ex : +"%H".

dd - *Sauvegarde physique de périphérique à périphérique.*
    dd [opérande ...]

        opérande   Opérande de la forme nom=valeur, ex : bs=100k.
                               Liste des opérandes supportés : if, of, ibs, obs, bs, cbs, skip, seek, count, conv.
                               Liste des valeurs de l'opérande conv : block, unblock, lcase, ucase, swab, noerror, notrunc, sync.

diff - *Compare deux fichiers.*
    diff [-c | -e | -Cn] [-br] fichier1 fichier2

        -c   Affiche trois lignes du contexte pour chaque différence.
        -Cn   Affiche « n » lignes du contexte pour chaque différence.
        -e   Produit un fichier de commande pour ed.
        -b   Ignore les espaces supplémentaires.
        -r   Exécute la commande récursivement sur les répertoires de même nom, fichier1et fichier2.

dirname - *Renvoie le répertoire d'un chemin.*
    dirname chemin

echo - *Affiche un message à l'écran.*
    echo [chaîne ...]

ed - *Edite un texte.*
    ed [-p ch] [-s] [fichier]

        -p ch   Fixe la chaîne d'invite à la valeur ch.
        -s   Supprime l'affichage du nombre d'octets lors de l'utilisation des commandes d'écriture.

env - *Affiche l'environnement, exécute une commande avec un environnement spécifique.*
    env [-i] [nom=valeur ...] [cmd [arg ...]]

        -i   Utilise l'environnement spécifié pour exécuter la commande **cmd** au lieu d'utiliser l'environnement hérité.

expr - *Calcule des expressions.*
    expr opérande ...

    Liste des symboles utilisés : (,), |, &, = , >, >=, <, <=, !=, +, -, *, /, %, :.

false - *Renvoie la valeur fausse.*
    false

find - *Recherche de fichiers dans une arborescence.*
    find chemin ... [opérande ...]

        -name fichier   Vrai si fichier a le nom indiqué.
        -perm droits   Vrai si les droits correspondent.
        -type x   Vrai si le type (b,c,d,f) correspond.
        -links n   Vrai si le fichier a exactement n liens.
        -user nom   Vrai si le nom de l'utilisateur correspond.
        -group nom   Vrai si le nom du groupe correspond.
        -size n   Vrai si le fichier a une taille de n blocs.
        -atime n   Vrai si le dernier accès remonte à n jours.
        -mtime n   Vrai si la dernière modification remonte à n jours.

-ctime n	Vrai si la date de création remonte à n jours.
-nouser	Vrai si le compte utilisateur du fichier n'existe pas.
-nogroup	Vrai si le groupe du fichier n'existe pas.
-depth	Cherche d'abord dans les sous-répertoires.
-newer f	Vrai si le fichier a été modifié plus récemment que le fichier f.
-prune	Explore les répertoires, la recherche n'est pas arborescente.
-xdev	Arrête l'exploration quand on change de périphérique.
-print	Affiche le nom du fichier.
-exec cmd {} \;	Exécute la commande **cmd**.
-ok cmd {} \;	Exécute la commande **cmd** avec demande de confirmation.

fold - *Affiche les lignes d'un fichier avec une limite de la longueur de ligne.*
   fold [-bs] [-w larg] [fichier ...]

   -w larg Fixe la largueur maximale d'une ligne à larg caractères, par défaut 80.
   -b   L'unité de larg est en octet (« byte »).
   -s   Si la coupure a lieu au niveau d'un blanc, les blancs suivants sont ignorés.

getconf - *Renvoie les valeurs de configuration.*
   getconf var
   getconf var chemin

   var   Variable système dont on veut obtenir la valeur.
   chemin La valeur de la variable dépend du répertoire, on le spécifie en conséquence.

getopts - *Utilitaire d'analyse des options d'une commande*
   getopts options cmd [arg ...]

grep - *Recherche de chaînes dans un fichier.*
   grep [-E|-F] [-c|-l|-q] [-insvx] [[-e] list | [-f fic]] ... [fichier ...]

   -E   Utilise les expressions régulières étendues (anciennement celles de egrep).
   -F   Utilise des chaînes de recherche au lieu d'expressions régulières.
   -c   Compte le nombre de lignes qui correspondent.
   -l   Affiche le nom des fichiers qui contiennent la chaîne.
   -q   N'affiche rien, retourne le code 0 si des lignes ont été sélectionnées.
   -i   Ignore les différences majuscules, minuscules.
   -n   Affiche les numéros et les lignes qui correspondent.
   -s   Supprime les messages d'erreur associés aux fichiers non accessibles.
   -v   Affiche toutes les lignes qui ne correspondent pas.
   -x   Affiche toutes les lignes qui correspondent exactement.
   -e list Utilise une liste d'expressions régulières.
   -f fic Utilise les expressions régulières stockées dans le fichier fic.

head - *Affiche le début d'un fichier.*
   head [-n nb] [fichier ...]

   -n nb   Affiche les n premières lignes, par défaut n est égal à 10.

id - *Donne l'identité d'un utilisateur.*
        id [util]
        id -G [-n] [util]
        id -g [-nr] [util]
        id -u [-nr] [util]

        -G   Affiche tous les groupes de l'utilisateur util.
        -g   Affiche seulement le groupe effectif.
        -n   Affiche les noms de groupes au lieu des valeurs numériques.
        -r   Affiche l'UID réel, au lieu de l'UID effectif de l'utilisateur.
        -u   Affiche seulement l'UID effectif.

join - *Opérateur de jointure de base de données.*
        join [-a nb | -v nb] [-e ch] [-o liste] [-t car] [-1 ch] [-2 ch] fichier1 fichiers

        -a nb   Produit une ligne pour chaque ligne non appariée du fichier numéro nb.
        -v nb   Produit seulement une sortie pour les lignes non appariées du fichier numéro 1.
        -e ch   Remplace une sortie vide par la chaîne ch.
        -o liste Spécifie les champs présents en sortie.
        -t car   Spécifie le délimiteur de champ.
        -1 ch   Spécifie le champ de jointure du fichier 1.
        -2 ch   Spécifie le champ de jointure du fichier 2.

kill - *Supprime un processus ou lui envoie un signal.*
        kill -s sig pid ...
        kill -l [code]

        -s sig   Spécifie le nom sig du signal envoyé.
        -l   Liste les signaux supportés par l'implémentation.
        pid   Numéro du processus recevant le signal.
        code   Valeur numérique d'un signal, la commande renvoie le nom du signal.

ln - *Crée un lien*
        ln [-f] fichier1 fichier2
        ln [-f] fichier ... chemin

        -f   Force la destruction de la cible, si elle existe.

locale - *Affiche les paramètres POSIX locaux*
        locale [-a | -m]
        locale [-ck] nom ...

        -a   Affiche la liste de tous les paramètres.
        -m   Ecrit les noms des « charmaps » disponibles.
        -c   Affiche les paramètres des catégories spécifiées.
        -k   Affiche les valeurs des paramètres spécifiés.

localedef - *Définit un environnement de paramètres POSIX local.*
        localedef [-c][-f fic] [-i fic] nom

        -c   Force la création du résultat.
        -f fic   Spécifie le fichier contenant le codage des caractères.
        -i fic   Spécifie le fichier contenant les paramètres.

logger - *Enregistre un message dans le journal des événements.*
logger chaîne ...

logname - *Affiche le nom de l'utilisateur.*
logname

lp - *Imprime un fichier.*
lp [-c] [-d dest] [-n nb] [fichier ...]

-c   Fait une copie du fichier avant de le mettre dans la file d'attente d'impression.
-d dest Envoie l'impression sur dest.
-n nb   Impression en nb copies.

ls - *Liste les caractéristiques des fichiers.*
ls [-CFRacdilqrtu1] [fichier ...]

-C   Affiche les noms sur plusieurs colonnes.
-F   Affiche un « / » après chaque répertoire, un « * » après chaque fichier exécutable et un « | » après chaque tube nommé.
-R   Affiche le contenu des arborescences dont on a donné les chemins.
-a   Affiche toutes les entrées.
-c   Affiche (-l) les dates de création ou trie (-t) par dates de création.
-d   Affiche les attributs des répertoires, non leur contenu.
-i   Affiche les numéros d'inode.
-l   Affiche les principaux attributs, dont les droits.
-q   Affiche les caractères non imprimables sous forme de « ? ».
-r   Inverse l'ordre du tri.
-t   Entrées triées, par défaut selon la date de dernière modification.
-u   Affiche (-l) les dates de dernier accès ou trie (-t) par dates de dernier accès.
-1   (1=un) Provoque une sortie par ligne.

mailx - *Envoie un courrier électronique à un utilisateur.*
mailx [-s sujet] adresse ...

-s sujet   Précise le sujet du message.

mkdir - *Crée un répertoire.*
mkdir [-p] [-m mode] chemin ...

-p   Crée éventuellement les répertoires intermédiaires.
-m mode   Fixe les droits des répertoires créés.

mkfifo - *Crée un tube nommé.*
mkfifo [-m mode] fichier ...

-m mode   Fixe les droits des tubes nommés créés.

mv - *Déplace un lien.*
mv [-fi] fichier1 fichier2
mv [-fi] fichier ... chemin

-f   Force la destruction du fichier cible si ce dernier est protégé en écriture.
-i   Demande confirmation de l'éventuel remplacement d'un fichier.

nohup - *Empêche la mort d'un processus à la déconnexion.*

nohup cmd [arg ...]

od - *Affiche le contenu d'un fichier en octal, en hexadécimal.*
od [-v] [-A form] [-j saut] [-N nb] [-t form] [fichier ...]

-v Affiche toutes les données, y compris les données dupliquées.
A form Spécifie le format des adresses (d,o,x).
-j saut Saute « saut » octets en entrée.
-N nb Traite seulement nb octets.
-t form Spécifie le format des données, notamment l'utilisation de l'octal, de l'hexadécimal, ...
   (a,c,d,f,o,u,x).

paste - *Fusionne des fichiers par ligne.*
paste [-s] [-d liste] fichier ...

-s Utilise le caractère « tab » au lieu du séparateur de ligne, comme délimiteur des éléments
   à fusionner.
-d liste Utilise les caractères de la liste, au lieu du séparateur de ligne, comme délimiteur des
   éléments à fusionner.

pathchk - *Vérifie un chemin, en termes d'accessibilité et de portabilité.*
pathchk [-p] chemin ...

-p Effectue des tests de portabilité plus approfondis.

pax - *Sauvegarde un fichier.*
(1) pax -w [-dituvX] [-b bs] [-a [-f ar]] [-o opt] ... [-s sub][-x form] ... [fichier ...]
(2) pax   [-cdnv] [-f ar] [-s sub] [modèle ...]
(3) pax -r [-cdiknuv] [-f ar] [-o opt] [-p ch] ...[-s sub]...[modèle ...]
(4) pax -r -w [-diklntuvX] [-p ch] ... [-s sub] ... [fichier ...] chemin

(1) Sauvegarde.
(2) Liste le contenu de l'archive.
(3) Restauration.
(4) Copie d'arborescence.
-d Les répertoires sont sauvegardés ou restaurés.
-i Permet de renommer interactivement les fichiers.
-u Restauration inconditionnelle (-r), Sauvegarde inconditionnelle (-w -a).
-v («verbose») Une ligne est affichée pour chaque fichier sauvé/restauré.
-X L'exploration arborescente s'arrête lorsque l'on change de périphérique.
-b bs Spécifie la taille des blocs.
-a Ajout des fichiers en fin d'archive.
-f ar Le fichier ar est le support d'archive, par défaut, les entrées/sorties standard.
-o opt Permet de spécifier des options non standard.
-s sub Modifie le nom des fichiers en se basant sur la chaîne sub.
-x form Spécifie le format de l'archive : cpio ou ustar, par défaut ustar.
-c Prend en compte tous les fichiers, exceptés ceux spécifiés par les modèles.
-n Ne prend en compte que le premier fichier correspondant au modèle.
-k Empêche la restauration d'effacer des fichiers.
-p ch Spécifie grâce à la chaîne ch, les caractéristiques conservées ou non des fichiers restaurés.
-l Des liens sont créés si possible.

pr - *Produit une sortie formatée.*
    pr [+page] [-col] [-adFmrt] [-e[car][gap]][-h entete] [-i[car][gap]][-l lig][-n[car][larg]] [-o decal]
        [-s[car]][-w larg] [fichier ...]

+page	Numéro de la première page.
-col	Nombre de colonnes.
-a	Avec l'option précédente, modifie l'ordre de remplissage des colonnes.
-d	Sortie avec espacement double.
-F	Utilise des « Form Feed » au lieu de « New Line » pour sauter des pages.
-m	Produit une sortie multi-colonne, avec une colonne par fichier.
-r	Ne produit pas de messages d'erreur si les fichiers ne sont pas accessibles.
-t	Supprime l'en-tête.
-e[car][gap]	Transforme les tabulations en une suite d'espaces. Les tabulations sont par défaut toutes les huit colonnes, gap remplace la valeur par défaut. Le caractère car précise le caractère de tabulation.
-h entête	Spécifie le message d'en-tête.
-i[car][gap]	Option inverse de l'option « e », remplace une suite d'espaces par des tabulations.
-l lig	Spécifie le nombre de lignes par page, par défaut soixante six.
-n[car][larg]	Les lignes sont numérotées, la numérotation occupe larg caractères et est séparée du texte par une tabulation ou par le caractère car.
-o decal	Chaque ligne est précédée de « decal » espaces, par défaut decal vaut 0.
-s car	Spécifie le caractère car comme séparateur de colonnes.
-w larg	Spécifie la largeur de la sortie dans le cas de l'utilisation du multi-colonne.

printf - *Ecrit une sortie formatée.*
    printf format [arg ...]

pwd - *Affiche le répertoire courant.*
    pwd

read - *Lit une ligne sur l'entrée standard.*
    read [-r] var ...

-r	Le caractère « \ » ne joue pas son rôle d'échappement.
var	Le nom d'une variable du shell, existante ou non.

rm - *Détruit un fichier.*
    rm [-fiRr] fichier ...

-f	Force la destruction des fichiers.
-i	Demande confirmation de la destruction de chaque fichier.
-R	Destruction récursive des fichiers et des répertoires.
-r	Idem.

rmdir - *Supprime un répertoire vide.*
    rmdir [-p] chemin ...

-p	Supprime toutes les composantes du chemin.

sed - *Editeur en mode flot.*
    sed [-n] script [fichier ...]
    sed [-n] [-e script] ... [-f prg] ... [fichier ...]

    -n   Supprime la sortie par défaut : normalement chaque ligne non modifiée est recopiée sur la sortie standard.
    script   Une instruction sed.
    -e script   Une instruction sed.
    -f prg   Le fichier prg contient une suite d'instructions sed.

sh - *Exécute un shell interactif ou un script.*
    sh [-aCefinuvx] [script [arg ...]]
    sh -c [-aCefinuvx] [cmd [arg ...]]
    sh -s [-aCefinuvx] [arg ...]

    -a,-C,-e,-f,-i,-n,-u,-v,-x   Voir la description de la sous-commande **set** de la commande **sh**.
    script   Le script exécuté par le shell.
    -c   Le shell exécute la commande **cmd**.
    -s   Lit les commandes à partir de l'entrée standard.

sleep - *Temporisation.*
    sleep secondes

sort - *Tri, fusion de fichiers.*
    sort [-m][-o fic][-bdfinru][-t car][-k clef] ... [fichier ...]
    sort -c [-bdfinru][-t car][-k clef] ... [fichier]

    -m   On réalise la fusion des fichiers.
    -o fic   Le résultat du tri est dans le fichier « fic ».
    -b   Ignore les blancs pour déterminer le début et la fin d'une clef de tri.
    -f   On ignore la différence majuscules et minuscules.
    -i   Ignore les caractères non imprimables.
    -n   Tri numérique et non lexicographique.
    -r   Tri inverse.
    -u   Ne produit qu'une ligne pour un ensemble de lignes identiques.
    -t car   Le caractère car est le séparateur de champs.
    -k clef   Le critère de tri : début[type][,fin[type]].
            Le critère de tri commence au champ « début » (les champs sont numérotés à partir de 1).
            Le reste de la ligne après le champ « fin » n'est plus utilisé comme critère de tri.
            « type » correspond à une des options b, d, f, i ou n.
    -c   Ne fait que vérifier si les fichiers sont déjà triés, ne produit pas de sortie, simplement renvoie un code retour.

stty - *Configure le terminal.*
    stty [-a | -g]
    stty opérande ...

    -a   Affiche toutes les caractéristiques du terminal.
    -g   Affiche les caractéristiques dans le format utilisé pour modifier ces caractéristiques.

tail - *Affiche la fin d'un fichier.*
tail [-f] [-c nb] [-n nb] [fichier]

-f   Reste en lecture après la fin du fichier.
-n nb   Indique le point de départ de la copie, exprimé en caractères.
        +nb   Par rapport au début du fichier.
        -nb   Par rapport à la fin du fichier (par défaut).
-c nb   Idem, mais exprimé en octets.

tee - *Duplique la sortie standard.*
tee [-ai] [fichier ...]

-a   Ajout de la sortie à la fin des fichiers, au lieu de les écraser.
-i   Ignore le signal SIGINT.

test - *Evalue une expression.*
test [exp]
« [» [exp] «] »

-b Fichier   Fichier spécial par blocs.
-c Fichier   Fichier spécial par caractères.
-d Fichier   C'est un répertoire.
-e Fichier   Vrai si Fichier existe.
-f Fichier   Fichier ordinaire.
-g Fichier   Bit setgid est activé.
-n Chaîne   La longueur de la chaîne est différente de zéro.
-p Fichier   C'est un fichier spécial, FIFO ou un tube.
-r Fichier   Accessible en lecture.
-s Fichier   La taille est supérieure à zéro.
-t [fd]   fd est un descripteur associé à un terminal.
-u Fichier   Le bit setuid est activé.
-w Fichier   Accessible en écriture.
-x Fichier   Fichier exécutable.
-z Chaîne   La longueur de Chaîne est égale à zéro.

Chaîne   Vrai si Chaîne n'est pas la chaîne nulle.
Ch1 = Ch2   Vrai si Ch1 correspond à Ch2.
Ch1 != Ch2 Vrai si Ch1 ne correspond pas à Ch2.

E1 -eq E2   E1 est égale à E2 (numériquement parlant).
E1 -ne E2   E1 est différente de E2.
E1 -lt E2   E1 est inférieure à E2.
E1 -gt E2   E1 est supérieure à E2.
E1 -le E2   E1 est inférieure ou égale à E2.
E1 -ge E2   E1 est supérieure ou égale à E2.

(E)   Vrai si E est vraie.
! E   Vrai si E est fausse.
E1 -a E2   Vrai si E1 et E2 sont vraies.
E1 -o E2   Vrai si E1 ou E2 est vraie.

touch - *Crée un fichier vide ou met à jour la date de modification d'un fichier.*
touch [-acm] [-r fic | -t tmp] fichier ...

-a   Modifie la date de dernier accès du fichier.
-c   Ne crée pas le fichier s'il n'existe pas.
-m   Modifie la date de dernière modification du fichier.
-r fic   Utilise les dates du fichier fic pour les options -a et -m.
-t tmp Spécifie la date tmp pour les options -a et -m.

tr - *Modifie les caractères d'un fichier.*
tr [-cs] chaîne1 chaîne2
tr -s [-c] chaîne1
tr -d [-c] chaîne1
tr -ds [-c] chaîne1 chaîne2

-c   Tous les caractères qui ne se trouvent pas dans la première chaîne, sont remplacés par le dernier caractère de la deuxième chaîne.
-s   Remplace la répétition d'un caractère par un seul.
-d   Détruit tous les caractères qui se trouvent dans la chaîne 1.

true - *Retourne la valeur vrai.*
true

tty - *Affiche le terminal courant.*
tty

umask - *Positionne ou affiche les droits par défaut.*
umask [-S] [masque]

-S   Utilise un format symbolique pour afficher les droits par défaut.

uname - *Affiche le nom et les caractéristiques du système.*
uname [-amnrsv]

-a   Affiche toutes les caractéristiques du système.
-m   Affiche le type de matériel.
-n   Affiche le nom réseau du système.
-r   Affiche la « Release » du système d'exploitation.
-s   Affiche le nom du système d'exploitation.
-v   Affiche la version du système d'exploitation.

uniq - *Elimine les doublons d'un fichier trié.*
uniq [-c|-d|-u] [-f nb][-s nb] [fichier1 [fichier2]]

-c   Affiche chaque ligne précédée du nombre d'occurrences.
-d   Supprime les lignes qui ne sont pas répétées.
-u   Supprime les lignes répétées.
-f nb   Ignore les nb premiers champs lors des comparaisons.
-s nb   Ignore les nb premiers caractères lors des comparaisons.
fichier1 Le fichier d'entrée, par défaut l'entrée standard.
fichier2 Le fichier de sortie, par défaut la sortie standard.

wait - *Attend la fin des tâches d'arrière-plan.*
wait [pid ...]

wc - *Compte les lignes, les mots et les caractères d'un fichier.*
   wc [-clw] [fichier ...]

   -l   Affiche le nombre de lignes.
   -w   Affiche le nombre de mots.
   -c   Affiche le nombre de caractères.

xargs - *Génère une commande et l'exécute.*
   xargs [-t] [-n nb [-x]] [-s taille] [cmd [arg ...]]

   -t   Active le mode trace.
   -n nb   Limite le nombre d'arguments de la commande générée.
   -x   Termine la commande si la valeur nb est atteinte.
   -s taille Limite la longueur de la commande générée en termes d'octets.

ANNEXE B : sh - Le shell POSIX

Fonction

sh - Appelle le shell standard (shell POSIX).

Syntaxe

sh [-aCefinuvx] [script [arg ...]]
sh -c [-aCefinuvx] [cmd [arg ...]]
sh -s [-aCefinuvx] [arg ...]

-a,-C,-e,-f,-n,-u,-v,-x
        Voir la description de la commande interne **set**.
script   Le script exécuté par le shell.
-c   Le shell exécute la commande **cmd**.
-i   Shell interactif.
-s   Lit les commandes à partir de l'entrée standard.

La commande interne set

set [-aCefnuvx] [arg ...]
set [+aCefnuvx] [arg ...]
set -- [arg ...]

-a   Les variables sont exportées.
-C   Empêche la redirection > de détruire les fichiers.
-e   Sort du shell si la commande se termine en erreur.
-f   Désactive la substitution de nom de fichier.
-n   Lit les commandes sans les exécuter.
-u   Traite les paramètres non définis en tant qu'erreurs.
-v   Mode verbose.
-x   Trace les commandes.
--   Débute la liste d'arguments, même si le premier argument commence par « + » ou « -».

Remplacer le signe - par + désactive l'option.

Le groupement de commandes

! cmd   Inverse le code retour.
cmd1 newline cmd2
cmd1 ; cmd2
cmd1 | cmd2
cmd &
cmd1 || cmd2
cmd1 && cmd2
(Liste)
{ Liste; }

Les structures de contrôles

if Liste ;then Liste [elif Liste ;then Liste] ... [;else Liste] ;fi
for Identificateur [in Mot ...] ;do Liste ;done
while Liste ;do Liste ;done
until Liste ;do Liste ;done
case Mot in [[( ] Forme [| Forme] ...) Liste ;;] ... esac

Les commentaires

        # ....<New Line>

Les fonctions

        Identificateur () {Liste ;}

Substitution de répertoires

        ~   Le répertoire de connexion.
        ~jean   Le répertoire de connexion de jean.

Les caractères de protection (d'échappement)

        \   Annule la signification du caractère suivant.
        '...'   Annule tous les caractères.
        "..."   Annule tous les caractères, sauf `, \, et $.

Remplacement de noms de fichiers

        *   Correspond à une chaîne quelconque, même vide.
        ?   Correspond à un caractère quelconque.
        [[domaine]...]   Un des caractères du domaine.
        [![domaine]...] Aucun des caractères du domaine.

Substitution de commandes

        `commande` ou $(commande)

Les redirections

        [n]<mot   Redirection de l'entrée standard.
        [n]>mot   Redirection de la sortie standard.
        [n]>| mot   Idem, mais ne tient pas compte de noclobber.
        [n]>> mot   Redirection de la sortie standard en ajout à mot.
        [n]<> mot   Mot devient l'entrée et la sortie standard.
        [n]<<[-] ch L'entrée du shell est lue jusqu'à la ligne correspondant à ch. Si - est
        ajouté
                    à <<, les tabulations de début sont supprimées.
        [n]<&m   L'entrée standard est dupliquée dans le descripteur m.
        [n]>&m   La sortie standard est dupliquée dans le descripteur m.
        [n]<&-   L'entrée standard est fermée.
        [n]>&-   La sortie standard est fermée.

Dans toutes les redirections qui précèdent, n représente le descripteur du fichier redirigé. Par défaut les redirections portent sur l'entrée ou la sortie standard. Mot représente un fichier ou bien un descripteur dans le cas où mot est numérique.

Les expressions de variables

        $nom   La valeur de la variable.
        ${nom}   Idem.
        ${nom[:]-mot}   Mot si nulle ou non définie.
        ${nom[:]=mot}   Affecte mot si nulle ou non définie.
        ${nom[:]?mot}   Affiche mot et exit si non définie.
        ${nom[:]+mot}   Mot si non nulle.
        ${#nom}   La longueur de la variable.
        ${nom#modèle}   Supprime le petit modèle à gauche.
        ${nom##modèle}   Supprime le grand modèle à gauche.
        ${nom%modèle}   Supprime le petit modèle à droite.
        ${nom%%modèle}   Supprime le grand modèle à droite.

Les variables internes du shell

$0	Nom du script.
$1-$9	Paramètres du shell (1 à 9).
$*	Tous les paramètres.
$@	Idem (mais "$@" eq. à "$1" "$2"...).
$#	Nombre de paramètres.
$-	Options du shell.
$?	Code retour de la dernière commande.
$$	PID du shell.
$!	PID du dernier processus shell lancé en arrière-plan.

Les variables - les variables prédéfinies

HOME	Le répertoire de connexion.
LANG	Spécifie la langue, et donc spécifie les valeurs par défaut des variables LC_... .
LC_ALL	Interagit avec les autres variables LC (*cf. le manuel*).
LC_COLLATE	Interagit dans les comparaisons de chaînes (*cf. le manuel*).
LC_CTYPE	Détermine l'interprétation d'une suite d'octets comme caractères.
LC_MESSAGES	Indique la langue utilisée pour les messages.
IFS	Séparateur de champs.
PATH	Chemin de recherche des commandes.

Les expressions arithmétiques

$((expression))

Opérateurs unaires

-	moins
!	non
~	complément à un

Opérateurs binaires

*	multiplication
/	division entière
%	modulo
+	addition
-	soustraction
<<	décalage à gauche
>>	décalage à droite
<	inférieur à
<=	inférieur ou égal à
>	supérieur à
>=	supérieur ou égal à
==	égal à
!=	différent
&	et binaire
^	ou binaire exclusif
|	ou binaire
&&	et logique
||	ou logique
=	affectation

op= exp = exp op exp
*= /= %= ~= <<= >>= &= ^= |=

Les commandes internes

: [Arg ...]	Etend les arguments, retourne vrai.
. Fichier [Arg...]	Le shell courant exécute le fichier.
break [n]	Sort de n niveaux de boucle.
continue [n]	Passe à l'itération suivante, n indique le nombre d'imbrications.
eval [Arg ...]	Les arguments sont lus comme entrée du shell et ensuite exécutés.
exec [Arg ...]	La commande donnée en argument se substitue au shell.
exit [n]	Provoque la sortie du shell avec l'état de sortie n.
export [Nom[=Valeur]] ...	
export –p	
	Les noms spécifiés sont exportés, l'option -p permet de lister les variables exportées.
readonly [Nom[=Valeur]] ...	
readonly –p	
	Les noms sont marqués en lecture seule, l'option -p liste ces variables.
return [n]	Retour d'une fonction shell, avec le code n.
set	(*cf. début du chapitre*)
shift [n]	Décale les paramètres.
trap [[Commande] [Signal ...]]	
	Lit et exécute la commande spécifiée lorsque le shell reçoit le ou les signaux spécifiés.
unset [-fv] Nom ...	

	-v	Les variables spécifiées sont supprimées (par défaut).
	-f	Les fonctions sont supprimées.

ANNEXE C : ksh – Le Korn shell

Fonction

ksh - Appelle le Korn shell.

Syntaxe

ksh [-i] [+|-aefhkntuvx] [-o Option][-c Chaîne | -s | Fichier [Paramètre]]

Options

-i	Shell interactif.
-c cmd	Exécute la commande **cmd**.
-p	Permet aux IDs réel et effectif d'être différents.
-r	Shell restreint.
-s	Commandes lues à partir de l'entrée standard.

*Pour les autres options, voir la commande **set**.*

La commande interne set

-a	Les variables sont exportées.
-e	Sort du shell si la commande se termine en erreur.
-f	Désactive la substitution de nom de fichier.
-h	Mémorise les fonctions.
-k	Met dans l'environnement chaque variable affectée.
-m	Les travaux en arrière-plan sont exécutés dans un groupe de processus distincts.
-n	Lit les commandes sans les exécuter.
-o	(*cf. paragraphe suivant*)
-t	Sort après l'exécution d'une commande.
-u	Traite les paramètres non définis en tant qu'erreurs.
-v	Mode verbose.
-x	Trace les commandes.
-	Désactive les options -x et –v.
--	Débute la liste d'arguments, même si le premier argument commence par « + » ou « - ».

Remplacer le signe - par + désactive l'option.

La commande set -o

allexport	Equivalent à -a.
errexit	Equivalent à -e.
bgnice	Faible priorité pour les travaux en arrière-plan.
emacs	Utilise emacs pour l'édition des commandes.
gmacs	Utilise gmacs pour l'édition des commandes.
ignoreeof	Ignore la fin de fichier.
keyword	Equivalent à -k.
markdirs	Ajoute « / » à tous les noms de répertoires générés.
monitor	Equivalent à -m.
noclobber	Empêche la redirection > de détruire les fichiers.
noexec	Equivalent à -n.
noglob	Equivalent à -f.
nolog	Ne pas sauvegarder les fonctions dans l'historique.
nounset	Equivalent à -u.
privileged	Equivalent à -p.

verbose	Equivalent à -v.
trackall	Equivalent à –h.
vi	Active l'édition vi des commandes.
viraw	Traite chaque caractère tel qu'il est entré.
xtrace	Equivalent à –x.

Le groupement de commandes

cmd1 newline cmd2
cmd1 ; cmd2
cmd1 | cmd2
cmd &
cmd |&
cmd1 || cmd2
cmd1 && cmd2
(Liste)
{ Liste; }

Les structures de contrôles

if Liste ;then Liste [elif Liste ;then Liste] ... [;else Liste] ;fi
for Identificateur [in Mot ...] ;do Liste ;done
while Liste ;do Liste ;done
until Liste ;do Liste ;done
case Mot in [[( ] Forme [| Forme] ...) Liste ;;] ... esac
select Identificateur [in Mot ...] ;do Liste ;done

Les fonctions

function Identificateur {Liste ;}
Identificateur () {Liste ;}

Substitution de répertoires

~	Le répertoire de connexion.
~nom	Idem mais de l'utilisateur nom.
~+	Répertoire précédent.
~+	Chemin absolu du répertoire courant.

Les caractères de protection (d'échappement)

\	Annule la signification du caractère suivant.
'...'	Annule tous les caractères.
"..."	Annule tous les caractères, sauf `, \, et $.

Remplacement de noms de fichiers

*	Correspond à une chaîne quelconque, même vide.
?	Correspond à un caractère quelconque.
[[domaine]...]	Un des caractères du domaine.
[![domaine]...]	Aucun des caractères du domaine.
?(modèle[|modèle]...)	Correspond à n'importe quel modèle.
*(modèle[|modèle]...)	Correspond à zéro ou plusieurs occurrences.
+(modèle[|modèle]...)	Correspond à une ou plusieurs occurrences.
!(modèle[|modèle]...)	Correspond à aucun modèle.
@(modèle[|modèle]...)	Correspond exactement à un modèle.

Substitution de commandes

`commande` ou $(commande)

Les redirections

<Fichier	Redirection de l'entrée standard.
>Fichier	Redirection de la sortie standard.
>| Fichier	Idem, mais ne tient pas compte de noclobber.
>> Fichier	Redirection de la sortie standard en ajout au fichier.
<> Fichier	Le fichier devient l'entrée et la sortie standard.
<<[-] Mot	L'entrée du shell est lue jusqu'à la ligne correspondant à Mot. Si - est ajouté à <<, les tabulations de début sont supprimées.
<&n	L'entrée standard est dupliquée dans le descripteur n.
>&n	La sortie standard est dupliquée dans le descripteur n.
<&-	L'entrée standard est fermée.
>&-	La sortie standard est fermée.
<&p	L'entrée du coprocessus est déplacée vers l'entrée standard.
>&p	La sortie du coprocessus est déplacée vers la sortie standard.
n>&m	Duplique le descripteur n dans m.

Les expressions de variables

$nom	La valeur de la variable.
${nom}	Idem.
${#nom[*]}	Le nombre d'éléments du tableau.
${nom[*]}	Tous les éléments du tableau.
${nom[0]}	Le premier élément du tableau.
${nom[:]-mot}	Mot si nulle ou non définie.
${nom[:]=mot}	Affecte mot si nulle ou non définie.
${nom[:]?mot}	Affiche mot et exit si non définie.
${nom[:]+mot}	Mot si non nulle.
${nom#modèle}	Supprime le petit modèle à gauche.
${nom##modèle}	Supprime le grand modèle à gauche.
${nom%modèle}	Supprime le petit modèle à droite.
${nom%%modèle}	Supprime le grand modèle à droite.

Les variables internes du shell

$0	Nom du script.
$1-$9	Paramètres du shell (1 à 9).
$*	Tous les paramètres.
$@	Idem (mais "$@" eq. à "$1" "$2"...).
$#	Nombre de paramètres.
$-	Options du shell.
$?	Code retour de la dernière commande.
$$	PID du shell.
$!	PID du dernier processus shell lancé en arrière-plan.

Les variables - les variables prédéfinies

ERRNO	Code erreur du dernier appel système.
LINENO	Ligne courante du script.
OLDPWD	Répertoire précédent.
OPTARG	(*cf. getopts*)
OPTIND	(*cf. getopts*)
PPID	PID du processus père.
PWD	Répertoire courant.
RANDOM	Nombre aléatoire.
REPLY	Réponse à un select.
SECONDS	Temps écoulé depuis le lancement du shell.
CDPATH	Répertoires explorés par cd.

COLUMNS	Largeur de l'écran.
EDITOR	Editeur préféré.
ENV	Le script d'initialisation.
FCEDIT	Editeur d'édition de commandes.
FPATH	Répertoires des fonctions.
IFS	Séparateur de champs.
HISTFILE	Le fichier historique.
HISTSIZE	Taille du fichier historique.
HOME	Le répertoire de connexion.
LANG	Spécifie la langue, et donc spécifie les valeurs par défaut des variables LC_...
LC_ALL	Interagit avec les autres variables LC (*cf. le manuel*).
LC_COLLATE	Interagit dans les comparaisons de chaînes (*cf. le manuel*).
LC_CTYPE	Détermine l'interprétation d'une suite d'octets comme caractères.
LC_MESSAGES	Indique la langue utilisée pour les messages.
LINES	Utilisé par select.
MAIL	Fichier contenant le courrier.
MAILCHECK	Fréquence de vérification du courrier.
MAILPATH	Liste des fichiers de courrier.
PATH	Chemin de recherche des commandes.
PS1	Invite de commande, par défaut « $ ».
PS2	Invite secondaire, par défaut « > ».
PS3	Invite de boucle select, par défaut « #? ».
PS4	Invite de trace, par défaut « + ».
SHELL	Le shell de préférence.
TMOUT	Temps maximum d'inactivité.
VISUAL	L'éditeur de commandes.

Alias prédéfinis

```
autoload='typeset -fu'
false='let 0'
functions='typeset -f'
hash='alias -t'
history='fc -l'
integer='typeset -i'
nohup='nohup '
r='fc -e -'
true=':'
type='whence -v'
```

Les tests

```
[[Expression]]
```

-a Fichier	Vrai si Fichier existe.
-b Fichier	Fichier spécial par blocs.
-c Fichier	Fichier spécial par caractères.
-d Fichier	C'est un répertoire.
-f Fichier	Fichier ordinaire.
-g Fichier	Bit setgid est activé.
-k Fichier	Le stickybit est activé.
-n Chaîne	La longueur de la chaîne est différente de zéro.
-o Option	L'option est active.
-p Fichier	C'est un fichier spécial, FIFO ou un tube.
-r Fichier	Accessible en lecture.
-s Fichier	La taille est supérieure à zéro.

```
-t [fd]         fd est un descripteur associé à un terminal.
-u Fichier      Le bit setuid est activé.
-w Fichier      Accessible en écriture.
-x Fichier      Fichier exécutable.
-z Chaîne       La longueur de Chaîne est égale à zéro.
-L Fichier      Lien symbolique.
-O Fichier      Appartient à l'ID utilisateur effectif du processus.
-G Fichier      Le groupe auquel il appartient correspond à l'ID de groupe du processus.
-S Fichier      C'est une socket.
f1 -nt f2       Fichier f1 est plus récent que f2.
f1 -ot f2       Fichier f1 est moins récent que f2.
f1 -ef f2       Fichier f1 et f2 font référence au même fichier.
Chaîne = Forme      Vrai si Chaîne correspond à Forme.
Chaîne != Forme     Vrai si Chaîne ne correspond pas à Forme.
Chaîne1 < Chaîne2   Vrai si Chaîne1 précède Chaîne2.
Chaîne1 > Chaîne2   Vrai si Chaîne1 suit Chaîne2.
E1 -eq E2       E1 est égale à E2.
E1 -ne E2       E1 est différente de E2.
E1 -lt E2       E1 est inférieure à E2.
E1 -gt E2       E1 est supérieure à E2.
E1 -le E2       E1 est inférieure ou égale à E2.
E1 -ge E2       E1 est supérieure ou égale à E2.
```

Expression composée :
```
(E)             Vrai si E est vraie.
! E             Vrai si E est fausse.
E1 && E2        Vrai si E1 et E2 sont vraies.
E1 || E2        Vrai si E1 ou E2 est vraie.
```

Les expressions arithmétiques

```
expression
terme
(expression)
exp_avec_opérateur_unaire
exp_avec_opérateur_binaire
```

Terme
```
variable_entière
[base#]constant
```

Opérateurs unaires
```
-    moins
!    non
~    complément à un
```

Opérateurs binaires
```
*    multiplication
/    division entière
%    modulo
+    addition
-    soustraction
<<   décalage à gauche
>>   décalage à droite
<    inférieur à
```

```
<=    inférieur ou égal à
>     supérieur à
>=    supérieur ou égal à
==    égal à
!=    différent
&     et binaire
^     ou binaire exclusif
|     ou binaire
&&    et logique
||    ou logique
=     affectation
op=   exp = exp op exp
*= /= %= ~= <<= >>= &= ^= |=
```

Les commandes internes

: [Arg ...]	Etend les arguments, retourne vrai.
. Fichier [Arg...]	Le shell courant exécute le fichier.
alias [-tx] Nom[=Valeur]] ...	Crée ou liste les alias.
	-x Exporte l'alias.
	-t Crée un alias « repéré » par le chemin absolu.
bg [Travail ...]	Place les travaux en arrière-plan.
break [n]	Sort de n niveaux de boucle.
cd [Arg]	Change de répertoire.
continue [n]	Passe à l'itération suivante, n indique le nombre d'imbrications.
echo [Arg ...]	(*cf. la commande **echo***)
eval [Arg ...]	Les arguments sont lus comme entrée du shell et ensuite exécutés.
exec [Arg ...]	La commande donnée en argument se substitue au shell.
exit [n]	Provoque la sortie du shell avec l'état de sortie n.
export [Nom[=Valeur]] ...	Les noms spécifiés sont exportés.
fc [-e Nom_éditeur] [-nlr] [Première [Dernière]]	Liste les commandes ou les éditent.
fg [travail ...]	Place le travail spécifié au premier plan.
getopts Chaîne_options Nom [Arg ...]	Extrait les options (*cf. paragraphe suivant*)
jobs [-lnp] [travail ...]	Liste les travaux spécifiés.
kill -l	Liste des signaux.
kill [-Signal] Travail ...	Transmet un signal (par défaut TERM) aux travaux spécifiés.
	Désigne un travail :
	PID
	%Numéro_Travail
	%Chaîne Travail qui commence par Chaîne.
	%?Chaîne Travail qui contient Chaîne.
	%% Travail en cours.
	%+ Equivalent à %%.
	%- Travail précédent.
let Exp ...	Evalue les expressions.
newgrp [-] [group]	Change le groupe courant.
print [-Rnpreu[n]] [Arg...]	Affiche les arguments.
	-R Ecrit en mode brut.
	-n Empêche d'ajouter une ligne sur la sortie.

	-p	Envoie les arguments vers le tube généré par l'intermédiaire de |&.
	-r	Ecrit en mode brut.
	-e	Envoie les arguments vers le fichier historique.
	-u	Ecrit la sortie vers le fichier de descripteur u.
pwd		Affiche le répertoire courant.

read [-preu[n]] [Nom?Invite] [Nom ...]

> Une ligne est lue et divisée en plusieurs zones, les caractères de IFS étant utilisés comme séparateurs.
>
> -p   Extrait la ligne d'entrée du tube d'entrée d'un processus généré par le shell en utilisant |&.
>
> -r   Sauvegarde l'entrée dans l'historique.
>
> -u   Lecture à partir du fichier de descripteur u.

readonly [Nom[=Valeur]] ...

> Les noms sont marqués en lecture seule.

return [n]   Retour d'une fonction shell, avec le code n.

set [+|-aefhkmnopstuvx] [+|-o Option]...[+|-A Nom] [Argument ...]

> -A   Affectation de tableau.

shift [n]   Décale les paramètres.

test exp ou [exp]   L'équivalent de [[exp]] sauf les opérateurs && et ||.

time Séquence_commandes

times   Ecrit le temps utilisateur et le temps système du shell et des processus lancés par le shell.

trap [Commande] [Signal] ...

> Lit et exécute la commande spécifiée lorsque le shell reçoit le ou les signaux spécifiés.

type Nom   Identifie une commande.

typeset [+HLRZfilrtux[n]] [Nom[=Valeur]] ...

> Définit les attributs et les valeurs des paramètres du shell.
>
> -L   Justifier à gauche.
>
> -R   Justifier à droite.
>
> -Z   Justifier à droite avec des zéros en début de ligne.
>
> -f   Les noms sont des fonctions.
>
> -x   Active la trace pour cette fonction.
>
> -i   Le paramètre est un entier.
>
> -l   Convertir les majuscules en minuscules.
>
> -r   Noms en lecture seule.
>
> -t   Marque les paramètres nommés.
>
> -u   Convertit les minuscules en majuscules.
>
> Remplacer le signe - par + désactive ces options.

ulimit [-HSacdfmst] [Limite]

> Définit ou affiche une limite.
>
> -H   Spécifie la limite permanente.
>
> -S   Spécifie la limite temporaire.
>
> -a   Les limites en cours.
>
> -c   Nombre de blocs pour les fichiers « core ».
>
> -d   Nombre de blocs de la zone de données.
>
> -f   Nombre de blocs des fichiers écrits.
>
> -m   Nombre de Ko de la mémoire physique.
>
> -p   Nombre de Ko pour la pile.
>
> -t   Nombre de secondes attribuées à chaque processus.

umask [Masque]   Spécifie le masque, ou l'affiche.

unalias Nom ...   Supprime des alias.

unset [-f] Nom ...	Les variables sont supprimées.
	-f Les fonctions sont supprimées.
wait [Travail]	Suspend le shell, et attend le travail spécifié ou par défaut tous les travaux.
whence [-v] Nom ...	Décrit l'interprétation d'une commande.
	-v Mode verbose.

getopts

getopts Chaîne_options Nom [Argument ...]

Vérifie les options d'un argument. Si aucun Argument n'est spécifié, le paramètre Chaîne_options contient les lettres reconnues par la commande **getopts**. Si une lettre est suivie d'un signe deux-points (:), l'option doit comporter un argument. Un espace peut séparer l'option et l'argument. La commande **getopts** place la lettre correspondant à l'option suivante dans la variable Nom lorsque le signe + précède l'argument. L'index de l'argument suivant est enregistré dans OPTIND. L'argument d'option, s'il existe, est placé dans OPTARG. Si un signe deux-points (:) est placé au début du paramètre Chaîne_options, la commande **getopts** enregistre la lettre correspondant à une option incorrecte dans OPTARG, et attribue la valeur ? à la variable Nom d'une option inconnue, ou la valeur : lorsqu'une option requise n'est pas spécifiée. L'état de sortie est différent de zéro lorsqu'il n'y a plus d'option.

ANNEXE D : bash – Bourne Another Shell

Le shell bash est développé par la « *Free Software Foundation* ». Il est couvert par la licence GNU, et c'est le shell standard du système Linux. Le bash, comme le Korn shell, dérive du shell Bourne dont il tire son nom « Bourne Another Shell ». Le bash est compatible avec le shell POSIX sh et il est d'ailleurs fréquemment lancé sous ce nom. Le bash intègre la majorité des fonctionnalités du Korn shell.

Principales différences du bash par rapport au Korn shell (éléments manquants)
- Pas de « tracked aliases ».
- Absence des variables suivantes : ERRNO, FPATH, COLUMNS, LINES, EDITOR, VISUAL.
- Pas de coprocessus (|&, >&p, <&p).
- Absence des commandes internes suivantes : **alias –x**, **newgrp**, **print**, **set –A**, **whence**.

Fonction

bash - Appelle le Bourne Another Shell.

Syntaxe

bash [option...] [script...]

script   Le script exécuté par le shell.
-c cmd   Le shell exécute la commande **cmd**.
-i   Shell interactif.
-s   Lit les commandes à partir de l'entrée standard.

*Voir la commande **set** pour les autres options d'une seule lettre.*

-norc   Ne lit pas le fichier ~/.bashrc.
-rcfile Fichier
             Spécifie le fichier de remplacement de ~/.bashrc.
-noprofile   Ne lit pas les fichiers de démarrage.
-version   Affiche la version du shell.
-login   Exécute le shell comme un shell de connexion.
-nobraceexpansion
             Ne réalise pas l'expansion des accolades (*cf. Expansion des {}*).
-nolineediting
             N'utilise pas la bibliothèque GNU pour la lecture de commande.
-posix   Le shell se conforme au standard POSIX 2.

La commande interne set

-a   Les variables sont exportées.
-b   Les comptes rendus des travaux en arrière-plan sont donnés immédiatement.
-d   Désactive la recherche des commandes en mémoire (table de Hash).
-e   Sort du shell si la commande se termine en erreur.
-f   Désactive la substitution de nom de fichier.
-h   Mémorise les fonctions.
-k   Met dans l'environnement d'une commande chaque variable affectée dans la ligne de commande.
-m   Les travaux en arrière-plan sont exécutés dans un groupe de processus distincts.
-n   Lit les commandes sans les exécuter.
-o   (*cf. paragraphe suivant*).
-p   Mode privilégié.
      Le fichier $ENV n'est pas exécuté, les fonctions ne sont pas héritées.
-t   Sort après l'exécution d'une commande.

-u   Traite les paramètres non définis en tant qu'erreurs.
-v   Mode verbose.
-x   Trace les commandes.
-C   Equivalent au drapeau noclobber.
-H   Active l'utilisation de l'historique des commandes de style C-Shell (!!, ...).
-P   Utilise les répertoires physiques au lieu des liens symboliques correspondants.
-     Désactive les options « -x » et « -v ». Signale la fin des options.
--   Débute la liste d'arguments, même si le premier argument commence par « + » ou « -».

Remplacer le signe - par + désactive l'option.

La commande set -o

allexport   Equivalent à -a.
braceexpand
        Réalise les substitutions des accolades (par défaut).
errexit   Equivalent à -e.
emacs   Utilise l'éditeur emacs pour l'édition des commandes (par défaut).
histexpand   Equivalent à –H.
ignoreeof   Ignore la fin de fichier.
interactive-comments
        Le # débute un commentaire, y compris dans un shell interactif.
monitor   Equivalent à -m.
noclobber   Empêche la redirection > de détruire les fichiers.
noexec   Equivalent à -n.
noglob   Equivalent à -f.
nohash   Equivalent à –f.
notify   Equivalent à –d.
nounset   Equivalent à -u.
physical   Equivalent à –P.
posix   Respect du standard POSIX 2.
privileged   Equivalent à -p.
verbose   Equivalent à -v.
vi   Active l'édition vi des commandes.
xtrace   Equivalent à –x.

Les commentaires

....<New Line>

Le groupement de commandes

! cmd   Inverse le code retour.
cmd1 newline cmd2
cmd1 ; cmd2
cmd1 | cmd2
cmd &
cmd1 || cmd2
cmd1 && cmd2
(Liste)
{ Liste; }

Les structures de contrôle

    if Liste ;then Liste [elif Liste ;then Liste] ... [;else Liste] ;fi
    for Identificateur [in Mot ...] ;do Liste ;done
    while Liste ;do Liste ;done
    until Liste ;do Liste ;done
    case Mot in [[( ] Forme [| Forme] ...) Liste ;;] ... esac
    select Identificateur [in Mot ...] ;do Liste ;done

Les fonctions

    [function] Identificateur {Liste ;}

Substitution de répertoires

~	Le répertoire de connexion.
~nom	Idem mais de l'utilisateur nom.
~-	Répertoire précédent.
~+	Chemin absolu du répertoire courant.

Les caractères de protection (d'échappement)

\	Annule la signification du caractère suivant.
'...'	Annule tous les caractères.
"..."	Annule tous les caractères, sauf `, \, et $.

Remplacement de noms de fichiers

*	Correspond à une chaîne quelconque, même vide.
?	Correspond à un caractère quelconque.
[[domaine]...]	Un des caractères du domaine.
[![domaine]...]	Aucun des caractères du domaine.

Les redirections

[n]<mot	Redirection de l'entrée standard.
[n]>mot	Redirection de la sortie standard.
[n]>| mot	Idem, mais ne tient pas compte de noclobber.
[n]>> mot	Redirection de la sortie standard en ajout à mot.
&>mot	Redirige la sortie standard et l'erreur standard (équivalent à >mot 2>&1).
>&mot	Idem.
[n]<> mot	Mot devient l'entrée et la sortie standard.
[n]<<[-] ch	L'entrée du shell est lue jusqu'à la ligne correspondant à ch. Si - est ajouté à <<, les tabulations de début sont supprimées.
[n]<&m	L'entrée standard est dupliquée dans le descripteur m.
[n]>&m	La sortie standard est dupliquée dans le descripteur m.
[n]<&-	L'entrée standard est fermée.
[n]>&-	La sortie standard est fermée.

Dans toutes les redirections qui précèdent, n représente le descripteur du fichier redirigé. Par défaut les redirections portent sur l'entrée ou la sortie standard. Mot représente un fichier ou bien un descripteur dans le cas où mot est numérique.

Substitution de commandes

    `commande` ou $(commande)

Substitution d'accolades

La substitution des accolades permet de générer des chaînes de caractères. Ce mécanisme est voisin du remplacement des noms de fichiers via les jokers.

a{d,c,b}e   est remplacé par   ade ace abe

Les accolades peuvent être imbriquées et elles sont interprétées avant les autres caractères spéciaux.

Exemple complet :   chown   root   /usr/{ucb/{ex,edit},lib/{ex?.?*,how_ex}}

Les expressions de variables

$nom	La valeur de la variable.
${nom}	Idem.
${#nom}	Le nombre de caractères de la variable.
${nom:-mot}	Mot si nom est nulle ou renvoie la variable.
${nom:=mot}	Affecte mot à la variable si elle est nulle et renvoie la variable.
${nom:?mot}	Affiche mot et réalise un exit si la variable est non définie.
${nom:+mot}	Mot si non nulle.
${nom#modèle}	Supprime le petit modèle à gauche.
${nom##modèle}	Supprime le grand modèle à gauche.
${nom%modèle}	Supprime le petit modèle à droite.
${nom%%modèle}	Supprime le grand modèle à droite.

Les variables internes du shell

$0	Nom du script.
$1,$2, ...	Paramètres du shell
$*	Tous les paramètres.
$@	Idem (mais "$@" eq. à "$1" "$2"...).
$#	Nombre de paramètres.
$-	Options du shell.
$?	Code retour de la dernière commande.
$$	PID du shell.
$!	PID du dernier processus shell lancé en arrière-plan.
$_	Le dernier argument de la commande précédente. Cette variable est également mise dans l'environnement de chaque commande exécutée et elle contient le chemin complet de la commande.

Les variables - les variables prédéfinies

BASH	Le chemin complet du shell.
BASH_VERSION	La version du shell.
CDPATH	Répertoires explorés par cd.
ENV	(*cf. Fichiers de démarrage*).
EUID	EUID de l'utilisateur courant.
FCEDIT	Editeur d'édition de commandes.
FIGNORE	Liste de suffixes séparés par « : » indiquant les fichiers qui ne doivent pas apparaître dans l'expansion des noms de fichiers.
HISTCMD	Le numéro de la commande courante dans l'historique.
HISTCONTROL	Si sa valeur est « ignorespace », les lignes commençant par des blancs ne sont pas mises dans l'historique. Si sa valeur est « ignoredups », la dernière ligne n'est pas mise dans l'historique si elle est identique à la ligne précédente. Si sa valeur est « ignoreboth », c'est équivalent aux deux options précédentes.
HISTFILE	Le fichier historique.
HISTFILESIZE	Taille du fichier historique.
HISTSIZE	Nombre de commandes mémorisées par la commande **history**.
HOSTFILE	Nom d'un fichier au format de /etc/hosts utilisé quand le shell utilise des hostname.
HOSTTYPE	Le type de machine.

HOME	Le répertoire de connexion.
IFS	Séparateur de champs.
IGNOREEOF	Nombre de caractères EOF provoquant la fin du shell.
INPUTRC	(*cf. Fichiers*).
LINENO	Ligne courante du script.
MAIL	Fichier contenant le courrier.
MAILCHECK	Fréquence de vérification du courrier.
MAILPATH	Liste des fichiers de courrier.
OLDPWD	Répertoire précédent.
OPTARG	(*cf. getopts*).
OPTERR	(*cf. getopts*).
OPTIND	(*cf. getopts*).
OSTYPE	Chaîne qui décrit le système d'exploitation.
PATH	Chemin de recherche des commandes.
PPID	PID du processus père.
PROMPT_COMMAND	Commande exécutée avant chaque affichage du prompt.
PS1	Invite de commande, par défaut « $ » (*cf. Le prompt*).
PS2	Invite secondaire, par défaut « > ».
PS3	Invite de boucle select, par défaut « #? ».
PS4	Invite de trace, par défaut « + ».
PWD	Répertoire courant.
RANDOM	Nombre aléatoire.
REPLY	Réponse à un select.
SECONDS	Temps écoulé depuis le lancement du shell.
SHLVL	Le nombre d'instances de shell.
TMOUT	Temps maximum d'inactivité.
UID	UID de l'utilisateur courant.
auto_resume	Permet le rappel de job stoppé.
allow_null_glob_expansion	Les fichiers qui ne correspondent à rien dans une expansion de noms de fichiers sont remplacés par une chaîne vide.
cdable_vars	Drapeau qui implique que les arguments de cd qui ne sont pas des répertoires soient interprétés comme des variables contenant un nom de répertoire.
command_oriented_history	Mémorise dans l'historique en une seule ligne une commande entrée sur plusieurs lignes.
glob_dot_filenames	Drapeau qui implique la présence des noms commençant par « . » dans l'expansion des noms de fichiers.
history_control	(*cf. HISTCONTROL*).
histchars	Les caractères qui contrôlent l'expansion de l'historique, par défaut « !^# » (*cf. Historique*).
hostname_completion_file	(*cf. HOSTFILE*).
noclobber	Equivalent à set –C.
no_exit_on_failed_exec	Un script ne se termine pas si une commande **exec** n'aboutit pas.
nolinks	Equivalent à set -P.
notify	Equivalent à set -b.

Le prompt

Avant l'affichage du prompt primaire (spécifié par la variable PS1), le shell exécute la commande contenue dans la variable $PROMPT_COMMAND.

Dans le cas d'un shell non interactif, la variable PS1 est vide.

La variable PS1 peut contenir les caractères spéciaux suivants :
\a   Active la sonnerie.
\e   Le caractère Escape.
\t   Affiche l'heure au format HH :MM :SS, basé sur 24 heures.
\T   Idem, mais basé sur 12 heures.
\@   Idem, mais avec indication am/pm.
\d   Affiche la date au format « Jour_de_la_semaine mois jour_du_mois ».
\n   Saut de ligne.
\r   Retour-chariot.
\s   Affiche le nom du shell.
\w   Affiche le chemin complet du répertoire courant.
\W   Affiche seulement le nom du répertoire courant (basename).
\u   Affiche le nom de l'utilisateur.
\v   Affiche la version du shell.
\V   Idem, mais plus complet.
\h   Affiche le nom réseau de la machine.
\H   Idem, mais sous la forme du nom complet.
\#   Affiche le numéro de la commande.
\ !   Affiche le numéro de la commande dans l'historique.
\nnn
      Affiche un caractère spécifié en octal.
\s   Affiche # si l'EUID est 0 (root), et $ autrement.
\\   Affiche un backslash.
\[Débute une séquence d'échappement.
\]   Termine une séquence d'échappement.

Exemple : PS1="[\t \W] "

Les expressions arithmétiques

Les expressions arithmétiques peuvent apparaître dans l'instruction let et l'expansion arithmétique.

L'instruction let
      let expression ...

L'expansion arithmétique
      $[expression]
      $((expression))

Opérateurs unaires
-     moins
+   plus
!   non
~   complément à un

Opérateurs binaires
*   multiplication
/   division entière
%   modulo
+   addition
-     soustraction
<<   décalage à gauche
>>   décalage à droite

```
<    inférieur à
<=   inférieur ou égal à
>    supérieur à
>=   supérieur ou égal à
==   égal à
!=   différent
&    et binaire
^    ou binaire exclusif
|    ou binaire
&&   et logique
||   ou logique
=    affectation
op= exp = exp op exp
*= /= %= ~= <<= >>= &= ^= |=
```

Les constantes commençant par 0x ou 0X sont en hexadécimal. On peut exprimer un nombre dans une base comprise entre 2 et 36 en préfixant la constante par BASE#. Par défaut les constantes sont en base 10.

Les tests

```
[ Expression ]   ou   test expression
-b Fichier    Fichier spécial par blocs.
-c Fichier    Fichier spécial par caractères.
-d Fichier    C'est un répertoire.
-e Fichier    Vrai si Fichier existe.
-f Fichier    Fichier ordinaire.
-g Fichier    Bit setgid est activé.
-k Fichier    Le sticky bit est activé.
Chaîne
-n Chaîne     La longueur de la chaîne est différente de zéro.
-p Fichier    C'est un fichier spécial, FIFO ou un tube.
-r Fichier    Accessible en lecture.
-s Fichier    La taille est supérieure à zéro.
-t [fd]       fd est un descripteur associé à un terminal.
-u Fichier    Le bit setuid est activé.
-w Fichier    Accessible en écriture.
-x Fichier    Fichier exécutable.
-z Chaîne     La longueur de Chaîne est égale à zéro.
-L Fichier    Lien symbolique.
-O Fichier    Appartient à l'ID utilisateur effectif du processus.
-G Fichier    Le groupe auquel il appartient correspond à l'ID de groupe du processus.
-S Fichier    C'est une socket.
f1 -nt f2     Fichier f1 est plus récent que f2.
f1 -ot f2     Fichier f1 est moins récent que f2.
f1 -ef f2     Fichiers f1 et f2 font référence au même fichier.
Chaîne = Forme    Vrai si Chaîne correspond à Forme.
Chaîne != Forme   Vrai si Chaîne ne correspond pas à Forme.
E1 -eq E2     E1 est égale à E2.
E1 -ne E2     E1 est différente de E2.
E1 -lt E2     E1 est inférieure à E2.
E1 -gt E2     E1 est supérieure à E2.
E1 -le E2     E1 est inférieure ou égale à E2.
E1 -ge E2     E1 est supérieure ou égale à E2.
```

Expression composée

(E)	Vrai si E est vraie.
! E	Vrai si E est fausse.
E1 -a E2	Vrai si E1 et E2 sont vraies.
E1 -o E2	Vrai si E1 ou E2 est vraie.

getopts

getopts Chaîne_options Nom [Argument ...]

Vérifie les options d'un argument. Si aucun argument n'est spécifié, le paramètre Chaîne_options contient les lettres reconnues par la commande **getopts**. Si une lettre est suivie d'un signe deux-points (:), l'option doit comporter un argument. Un espace peut séparer l'option et l'argument. La commande **getopts** place la lettre correspondant à l'option suivante dans la variable Nom lorsque le signe + précède l'argument. L'index de l'argument suivant est enregistré dans OPTIND. L'argument d'option, s'il existe, est placé dans OPTARG. Si un signe deux-points (:) est placé au début du paramètre Chaîne_options, la commande **getopts** enregistre la lettre correspondant à une option incorrecte dans OPTARG, et attribue la valeur ? à la variable Nom d'une option inconnue, ou la valeur : lorsqu'une option requise n'est pas spécifiée. L'état de sortie est différent de zéro lorsqu'il n'y a plus d'option.

Les commandes internes

: [Arg ...]	Etend les arguments, retourne vrai.
. Fichier [Arg...]	
source Fichier [Arg...]	
	Le shell courant exécute le fichier.
alias [Nom[=valeur]...]	
	Crée ou liste les alias.
bg [Travail ...]	Place les travaux en arrière-plan.
break [n]	Sort de n niveaux de boucle.
builtin [Arg...]	Exécute la commande interne au lieu d'une fonction qui porte le même nom.
bind	

    bind [-m KEYMAP] [-lvd] [-q NAME]
    bind [-m KEYMAP] –f FILENAME
    bind [-m KEYMAP] KEYSEQ:FUNCTION-NAME

	Affiche les associations courantes ou réalise des associations.
-m KEYMAP	Utilise KEYMAP pour les associations. Les valeurs possibles sont emacs, emacs-standard, emacs-meta, emacs-ctlx, vi, vi-move, vi-command, vi-insert.
-l	Liste le nom des fonctions readline.
-v	Liste le nom des fonctions et leur association.
-d	Sortie des associations pour une relecture ultérieure.
-f FILENAME	Lit les associations à partir d'un fichier.
-q NAME	Spécifie les touches associées à NAME.
command [-pVv] cmd [arg ...]	
	Exécute la commande **cmd**, surcharge éventuellement le nom d'une commande interne ou d'une fonction.
-p	Utilise la valeur par défaut de la variable PATH, pour rechercher une commande standard.
-v,-V	Affiche des informations sur la commande.
continue [n]	Passe à l'itération suivante, n indique le nombre d'imbrications.
declare [-frxi] [NAME[=VALUE]]	

```
typeset [-frxi] [NAME[=VALUE]]
                          Déclare des variables ou leur donne des attributs.
        -f                Les noms correspondent à des fonctions.
        -r                Les variables sont en lecture seule.
        -x                Les variables sont exportées.
        -i                Les variables correspondent à des entiers.
dirs [-l] [+/-n]          Affiche la liste des répertoires mémorisés.
        -l                Produit un listing commenté.
        -n                Liste les n premiers répertoires.
        +n                Liste les n derniers répertoires.
echo [-neE] [Arg ...]
                          Affiche les arguments.
        -n                Supprime le saut de ligne final.
        -e                Active l'interprétation des séquences d'échappement.
        -E                Désactive l'interprétation des séquences d'échappement.
                          \a      alert (bell)
                          \b      backspace
                          \c      Supprime le saut de ligne final
                          \f      form feed
                          \n      new line
                          \r      carriage return
                          \t      horizontal tab
                          \v      vertical tab
                          \\      backslash
                          \nnn    Code ASCII en octal
enable [-n] [-all] [name ...]
                          Autorise ou non les scripts équivalant aux commandes internes.
        -n                Interdit  (par défaut autorise).
        -all              Agit sur l'ensemble des commandes internes.
eval [Arg ...]            Les arguments sont lus comme entrée du shell et ensuite
                          exécutés.
exec [[-] Commande [Arg ...]]
                          La commande donnée en argument se substitue au shell.
                          Si un moins est présent, l'argument 0 est précédé de moins.
exit [n]                  Provoque la sortie du shell avec l'état de sortie n.
export [Nom[=Valeur]] ...
export -p
                          Les noms spécifiés sont exportés, l'option « -p » permet de lister
                          les variables exportées.
fc [-e Nom_éditeur] [-nlr] [Première [Dernière]]
fc -s [pat=rep] [cmd]
                          Liste les commandes ou les édite.
fg [travail ...]          Place le travail spécifié au premier plan.
getopts Chaîne_options Nom [Arg ...]
                          Extrait les options (cf. Paragraphe getopts).
hash [-r] [Nom ...]       Mémorise le chemin complet des commandes spécifiées.
        -r                Retire les noms spécifiés de la mémoire (table de Hash).
help [Modèle]             Affiche une aide concernant les commandes internes.
history [n]
history -rwan [Fichier]
                          Affiche l'historique des commandes.
                          Avec l'argument n, affiche les n dernières commandes.
        -a                Ajoute l'historique courant au fichier historique.
        -n                Le fichier historique s'ajoute à l'historique courant.
```

-r	Lecture du fichier historique, qui devient l'historique courant.
-w	Ecriture de l'historique courant dans le fichier historique.

jobs [-lnp] [travail ...]
jobs -x command [args ...]

	Liste les travaux spécifiés.
-l	Liste également le PID des travaux.
-n	Affiche seulement les travaux dont l'état a changé.
-p	Liste le PID du leader.
-x	Exécute la commande, un travail indique le groupe de processus .

kill -l [Signal]   Liste des noms des signaux.
kill [-s Signal | -Signal] Travail ...

Transmet un signal (par défaut TERM) aux travaux spécifiés.

Désigne un travail :

PID

%Numéro_Travail

%Chaîne	Travail qui commence par Chaîne.
%?Chaîne	Travail qui contient Chaîne.
%%	Travail en cours.
%+	Equivalent à %%.
%-	Travail précédent.

let expression ...   Evalue les expressions (*cf. Expressions arithmétiques*).
local Nom[=Valeur]

Crée une variable locale (obligatoirement dans une fonction).

logout	Met fin à un shell de connexion.
popd [+/-n]	Retire des entrées de la pile des répertoires (*cf. pushd*).

pushd [Répertoire]
pushd +/-n

Dans la première forme, le répertoire est mis au sommet de la pile et devient le répertoire courant. Les options « + » ou « - » un nombre permettent de faire une rotation de la pile.

pwd	Affiche le répertoire courant.
read [-r] [Nom ...]	Lit des variables sur l'entrée standard.
-r	Les backslash (\) ne sont pas ignorés.

readonly [Nom[=Valeur]] ...
readonly –p

Les noms sont marqués en lecture seule, l'option « -p » liste ces variables.

return [n]	Retour d'une fonction shell, avec le code n.
set	(*cf. Paragraphe set*).
shift [n]	Décale les paramètres.
suspend [-f]	Suspend l'exécution du shell jusqu'à la réception du signal SIGCONT.
-f	Force la suspension même si le shell est le shell de connexion.

test expression
[expression]   Evalue une expression (*cf. Paragraphe test*).

times   Affiche les temps cumulés CPU utilisateur et système du shell et des processus lancés par le shell.

trap [-l] [[Commande] [Signal ...]]

Lit et exécute la commande spécifiée lorsque le shell reçoit le ou les signaux spécifiés.

-l	Liste les noms des signaux et le numéro correspondant.

type [-all] [-type | -path] [Nom ...]

Identifie une commande.

-all	Affiche l'ensemble des références du nom.
-type	Affiche la nature de la commande : alias, builtin, file, keyword ...
-path	Si la commande est un fichier, affiche son chemin.

```
ulimit [-acdmstfpnuvSH] [Limite]
                Gère les ressources des processus.
    -S          Spécifie la limite « soft ».
    -H          Spécifie la limite « hard » (par défaut).
    -a          Affiche l'ensemble des limites.
    -c          La taille maximale d'un core.
    -d          La taille maximale de la zone de données.
    -m          La taille maximale de la zone résidente.
    -s          La taille maximale de la pile.
    -t          La durée maximale d'exécution (temps CPU) en secondes.
    -f          La taille maximale d'un fichier créée par un processus.
    -p          La taille des tubes.
    -n          Le nombre maximum de fichiers ouverts.
    -u          Le nombre maximum de processus simultanés.
    -v          La taille maximale de l'espace virtuel.
umask [-S] [Masque]
                Spécifie le masque, ou l'affiche.
    -S          Utilise la notation symbolique.
unalias [-a] [Nom ... ]
                Supprime les alias spécifiés.
    -a          Supprime l'ensemble des alias.
unset [-fv] Nom ...
    -v          Les variables spécifiées  sont supprimées (par défaut).
    -f          Les fonctions sont supprimées.
wait [n]        Attend la terminaison de l'ensemble des processus lancés en
                arrière-plan. Il est possible de préciser un processus.
```

Historique de commandes, style C-Shell

```
! !         Référence la dernière commande.
!23         Référence la commande n°23 (cf. La commande interne history).
!-2         L'avant-dernière commande.
!ls         La dernière commande commençant par ls.
! ?profile  La dernière commande contenant la chaîne profile.
!#          La commande entière.
^1993^1999^
            Substitution d'une chaîne par une autre dans la dernière commande.
! !:s/99/93/   Substitution d'une chaîne par une autre, technique générale.
```

Historique de commandes, mode emacs (mode par défaut)

```
Principales commandes (cf. manuel pour compléments)
CTRL-P ( ↑ )     Rappelle la commande précédente.
CTRL-N ( ↓ )     Rappelle la commande suivante.
CTRL-B ( ← )     Déplace le curseur d'un caractère vers la gauche.
CTRL-F ( → )     Déplace le curseur d'un caractère vers la droite.
Backspace        Détruit le caractère à gauche du curseur.
CTRL-D (Suppr)   Détruit le caractère sous le curseur.
Frappe de caractères
                 Les caractères sont insérés à partir du curseur.
CTRL-A (Début)   Déplace le curseur en début de ligne.
CTRL-E (Fin)     Déplace le curseur en fin de ligne.
CTRL-K           Supprime la fin de la ligne.
CTRL-X           Supprime le début de la ligne.
CTRL-V TAB       Insère une tabulation.
```

Historique de commandes, mode vi

Le mode vi est activé par la commande **set –o vi**.

On utilise la touche Echappement pour rentrer dans le mode historique.

Les commandes **vi** d'édition peuvent alors être utilisées pour le rappel et l'édition de commandes (h,j,k,l,0,$,a...<ESC>,i...<ESC>,x,r,/ls/,23G,etc.).

La complétion

On peut compléter un nom de fichier en utilisant le caractère Tabulation. Ce caractère peut également être utilisé pour proposer un choix lors de la saisie d'une variable (texte commençant par $), d'un utilisateur (texte commençant par ~), d'un nom d'ordinateur (texte commençant par @) ou d'une commande.

Les fichiers de démarrage

Pour un shell de connexion (l'option « –noprofile » n'étant pas utilisée) :

- A la connexion
>   1)   /etc/profile
>   2)   ~/.bash_profile   s'il existe
>   ~/.bash_login   sinon
>   ~/.profile   si aucun des précédents n'existe
>   3)   ~/.bashrc s'il est activé par l'un des scripts précédents
>   4)   /etc/bashrc activé par ~/.bashrc

- A la déconnexion
>   ~/.bash_logout

Pour un shell interactif qui n'est pas de connexion (sans les options « -norc » ou « -rcfile ») :
>   ~/.bashrc

Pour un script (shell non interactif)
>   1) $BASH_ENV
>   2) $ENV

Pour un shell invoqué sous le nom sh
- Pour un shell de connexion (sans l'option –noprofile)
>   1)   /etc/profile
>   2)   ~/.profile
- Autre shell : aucun fichier de démarrage

Pour un shell invoqué avec l'option « -posix », un seul fichier est exécuté :
> $ENV

Les fichiers

/bin/bash   L'exécutable
/etc/profile
/etc/bashrc
~/.bash_profile
~/.bash_login
~/.profile
~/.bashrc
$BASH_ENV
$ENV   Fichiers de démarrage (*cf. Les fichiers de démarrage*).
~/.bash   Fichier de clôture.
~/.bash_logout Script exécuté automatiquement à la déconnexion.
$INPUTRC

~/.inputrc   Fichiers contenant la définition des touches d'édition de commande du mode emacs.

~/.bash_history

Fichier historique des commandes. C'est la valeur par défaut de la variable HISTFILE. Si cette variable est détruite, le shell ne sauvegarde pas l'historique des commandes quand il se termine.

ANNEXE E : C shell

Historique

Le C shell a été créé par Bill Joy pour le système UNIX BSD. Il doit son nom à la parenté de sa syntaxe avec celle du langage C, au moins pour les instructions de contrôle. Il a eu son heure de gloire, principalement sur les machines fonctionnant sous SunOs. A la différence de son homologue shell Bourne, il offre aux utilisateurs un historique des commandes et la création d'alias. Son emploi a commencé à diminuer avec l'apparition du Korn shell qui a procuré les mêmes avantages aux utilisateurs tout en conservant une compatibilité avec le shell Bourne, shell d'administration.

Le manque de normalisation est un inconvénient car c'est un obstacle à la portabilité. On note des différences de comportement selon les implémentations.

Fonction

csh – Appelle le C shell

Syntaxe

csh [-bcefinstvVxX] [argument...]
-b   Les arguments suivants ne sont pas interprétés comme des options.
-c   L'argument qui suit est la commande à exécuter. Les arguments restants sont les arguments de la commande.
-e   Le shell se termine si une commande échoue (code retour différent de zéro).
-f   Les fichiers de démarrage ne sont pas exécutés.
-i   Force l'exécution d'un shell interactif, même si l'entrée standard n'est pas de type terminal.
-n   Les commandes sont interprétées mais ne sont pas exécutées.
-v   Le mode bavard est actif.
-V   identique
-x   Le mode trace est actif.
-X   Identique

Les scripts spécifiques

Les scripts exécutés au démarrage.
/etc/.login   Le script exécuté à la connexion, commun à tous les utilisateurs.
~/.cshrc   Le script exécuté à chaque démarrage d'un C shell.
~/.login   Le script exécuté à la connexion de l'utilisateur.

Le script exécuté à la déconnexion.
~/.logout   Le script exécuté à la déconnexion grâce à la commande **logout**.

La frappe incomplète des noms de fichiers

Le shell sait générer le reste d'un nom de fichier, dès lors que l'on a saisi le début du nom. On utilise souvent le néologisme « complétion » pour désigner cette opération. Il faut que la variable filec soit positionnée. Pour que le shell génère le reste du nom, l'utilisateur appuie sur la touche « Echap ». Si le shell peut compléter le nom, il le fait, sinon il active la sonnette, sauf si la variable nobeep est positionnée. En cours de frappe, il est possible de demander au shell d'afficher tous les noms de fichiers qui commencent par la chaîne déjà saisie en faisant « ^D ».

```
%  ls –l   /etc/pa^D
pam.conf   passwd path_to_inst
%  ls -l   /etc/pa<ESC>
```

L'historique des commandes

Paramétrer le nombre de commandes mémorisées
```
%   set   history=20
```
Rappeler la dernière commande
```
%   !!
```
Rappeler la commande commençant par « wh »
```
%   !wh
```
Afficher l'historique
```
%   history
```
Rappeler la commande n°17
```
%   !17
```
Remplacer une chaîne dans la dernière commande
```
%   cp   essai.c   exercice.c
%   ^exercice^exo
cp   essai.c   exo.c
```
Construire une commande à partir d'arguments de diverses commandes de l'historique.
```
%   !27:0   !20:5
%   !27:1-2   essai.c
```
Rechercher une commande qui contient une chaîne.
```
%   !?essai?
```
Rappeler un argument avec une substitution de chaîne.
```
%   écho   !27:s/essai/exo/
```
Mettre le numéro de la commande dans le prompt.
```
%   set   promt="<\!>"
<28>
```

Les alias

De même qu'en Korn shell, les alias permettent de définir des synonymes pour des commandes et d'automatiser des options. Les alias du C shell sont plus puissants que ceux du Korn shell car ils supportent des arguments.

Créer des alias
```
alias nom_alias  définition
```
remplacement des arguments
```
\!*   tous les arguments
\!:3  le 3ème argument
\!^   le premier argument
\!$   le dernier argument
```
Exemples de création d'alias
```
%   alias   dir   ls -l
%   alias   rm   rm -i
%   alias   imp   pr   \!*  | lp
%   alias   cd   'cd  \!^ ; set prompt="`pwd`>"'
```

Lister les alias existants
```
%   alias
```

Supprimer un alias
```
%   unalias   dir
```

Les variables

Les noms de variables du C shell ont une longueur limitée à au plus vingt caractères. Ils peuvent comporter des lettres minuscules ou majuscules, des chiffres et le caractère « _ ». Le premier caractère doit être une lettre ou « _ ». Par convention les noms des variables sont en minuscule, sauf les variables d'environnement.

La commande **set** permet d'affecter des variables :

% set variable[=expression]

Quand elle est appelée sans argument, la commande **set** affiche toutes les variables du shell.

Quand la variable est créée sans qu'il lui soit affecté de valeur, C shell crée une valeur qui pourra être utilisée comme variable booléenne, la valeur vraie est associée au fait qu'elle existe.

La commande **unset** supprime une variable.

Exemples

%set

…

path   (/usr/bin .)

…

% set v=bonjour

%echo $v

%unset v

% echo $v

v : Variable indéfinie

Les variables prédéfinies

Les variables prédéfinies sont :

argv	La variable argv est une variable de type tableau. Elle désigne les arguments d'un script. Elle est équivalente à « $* ».
cdpath	La variable cdpath contient la liste des répertoires à explorer quand on exécute la commande **cd** avec un chemin relatif.
cwd	La variable cwd contient le nom du répertoire courant « . ».
echo	Quand la variable echo est positionnée, le C shell affiche la ligne de commandes après avoir réalisé tous les remplacements. Cela active le mode trace.
fignore	La variable fignore contient une liste de suffixes de noms de fichiers à ignorer quand C shell génère des noms de fichiers en « complétion ».
filec	La variable filec est booléenne. Quand elle existe, cela active la « complétion ».
histchars	La variable histchars contient deux caractères. Le premier remplace « ! » et le second « ^ » dans les substitutions de l'historique.
history	La variable history définit la taille de l'historique.
home	La variable home contient le nom du répertoire de connexion de l'utilisateur. Elle a le symbole « ~ » comme équivalent.
ignoreeof	La variable booléenne ignoreeof empêche, quand elle est positionnée, l'utilisateur de se déconnecter en faisant « CTRL-D ».
mail	La variable mail contient les boîtes aux lettres de l'utilisateur.
nobeep	La variable nobeep supprime la sonnerie pendant la complétion, quand on demande au shell de générer un nom de fichier ambigu.
noclobber	La variable noclobber empêche l'écrasement de fichier (*cf. redirection*).
nonomatch	La variable nonomatch indique au shell de remplacer le modèle de nom de fichier s'il est incorrect (le comportement des autres shells), plutôt que de générer une erreur. % echo zz* Aucune concordance

	% set nonomatch
	% echo zz*
	zz*
notify	Quand la variable notify est positionnée, le shell avertit immédiatement un utilisateur qu'un job est terminé, sans attendre, pour le faire, l'affichage du prochain prompt.
path	La variable path contient la liste des répertoires de recherche des commandes par le C shell.
prompt	La variable prompt contient le prompt du shell, le symbole « % » par défaut. Pour que le prompt affiche la valeur de « . », il faut définir un alias **cd** : alias cd 'cd \!^ ; set prompt="$cwd>"'
savehist	Le nombre de lignes de l'historique qui doivent être sauvées dans le fichier *~/.history* quand l'utilisateur se déconnecte.
shell	La variable shell contient le chemin d'accès au C shell.
status	La variable status contient le code retour de la dernière commande exécutée.
time	La variable time permet de demander l'affichage de statistiques sur l'utilisation de ressources (cpu, mémoire…) par une commande.
verbose	Quand la variable verbose est positionnée, le C shell affiche les commandes générées après des substitutions dans l'historique.

Les variables d'environnement

La commande **setenv** permet de placer une variable dans l'environnement. Sa syntaxe est la suivante :

% setenv   [variable   [valeur]]

Sans argument la commande **setenv** affiche les variables d'environnement. Si la commande ne comporte que le nom de la variable, elle crée une variable contenant une chaîne vide. Si la commande comporte une valeur, la variable est initialisée avec cette valeur.

La commande **unsetenv** supprime la variable de l'environnement.

Exemples
% setenv v
% setenv
…
v=
% setenv w bonjour
% setenv
…
w=bonjour
% unsetenv w

Remarque

Dans certaines implémentations de C shell, il est possible d'avoir une variable locale (créée avec la commande **set**) et une variable d'environnement (créée avec **unset**) de même nom. Chacune a son existence propre. En cas de remplacement, c'est la variable locale qui prime.

Les remplacements de variables

$nom	La valeur de la variable.
${nom}	La valeur de la variable.

Saisie de données depuis l'entrée standard

Le C shell permet la saisie interactive de la valeur d'une variable. La forme est très différente de l'ordre read des autres shells, puisque c'est une forme de redirection de. l'entrée standard : « $< »

% cat > script

Exemple
scriptx
echo   -n   "votre nom ? "
set   reponse = ($<)
echo   Bonjour Mr $reponse
^D
%

Les tableaux

Le C shell sait, comme le Korn shell, gérer des tableaux. Les variables argv et path du tableau précédent sont des tableaux.

Créer une variable tableau
% set nom=(mot1   mot2 ...)
Le premier élément d'un tableau a un indice de 1.
Comme c'est toujours le cas en shell, la liste de mots peut être produite par un remplacement de variables ou de commandes.

Affecter une valeur à un élément d'un tableau
% set nom[indice]=expr

Remplacer un élément du tableau
$nom[indice]

Remplacer tout le tableau
$nom   ou $nom[*]

Remplacer un domaine
$nom[borne_inférieure-borne_supérieure]

Connaître le nombre d'éléments d'un tableau
$#nom

Décaler les éléments d'un tableau
shift nom
Comme dans les autres shells, la commande **shift** décale les éléments d'un tableau d'une position vers la gauche. Le nombre d'éléments diminue de un, le premier élément est perdu.

Exemples
% set var=(1 2 3 4 5)
% set alphabet=(alpha beta gamma)
% set alphabet[2]=epsilon
% echo $alphabet
alpha epsilon gamma
% echo $alphabet[1-2]
alpha epsilon

```
%   echo  $#alphabet
3
%   shift  alphabet
%   echo  $alphabet
epsilon   gamma
```

Le groupement de commandes

Le C shell ne connaît que le groupement de commandes entre parenthèses.
(commande ; …)

Les tests sur les fichiers

Ces tests sont principalement utilisés dans les expressions de test des instructions if et while présentées dans le paragraphe suivant. Comme pour la commande **test** traditionnelle, une lettre indique la nature du test que l'on applique au fichier. Le tableau qui suit en donne la liste :

-d fichier	vrai si le fichier est un répertoire.
-e fichier	vrai si le fichier existe.
-f fichier	vrai si le fichier est un fichier ordinaire.
-o fichier	vrai si je suis le propriétaire.
-r fichier	vrai si le fichier est accessible en lecture.
-w fichier	vrai si le fichier est accessible en écriture.
-x fichier	vrai si le fichier est accessible en exécution.
-z fichier	vrai si la taille du fichier est nulle.

Les structures de contrôle

Les structures de contrôle changent de forme, même si elles sont au fond identiques à celles des autres shells.

```
L'alternative si
if  ( expr ) then
          liste_cmd1
[ else
          liste_cmd2  ]
endif
```

```
Le choix multiple selon que
switch  (chaîne)
case  expr_case1:
          [ liste_cmd1 ; ] [ breaksw ]
case  expr_case2:
          [ liste_cmd2 ; ] [ breaksw ]
...
[ default:
          liste_cmd ;   breaksw ]
endsw
```

```
La boucle pour chaque
foreach   variable ( liste )
          liste_cmd
end
```

```
La boucle faire n fois
repeat valeur commande
```

```
La boucle tant que
```

```
while  ( expr )
          liste_cmd
end
```

Les instruction de saut
```
break          Pour sortir d'une boucle
continue       Pour passer immédiatement à l'itération suivante
goto  label
```

Exemples
```
%  cat >  scriptx
#  scriptx
if  ( -o  $argv[1]  )  then
          echo   "Le fichier $argv[1) m'appartient"
endif

% cat > scriptx
# scriptx
echo  '(A)rchive les fichiers du répertoire'
echo  '(L)iste le contenu de l'archive'
echo  '(R)estaure l'archive'
set  reponse=$<
switch  ("$reponse")
case  A|a:
          tar  c  *  ; breaksw
case  L|l:
          tar  t  ; breaksw
case  R|r:
          tar  x  ; breaksw
default:
          echo "vous devez saisir A,L ou R" ; breaksw
endsw
^D
% cat > scriptx
# scriptx
foreach  j  ( alpha  beta gamma )
          echo  $j
end
^D

% cat > scriptx
# scriptx
set  alphabet=( alpha  beta  gamma )
while  ( $#alphabet != 0 )
          echo  $alphabet[1]
          shift  alphabet
end
^D

% cat > scriptx
set  alphabet=( alpha  beta  gamma )
boucle:
          echo  $alphabet[1]
          if  ( $#alphabet == 0 ) goto fin
          shift  alphabet
```

```
            goto  boucle
fin:
^D
```

Les commentaires

```
# commentaire
```

Substitution de répertoires

~   Désigne le répertoire de connexion de l'utilisateur connecté.
~pierre   Désigne le répertoire de connexion de pierre.

Les caractères de protection (d'échappement)

\   Annule la signification du caractère suivant.
'...'   Annule tous les caractères.
"..."   Annule tous les caractères, sauf `, \, et $.

Remplacement de noms de fichiers

*   Correspond à une chaîne quelconque, même vide.
?   Correspond à un caractère quelconque.
[[domaine]...] Un des caractères du domaine.
[![domaine]...] Aucun des caractères du domaine.

Substitution de commandes

```
`commande`
```

Les redirections

Le C-Shell permet comme le shell Bourne de rediriger les entrées-sorties grâce aux caractères « < » et « > ». Il connaît aussi le caractère « | » qui permet aux commandes de communiquer par un tube.

Remarque

L'option noclobber permet d'éviter, comme en Korn shell, l'écrasement d'un fichier dans une redirection en sortie. Pour forcer le remplacement, il faut utiliser « > ! » en mode création.

```
% set noclober
% ls > fic
% date > ! fic      # force l'écrasement de fic
```

La redirection des erreurs a une forme différente du shell Bourne. On trouve les possibilités suivantes :

1. Fusion de la sortie et des erreurs standard dans un même fichier.
   ```
   % commande >& fichier
   % commande >>&fichier
   ```
2. Envoi des résultats et des erreurs dans le tube
   ```
   % commande |& commande
   ```
3. Envoi des résultats et des erreurs dans deux fichiers distincts
   ```
   % ( commande > fichier_resultat ) >& fichier_erreur
   ```

Exemples

```
% ls f xxx >& result       # fusion des résultats et des erreurs dans result.
% ls f xxx >>& result      # la même chose en mode ajout.
% ls f xxx |& wc -l        # les erreurs sont envoyées dans le tube.
% (ls f xxx > result ) >& err # les résultats vont dans result, les erreurs dans err
```
pour ne rediriger que les erreurs, on peut utiliser la forme précédente et envoyer les résultats sur */dev/tty*.

% (ls f xxx > /dev/tty) >& err # les résultats sont affichés et les erreurs dans
#vont dans err.

Les variables internes du shell

$0	Nom du script.
$1,…,$9	Paramètres du shell, équivalents de.$arcgv[1]…
$argv[*], $*	Tous les paramètres.
$?nom_variable	Vaut 1 si la variable nom_variable est définie, 0 sinon.
$$	Le PID du shell.
$<	Voir le paragraphe « Saisie de données depuis l'entrée standard ».

Les expressions arithmétiques

Il est possible de créer des variables numériques entières et de leur affecter le résultat des constantes entières ou le résultat d'une expression arithmétique. Il faut, pour cela, utiliser l'opérateur « @ »

% @ variable = expression

Tous les composants de l'expression doivent être séparés par des espaces.

Les variables de l'expression ne doivent pas remplacées.

Les opérateurs de CSH sont ceux du langage C :

Affectation	=, +=, -=, *=, /=, %=, ++, --
Arithmétique	+, -, *, /, %
Binaire	<<, >>, &, ^, |, ~
Logique	!, &&, ||
Comparaison	<, >, <=, >=, ==, !=

Exemples
% @ x = 5
% @ y = 3
% @ z = $x + $y
% echo $z
8
%

Les commandes internes

Le shell possède de nombreuses commandes internes. Nous ne présentons que celles qui n'ont pas encore été étudiées et qui sont utiles en programmation. Beaucoup ont déjà été étudiées dans l'ouvrage.

cd [répertoire]	Changer de répertoire.
dirs [-l]	
echo [-n]	Afficher un texte sur la sortie standard. L'option « -n » supprime le passage à la ligne.
eval	Evaluer une expression.
exec commande	Exécuter une commande sans créer de processus fils.
exit [n]	Mettre fin au script en renvoyant un code erreur.
jobs, fg, bg	Contrôle des travaux (*cf. Module 12 : La gestion des travaux en Korn shell*).
kill	Gérer les signaux.
limit	Fixer des limites pour les processus.
login	Terminer le shell et démarrer une nouvelle session via login(1).

logout	Se déconnecter. Cette commande entraîne l'exécution du script ~/.logout.
nice	Exécuter une tâche à plus faible priorité que la normale.
nohup	Ne pas tuer les tâches d'arrière-plan lors de la déconnexion.
umask	Fixer la valeur du umask.
source un_script	Faire exécuter le script par le shell courant (« . » de shell Bourne).

ANNEXE F : awk – Le processeur de texte

Syntaxe

awk [-Fx] [-v affec] program fichier ...
awk [-Fx] [-v affec] -f prg fichier ...

-Fx   Spécifie le séparateur de champs.
-v affec   Permet d'affecter des variables, variable=valeur.
program   Le programme AWK en argument, généralement quoté.
-f prg   Le programme AWK stocké dans le fichier prg.

Structure d'un programme AWK

[section BEGIN]   # exécuté avant la lecture du fichier de données
[section principale]   # exécuté pour chaque ligne du fichier
[section END]   # exécuté après la lecture du fichier

Remarque : les commentaires sont précédés du caractère « # ».

Structure de la section BEGIN :
BEGIN action
action ::= {   énoncé ... }

Les énoncés sont des ordres AWK séparés par des « ; » ou des sauts de ligne.

Structure de la section END :
END action

Structure de la section principale :
clause ...
clause ::= [critère] [action]

Les expressions régulières

.   Un caractère quelconque.
^   Le début de la ligne.
$ La fin de la ligne.
\x   Le caractère x, x étant un caractère spécial qui perd ainsi sa
               signification.
[liste]   Un caractère de la liste, ex : [abc].
[!liste]   Un caractère qui n'est pas dans la liste.
[x-y]   Un caractère appartenant au domaine précisé.
exp1|exp2   Correspond à l'une ou l'autre des expressions régulières.
exp ?   Zéro ou une occurrence de exp.
exp*   Zéro ou plusieurs occurrences de exp.
exp+   Au moins une occurrence de exp.

Les caractères spéciaux

\b   Le retour arrière.
\f   Un saut de page.
\n   Un saut de ligne.
\r   Un retour chariot.
\t   Une tabulation.
\0xxx   Un caractère ASCII exprimé en octal.

Les critères

Les critères sont utilisés par AWK pour sélectionner les lignes d'entrée qui déclenchent l'action qui suit.

/exp/	Contient l'expression régulière exp. Ex : /sh/ { print $1 }
ch ~ exp	La chaîne ch contient l'expression régulière exp. Ex : $2 ~ /^$/ { print $1 }
ch !~ exp	La chaîne ch ne contient pas l'expression régulière exp. Ex : $2 !~ /^$/ { print $1 }
v1 == v2	La valeur v1 est égale à v2. Ex : $2 == "" { print $1 }
v1 != v2	La valeur v1 est différente de v2. Ex : $2 != "oui" { print $1 }
v1 < v2	La valeur v1 est inférieure à v2, numériquement ou lexicographiquement parlant. Ex : $5 < "50" { print $1 }
v1 <= v2	La valeur v1 est inférieure ou égale à v2. Ex : $5 <= "M" { print $1 }
v1 > v2	La valeur v1 est supérieure à v2. Ex : $5 > "50" { print $1 }
v1 >= v2	La valeur v1 est supérieure ou égale à v2. Ex : $5 >= "M" { print $1 }
c1 && c2	Le critère c1 et le critère c2. Ex : $2 ~ /^$/ && $7 ~ /sh/ { print $1 }
c1 || c2	Le critère c1 ou le critère c2. Ex : $5 == "50" || $5 == "100" { print $1 }
(critère)	Groupement de critères. Ex : ($5 == "50" || $5 == "100") && $7 ~ /sh/ { print $1 }
! critère	La négation d'un critère. Ex : !($2 == "") { print $1 }
/exp1/,/exp2/	Un domaine de lignes. Ex : /^root/,/^bin/ { print $1 }

Les variables

$0	L'enregistrement (ligne) courant.
$1, $2, ...	Les champs de l'enregistrement courant.
ARGC	Le nombre d'éléments du tableau des arguments de la ligne de commandes.
ARGV	Le tableau des arguments de la ligne de commandes.

CONVFMT	Le format pour convertir des nombres en chaînes par la commande **printf**.
ENVIRON	Tableau associatif contenant l'environnement, le nom d'une variable d'environnement est utilisé comme indice.
FILENAME	Le nom du fichier d'entrée courant.
FNR	Nombre d'enregistrements lus (du fichier courant).
FS	Séparateur de champs en entrée.
NR	Nombre d'enregistrements lus (tous les fichiers confondus).
NF	Nombre de champs de l'enregistrement courant.
OFMT	Le format pour les nombres de la commande **printf** dans les instructions de sortie.
OFS	Le séparateur de champs de la commande **print**, l'espace par défaut.
ORS	Le séparateur d'enregistrements de la commande **print**, le « new line » par défaut.
RLENGTH	Longueur de la chaîne traitée par la fonction match.
RS	Séparateur d'enregistrements en entrée.
RSTART	Le point de départ de la chaîne trouvée par la fonction match.
SUBSEP	Séparateur d'indices d'un élément de tableaux.

Les expressions

Les opérateurs mathématiques
Les opérateurs unaires - (moins) et + (plus).
Les opérateurs binaires :
+, -, /, ^, *, %
Remarques : ^ correspond à l'exponentiation et % au modulo.

Les opérateurs de pré ou post-incrémentation
++Variable ou --Variable
Variable++ ou Variable--

Les opérateurs d'affectation
=, +=, -=, /=, *=, ^=, %=

La concaténation de chaîne
Il suffit d'indiquer les chaînes les unes derrière les autres, ex : $3 = $1$2.

Les opérateurs de comparaison
<, <=, ==, !=, >=, >

Les opérateurs booléens
&&, ||, !

Les tableaux

Un élément d'un tableau
    tb[i]
Un élément d'un tableau à deux dimensions
    tab[i,j]
Un élément d'un tableau associatif
    table["pierre"]
Supprimer un élément de tableau
    delete tb[i]
Tester l'existence d'un élément de tableau (*indice in tableau*)
    "pierre" in table

Les fonctions définies par l'utilisateur

function *nom(arg1,arg2,...)* { *énoncé … }*

Les instructions

if (condition) énoncé [else énoncé]
while (condition) énoncé
do énoncé while (condition)
for (exp ; condition ; exp) énoncé
for (variable in tableau) énoncé
delete tableau[domaine]
print [liste_d_expression] [> exp]
printf format [, liste_d_expression]
break
continue
next
exit [expression]
return [expression]
expression

Les fonctions prédéfinies

atan2(y,x)	La tangente de y/x.
cos(x)	Le cosinus de x, x étant exprimé en radian.
sin(x)	Le sinus de x, x étant exprimé en radian.
exp(x)	La fonction exponentielle de x.
log(x)	Le logarithme de x.
sqrt(x)	La racine carrée de x .
int(x)	Renvoie la partie entière de x.
rand( )	Renvoie un nombre aléatoire n, avec $0 <= n < 1$.
srand([exp])	Utilise exp pour initialiser la génération des nombres aléatoires, par défaut utilise l'heure.
gsub(exp,ch,[In])	Identique à la fonction sub, mais toutes les occurrences de l'expression régulière exp sont remplacées.
sub(exp,ch,[In])	Remplace la première occurrence de l'expression régulière exp, par la chaîne ch dans la chaîne In. Si In n'est pas précisé, on utilise $0.
length(x)	Renvoie la longueur de la chaîne x.
index(x,y)	Renvoie la position de la chaîne x dans la chaîne y, sinon renvoie 0.
match(ch1,ch2)	Recherche la chaîne ch1 dans la chaîne ch2, renvoie la position de départ ou 0 si la chaîne n'a pas été trouvée.
substr(x,i,l)	Renvoie la sous-chaîne de x, qui commence au ième caractère et de longueur l.
split(x,tb)	Met chaque champ de x dans un élément du tableau tb.
sprintf(f,exp,...)	Renvoie les expressions exp données en argument en utilisant le format f.
tolower(ch)	Renvoie la chaîne ch convertie en minuscules.
toupper(ch)	Renvoie la chaîne ch convertie en majuscules.
system(cmd)	Exécute la commande **cmd** et renvoie son code retour.
close(exp)	Ferme un fichier ouvert par une instruction **print**, **printf** ou **getline**.
exp|getline [var]	Lit un enregistrement dans la variable var à partir d'un tube créé par une commande, par défaut var correspond à $0.
getline	Lit le prochain enregistrement dans la variable $0.
getline var	Idem, mais dans la variable var.
getline [var]<exp	Idem, mais lit l'enregistrement à partir du fichier indiqué par exp.

ANNEXE G : sed – Editeur en mode flot

Syntaxe

sed [-n] script [fichier ...]
sed [-n] [-e script] ... [-f prg] ... [fichier ...]

-n   Supprime la sortie par défaut : normalement chaque ligne non modifiée
            est recopiée sur la sortie standard.
script   Une instruction sed.
-e script   Une instruction sed.
-f prg   Le fichier prg contient une suite d'instructions sed.

Syntaxe d'une commande sed

[adresse[,adresse]]commande[argument ...]
[adresse[,adresse]]{
    commande ...
}

Les adresses correspondent à des lignes du texte, elles peuvent s'exprimer selon les
expressions suivantes :
num   Le numéro num de la ligne.
$ La dernière ligne.
/exp/   La première ligne qui satisfait l'expression régulière exp. Le caractère
        « / » peut être remplacé par un caractère quelconque.
Si aucune adresse n'est précisée, la commande agit sur chaque ligne du texte.
Dans la description des commandes, la syntaxe
[2] signifie que la commande peut être précédée d'un domaine d'adresse :
adresse,adresse.
[1] signifie que la commande ne peut être précédée que d'une seule adresse.

Le caractère « # » débute un commentaire qui se termine par la fin de ligne.

Les tampons

La commande **sed** dispose de deux tampons permettant de stocker les lignes en cours
de modification : l'espace des modèles (« *pattern space* »), où les lignes sélectionnées
sont maintenues pendant la durée du traitement et l'espace annexe (« *hold space* »), où
une ligne peut être stockée temporairement.

Les commandes

[1]a\
    text   Ajoute le texte text, et le place sur la sortie avant la lecture de la
                prochaine ligne. « text » correspond à une seule ligne de texte qui peut
                contenir des sauts de ligne précédés d'un backslash (« \ »).

[2]b [étiq]   On se branche à l'étiquette etiq ; si l'on ne précise pas d'étiquette, on se
                branche à la fin du programme.

[2]c\
    text   Substitue le texte courant par text.

[2]d   Détruit la ligne.

[2]D   Détruit la première ligne du domaine sélectionné.

[2]g   Remplace le contenu de l'espace des modèles par le contenu de l'espace annexe.

[2]G   Ajoute le contenu de l'espace annexe à celui des modèles.

[2]h   Remplace le contenu de l'espace annexe par celui des modèles.

[2]H   Ajoute le contenu de l'espace annexe à celui des modèles.

[1]i\
 text   Insère le texte text avant la prochaine sortie.

[2]l   Imprime la ligne, en visualisant tous les caractères.

[2]n   Imprime la ligne.

[2]N   Ajoute les lignes sélectionnées à l'espace des modèles en les séparant d'un saut de ligne. On peut utiliser cette commande pour rechercher des modèles s'étendant sur plusieurs lignes.

[2]p   Imprime la ligne.

[2]P   Imprime la première ligne du texte sélectionné.

[1]q   Quitte sed.

[1]r fichier Lit le fichier, et copie son contenu sur la sortie.

[2]s/exp_reg/ch_sub/[drapeaux]
   La commande substitue la chaîne correspondant à l'expression régulière exp_reg par la chaîne ch_sub.
   Le séparateur « / » peut être remplacé par un séparateur quelconque.
   Dans la chaîne ch_sub, le caractère « & » correspond à la chaîne trouvée.
   Dans la chaîne ch_sub, l'expression « \n » correspond à la nième sous-expression \(...\) de l'expression régulière exp_reg.
   Les drapeaux suivants sont supportés :
   n Le remplacement porte seulement sur la nième occurrence.
   g Remplace toutes les occurrences de la ligne.
   p Toutes les occurrences sont affichées.
   w fic Ecrit dans le fichier fic les lignes substituées.

[2]t [etiq] Saut à l'étiquette etiq si une substitution a été faite dans la ligne courante.

[2]w fic Ecrit la ligne dans le fichier fic.

[2]x   Permute l'espace des modèles et l'espace annexe.

y/ch1/ch2/ Remplace chaque caractère de ch1 par le caractère correspondant de ch2.

[1]=   Affiche le numéro de la ligne courante.

[2]!cmd Exécute cmd si la ligne n'est pas sélectionnée.

:etiq   Définit une étiquette.

ANNEXE H : Solutions des exercices

Remarque

Le texte des commentaires et des invites des corrigés des exercices ne comporte pas de caractères accentués. C'est volontaire pour ne pas être dépendant d'une installation particulière.

Atelier 1 : Introduction

Exercice n°1

Les noms des principaux shells d'un système UNIX sont : sh pour les shells Bourne et POSIX, csh pour le C-shell et ksh pour le Korn shell.

Exercice n°2

Les prompts standard sont :
$ Pour les shells Bourne, Korn et POSIX.
%   Pour le C-shell.
#   Pour un shell d'administration (login root).

Exercice n°3

Les shells qui exécutent le script .profile lors de la connexion d'un utilisateur sont :
le shell Bourne, le Korn shell et le shell POSIX (y compris dans leur version restreinte rsh et rksh).

Exercice n°4

Oui, il suffit qu'il lance l'exécution de la commande correspondante (sh, ksh, ...) depuis son fichier de démarrage, le fichier .profile (si son shell de connexion est un shell Bourne, Korn ou POSIX) ou le fichier .login (si son shell de connexion est un C-shell).

Exercice n°5

Oui, car un script n'est pas un programme binaire, mais un fichier ASCII, qui est interprété par un shell, qui lui ne dépend pas des plates-formes matérielles.

Exercice n°6

Le shell POSIX est normalisé par :
L'IEEE sous la référence IEEE 1003.2.
L'ISO sous la référence ISO 9945-2.

Exercice n°7

La commande **exit** est une commande interne du shell. C'est essentiellement la commande **type** qui peut nous renseigner sur la nature d'une commande. La commande **whence** ou **whereis**, permet de savoir dans quel répertoire se trouve un fichier exécutable.

```
$ whence cal
/usr/bin/cal
$ whence cd
cd
$ type cd
cd is a shell builtin
$ export LC_MESSAGES=fr
$ type cd
cd est incorporé dans le shell
$
```

Exercice n°8

Certains systèmes Unix, comme SOLARIS, ont la bonne idée de documenter les commandes internes dans des pages de manuel séparées. La documentation de la commande **cd** est alors obtenue en exécutant :

    $ man cd

Dans les autres systèmes, il faut consulter la documentation du shell (sh, ksh, bash, csh, ...) où l'on peut rechercher une chaîne grâce à l'expression « /exp » où exp représente l'expression recherchée. Si l'on désire rechercher la commande **cd**, il faut saisir « /cd ». La touche « n » permet de passer à la prochaine occurrence de la chaîne. La touche « N » permet de revenir en arrière.

    $ man ksh
    /cd
    n
    n

Exercice n°9

Le manuel est la source idéale pour rechercher les shells présents sur votre système. Ils sont décrits dans la section 1 de la documentation.

$ man -k shell

$ man -k shell | grep '(1)'

Sur un système Solaris, il y a une difficulté. Les commandes internes sont documentées dans des pages de manuels. Il faut en tenir compte :

$ man -k shell |grep -v 'built-in' | grep '^[a-z]*sh[^a-z]'

Il est fréquent que les shells soient indiqués également dans le fichier */etc/shells*.

On peut également exécuter la commande :

$ ls /usr/bin/*sh*

Atelier 2 : Le rappel de commandes

Exercice n°1
Exécutez la commande **history**, pour connaître les numéros des seize dernières commandes puis utilisez la commande : **<ESC>numéroG**. L'exemple suivant montre comment relancer la commande numéro 321.
$ <ESC>321G

Exercice n°2
Frappez la séquence suivante :
$ <ESC>/hi
L'écran affiche alors la commande correspondante (normalement la commande **history** de l'exercice numéro 1), pressez alors la touche <Entrée> pour l'exécuter.

Exercice n°3
$ ls
Il suffit de passer en mode édition de commande en tapant <ESC>, suivi de «k» pour remonter d'une commande et de taper «A» (majuscule !) pour ajouter du texte en fin de ligne :
$ <ESC>kA -bap

Exercice n°4
Tapez <ESC> suivi de «k» pour afficher la dernière commande, puis utilisez la touche «l» pour vous positionner sur le caractère «b» enfin tapez «C» (majuscule) puis «li» et

terminez par la touche <Entrée>.
$ <ESC>kllllCli

Exercice n°5
$ fc -e - pierre=paul
ou plus simplement :
$ r pierre=paul

Atelier 3 : L'utilisation du shell en interactif

Exercice n°1
$ ls /usr/bin/[ast]?[a-f]*

Exercice n°2
$ echo Les caractères \" et \' sont des délimiteurs de chaînes de caractères.
$ echo "Les caractères \" et ' sont des délimiteurs de chaînes de caractères".
$ echo 'Les caractères " et \' sont des délimiteurs de chaînes de caractères'.

Exercice n°3
$ echo " Le calendrier de mon année de naissance" > mon_an.naiss

Exercice n°4
Par exemple si vous êtes né en 1975, tapez la commande suivante :
$ cal 1975 >> mon_an.naiss

Exercice n°5
Remplacez pierre par votre nom de login et tapez :
$ mail pierre < mon_an.naiss

Exercice n°6
Le tube est une alternative à la redirection de la sortie standard :
$ cat mon_an.naiss | mail pierre

Exercice n°7

$ ls -l XXX /etc/ 2>&1 | more

Exercice n°8

$ find /etc -name 'p*'

Remarque
L'expression « p* » est correcte, mais elle doit être transmise à la commande **find** sans avoir été préalablement interprétée par le shell. Il faut donc la quotter.

Exercice n°9
Remplacez pierre par votre nom de login dans la commande :
$ find /home -user pierre -print 2> /dev/null

Atelier 4 : Les scripts

Exercice n°1
Rien, car la ligne de commandes commence par le caractère #, et sera donc entièrement prise comme un commentaire par le shell.

Exercice n°2
$ echo "Bonne\nAnnée"

Exercice n°3
$ cat > ~/script1
#!/bin/sh
date   # affiche la date du jour
who   # affiche la liste des utilisateurs connectés

```
^D
$ chmod u+x script1
```

Exercice n°4
```
$ sh script1
$ sh < script1
$ ./script1        # si le répertoire courant n'est pas défini par «PATH»
$ script1          # si le répertoire courant est défini par «PATH»
$ . ./script1      # variante où le script est exécuté par le shell courant
```

Exercice n°5
```
$ sh –x script1
```

Exercice n°6

```
$ cat info
#!/bin/sh
# info
uname -a
pwd
date
id
who am i
ps
$ chmod +x info
```

a) Exécution de la commande :
```
$ ./info
SunOS ponita 5.7 Generic_106542-08 i86pc i386 i86pc
/export/home/jf/corshell
jeudi, 30 mai 2002, 10:49:56 WET DST
uid=100(jf) gid=1(other)
jf       pts/0      mai 30 08:29   (pikachu.pokemon)
   PID TTY      TIME CMD
  7016 pts/0   0:00 info
  6723 pts/0   0:01 ksh
```

b) Exécution en mode trace :
```
$ sh -x info
+ uname -a
SunOS ponita 5.7 Generic_106542-08 i86pc i386 i86pc
+ pwd
/export/home/jf/corshell
+ date
jeudi, 30 mai 2002, 10:51:13 WET DST
+ id
uid=100(jf) gid=1(other)
+ who am i
jf       pts/0      mai  30 08:29   (pikachu.pokemon)
+ ps
   PID TTY      TIME CMD
  7022 pts/0   0:00 sh
  6723 pts/0   0:01 ksh
$
```

c) Exécution via la commande interne (« . »)
```
$ . info
```

```
SunOS ponita 5.7 Generic_106542-08 i86pc i386 i86pc
/export/home/jf/corshell
jeudi, 30 mai 2002, 10:52:02 WET DST
uid=100(jf) gid=1(other)
jf      pts/0    mai 30 08:29  (pikachu.pokemon)
  PID TTY     TIME CMD
 6723 pts/0   0:01 ksh
$
```

Remarque

On constate que c'est le shell courant (le shell de connexion) qui exécute le script.

d) Exécution du script via différents shells :
```
$ sh  info
$ ksh info
$ csh info
$
```

Remarques

Le script info ne contient pas de particularités associées à un type de shell, en conséquences, le script s'exécute correctement. La seule chose que l'on constate, c'est au niveau du résultat de la commande ps : c'est un shell à chaque fois différent qui exécute le script.

Atelier 5 : Les variables

Exercice n°1
```
$ cp  $HOME/.profile $HOME/.profile.old
```
```
$ echo  "set  -o"  >>  $HOME/.profile
```

Remarque : le shell Bourne ne supporte pas la commande « set -o ».

Exercice n°2
Une variable d'environnement apparaît dans le résultat de la commande env. Il suffit de l'extraire avec la commande grep.
```
    $ env |  grep PS1
```

Exercice n°3
```
$ export USER=pierre        # création de la variable d'environnement USER
$ cat > proc1.user
# ce script affiche les processus d'un utilisateur,
# dont le nom est dans une variable d'environnement (la variable USER)
ps -u $USER
^D
```

Exercice n°4
```
$ cat > heure.zone
# ce script affiche l'heure par rapport au fuseau horaire défini dans le système
export TZ=GMT0    # L'heure universelle
echo "L'heure universelle (Greenwitch) : $(date +%T)"
^D
$ chmod u+x heure.zone
$ heure.zone
$ echo "L'heure locale : $(date +%T)"
```

Exercice n°5
```
$ cat > cree_fich
# ce script génère des noms de fichiers en rajoutant à la racine fichier
# le PID (Numéro de process du shell) qui exécute le script (variable $)
Nom_fich=fichier$$
```

```
echo $Nom_fich
^D
```

Exercice n°6

```
$ cat cree_rep
# cree_rep

printf "Saisisssez le nom du répertoire : "
read nom
mkdir $nom

$ sh cree_rep
Saisissez le nom du répertoire : srep
$ ls -ld srep
drwxr-xr-x   2 jf      other       512 mai  30 11:34 srep
$
```

Exercice n°7

```
$ cat calendrier
# calendrier

printf "Mois (1 à 12 ): ? "
read mois

printf "Année (1 à 2038): ? "
read annee

cal $mois $annee

$ sh calendrier
Mois (1 à 12 ): ? 4
Année (1 à 2038): ? 2002
   avril 2002
 S  M Tu  W Th  F  S
    1  2  3  4  5  6
 7  8  9 10 11 12 13
14 15 16 17 18 19 20
21 22 23 24 25 26 27
28 29 30

$
```

Exercice n°8

```
$ cat info_user
#!/bin/sh
# info_user

user=$1

id $user
finger $user
who | grep $user
grep $user /etc/passwd

$ chmod +x info_user
$ ./info_user jf
```

```
uid=100(jf) gid=1(other)
Login name: jf
Directory: /export/home/jf          Shell: /bin/sh
On since May 30 08:29:29 on pts/0 from pikachu.pokemon
13 seconds Idle Time
Mail last read Wed Oct 31 17:02:12 2001
No Plan.
jf       pts/0     mai  30 08:29 (pikachu.pokemon)
jf:x:100:1::/export/home/jf:/bin/sh
$
```

Exercice n°9
```
$ cat > trouve.fich
# ce script allège la syntaxe de la commande find
find "$2" -name "$1" -print 2>/dev/null
^D
```

Exercice n°10
```
$ cat > script.date
# ce script extrait le jour, le mois et l'année d'une chaîne contenant une date
IFS=/        # Définit le caractère «/» comme séparateur d'arguments
echo "Entrez une date au format jj/mm/aa : \c"
read jj mm aa
echo "jj = $jj mm = $mm aa = $aa"
^D
```

Exercice n°11
Il suffit lors de l'appel du script d'encadrer le texte par les caractères «"» ou «'»
```
$ cat > script.1param
echo $1
^D
$ chmod u+x script.1param
$ script.1param "Ce texte est interprété comme un seul argument"
Ce texte est interprété comme un seul argument
```

Exercice n°12
```
$ chmod +x qui*
$ cat qui_suis_je
#!/bin/sh
# qui_suis_je

set `who am i`

echo "Nom    : $1"
echo "Terminal: $2"
echo "Heure c.: $3 $4 $5"
echo "Hote    : $6"

$ ./qui_suis_je
Nom    : jf
Terminal: pts/0
Heure c.: mai 30 08:29
Hote    : (pikachu.pokemon)
$
$ cat qui_suis_je_bis
#!/usr/bin/ksh
# qui_suis_je
```

```
set -A wh   $(who am i)

printf "Nom     : %s\n" ${wh[0]}
printf "Terminal: %s\n" ${wh[1]}
printf "Heure c.: %s %s %s\n" ${wh[2]} ${wh[3]} ${wh[4]}
printf "Hote    : %s\n" ${wh[5]}

$ ./qui_suis_je_bis
Nom     : jf
Terminal: pts/0
Heure c.: mai 30 08:29
Hote    : (pikachu.pokemon)
$
```

Atelier 6 : Les instructions de contrôle

<u>Exercice n°1</u>

```
$ cat cree_rep
# cree_rep

printf "Entrer le nom du répertoire : "
read nom

if mkdir $nom 2> /dev/null
then
     echo "OK: la commande a aboutie"
else
     echo "ERREUR: la commande a echouee" 1>&2
fi

$ sh cree_rep
Saisissez le nom du répertoire : repert
OK: la commande a aboutie
$ sh cree_rep
Saisissez le nom du répertoire : repert
ERREUR: la commande a echouee
$
```

<u>Exercice n°2</u>

```
$ cat calendrier
# calendrier

printf "Mois (1 à 12 ): ? "
read mois
if test -z "$mois" ;then
     mois=`date '+%m'`
fi

printf "Année (1 à 2038): ? "
read annee
if test "$annee" ;then :; else
     annee=`date '+%Y'`
fi
```

```
cal $mois $annee

$ chmod +x calendrier
$ ./calendrier
Mois (1 à 12 ): ?
Année (1 à 2038): ?
  mai 2002
 S  M Tu  W Th  F  S
       1  2  3  4
 5  6  7  8  9 10 11
12 13 14 15 16 17 18
19 20 21 22 23 24 25
26 27 28 29 30 31

$
```

Exercice n°3
```
cat > script.v1
# ce script boucle jusqu'à ce que l'on réponde non ou NON
while :
do
     echo "Entrez un nom de fichier : \c"
     read nom_fich
     if [ -e "$nom_fich" ]
       then
         file "$nom_fich"
       else
         echo "Fichier $nom_fich inexistant"
     fi
     echo "Voulez-vous continuer (oui/non) : \c"
     read reponse
     if [ "$reponse" = non -o "$reponse" = NON ]
       then break
     fi
done
^D
```

Exercice n°4
```
cat > script.v2
# ce script boucle jusqu'à ce que l'on réponde non ou NON
while :
do
     echo "Entrez un nom de fichier : \c"
     read nom_fich
     if [ ! -r "$nom_fich" -o -d "$nom_fich" ]
     then
         continue
     fi
     file "$nom_fich"
     echo "Voulez-vous continuer (oui/non) : \c"
     if [ "$reponse" = non -o "$reponse" = NON ]
             then break
     fi
done
^D
```

```
Exercice n°5
$ cat > script.verif
# ce script vérifie qu'il y a exactement un paramètre
if [ $# -ne 1 ]
then
     echo "Syntaxe d'appel : $0 nom_utilisateur"
     exit 2
fi
ps -fu $1
^D

Exercice n°6
$ cat > script.shells
echo "Entrez le nom de commande d'un shell UNIX : \c"
read le_shell
case "$le_shell" in
     sh              ) echo "C'est  un shell Bourne ou POSIX" ;;
     csh             ) echo "C'est un C_shell " ;;
     ksh             ) echo "C'est un Korn shell" ;;
     *               ) echo "Réponse incorrecte " ;;
esac
^D

Exercice n°7

$ more calendrier
# calendrier

printf "Mois (1 à 12 ou nom du mois): ? "
read mois
if test -z "$mois" ;then
     mois=`date '+%m'`
else
     case "$mois" in
     1-9|10|11|12) ;;
     jan*)  mois=1 ;;
     fev*)  mois=2 ;;
     mar*)   mois=3 ;;
     avr*)  mois=4 ;;
     mai)   mois=5 ;;
     juin)  mois=6 ;;
     juil*) mois=7 ;;
     aou*)   mois=8 ;;
     sep*)   mois=9 ;;
     oct*)  mois=10;;
     nov*)  mois=11;;
     dec*)  mois=12;;
     esac
fi

printf "Année (1 à 2038): ? "
read annee
if test "$annee" ;then ;; else
     annee=`date '+%Y'`
fi

cal $mois $annee
```

```
$ ./calendrier
Mois (1 à 12 ou nom du mois): ? mars
Année (1 à 2038): ?
  mars 2002
 S  M Tu  W Th  F  S
          1  2
 3  4  5  6  7  8  9
10 11 12 13 14 15 16
17 18 19 20 21 22 23
24 25 26 27 28 29 30
31
$
```

Exercice n°8
```
$ cat > execscript
if [ -n "$1" ]
then
   if [ -x "$1" ]
     then
        "$1"
     else
        sh "$1"
   fi
else
   echo "Pas de script à exécuter"
fi
^D
```

Exercice n°9
```
$ cat > script.usr
for nom
   do
     grep "^$nom" /etc/passwd | cut –d: -f1,6,7
   done
^D
```

Exercice n°10
```
$ cat > script.comm
# Ce script nécessite un nom d'utilisateur
nom="$1"
if [ -z "$nom" ]
then
   while [ -z "$nom" ]
     do
       echo "Entrez un nom d'utilisateur : \c"
       read nom
     done
fi
grep "^$nom" /etc/passwd >/dev/null && mail "$nom"
^D
```

Exercice n°11
```
$ cat > script.dialog
# ce script dialogue avec un utilisateur si ce dernier est connecté
# ou lui envoie un courrier si ce dernier n'est pas connecté
nom="$1"
if [ -z "$nom" ]
```

```
then
while [ -z "$nom" ]
    do
      echo "Entrez un nom d'utilisateur : \c"
      read nom
    done
fi
if who | grep "$nom" >/dev/null
  then
    write "$nom"
else
    mail "$nom"
fi
^D
```

<u>Exercice n°12</u>

```
$ cat visu
#!/bin/sh
# visu

fichier=$1

if test -f "$fichier" ;then
    unset LC_MESSAGES # pour avoir les messages anglais

    if file $fichier | grep 'text$' > /dev/null
    then
        more $fichier
    else
        od -cx $fichier |more
    fi
elif test -d "$fichier" ;then
    ls -C -F "$fichier" |more
else
    echo "???"
fi
$ ./visu save
exo04a.sh*   exo05c.sh*   exo06a.sh   exo06e.sh   exo16j.awk
exo05a.sh    exo05e.sh*   exo06b.sh*  exo16h.awk
exo05b.sh    exo05eb.sh*  exo06c.sh*  exo16i.awk
$ ./visu save/exo04a.sh
0000000  #  !  /  b  i  n  /  s  h \n  #     i  n  f  o
        2123   622f   6e69   732f   0a68   2023   6e69   6f66
0000020 \n \n  u  n  a  m  e     -  a \n  p  w  d \n  d
        0a0a   6e75   6d61   2065   612d   700a   6477   640a
0000040  a  t  e \n  i  d \n  w  h  o     a  m     i \n
        7461   0a65   6469   770a   6f68   6120   206d   0a69
0000060  p  s \n
        7370   000a
0000063
$ file $_
save/exo04a.sh: executable shell script
$
$ chmod -x save/exo04.sh
chmod: WARNING: can't access save/exo04.sh
```

```
$ chmod -x save/exo04a.sh
$ ./visu exo05a.sh
# cree_rep
printf "Entrer le nom du répertoire : "
read nom
mkdir $nom
$
```

Exercice n°13

```
$ cat info_user
# info_user

user=$1
if test -z "$user" ;then
     echo "usage: info_user utilisateur" 1>&2
     exit 1
fi

if id $user > /dev/null 2>&1 ;then
     id $user
     finger $user
     who |grep $user
     grep $user /etc/passwd
     exit 0
else
     echo "L'utilisateur $user n'existe pas" 1>&2
     exit 1
fi

$ sh info_user
usage: info_user utilisateur
$ sh info_user jf
uid=100(jf) gid=1(other)
Login name: jf
Directory: /export/home/jf          Shell: /bin/sh
On since May 30 08:29:29 on pts/0 from pikachu.pokemon
Mail last read Wed Oct 31 17:02:12 2001
No Plan.
jf       pts/0      mai  30 08:29   (pikachu.pokemon)
jf:x:100:1::/export/home/jf:/bin/sh
$
```

Exercice n°14

```
$ more copier
#!/usr/bin/ksh
# copier

if test $# -ne 2 ;then
     echo "ERREUR: nombre d'arguments incorrect" 1>&2
     exit 1
fi

if test ! -r $1 ;then
     echo "ERREUR: la source n'est pas accessible" 1>&2
     exit 2
```

```
    fi

    if test ! -f $1 ;then
        echo "ERREUR: la source n'est pas un fichier" 1>&2
        exit 3
    fi

    if test -e $2 ;then  # <<test -e >> est reconnu en KSH
        echo "ERREUR: la destination existe" 1>&2
        exit 4
    fi

    rep_dst=`dirname $2`
    if test ! -w $rep_dst ;then
        echo "ERREUR: le repertoire destination n'est pas accessible" 1>&2
        exit 5
    fi

    if cp $1 $2 2>/dev/null ;then :; else
        echo "ERREUR: la copie a echouee" 1>&2
        exit 6
    fi

    $ chmod +x copier
    $ ./copier un deux trois
    ERREUR: nombre d'arguments incorrect
    $ ./copier XXX toto
    ERREUR: la source n'est pas accessible
    $ ./copier /dev/null toto
    ERREUR: la source n'est pas un fichier
    $ ./copier /etc/group copier
    ERREUR: la destination existe
    $ ./copier copier /etc
    ERREUR: la destination existe
    $ ./copier copier /etc/group
    ERREUR: la destination existe
    $ ./copier copier /etc/titi
    ERREUR: le repertoire destination n'est pas accessible
    $ ./copier copier toto
    $ ls -l toto
    -rwxr-xr-x   1 jf      other      611 mai  30 14:16 toto
    $
```

Exercice n°15

```
    $ cat detruit
    #!/bin/sh
    # @(#) detruit
    # Remarque: le repertoire $HOME/poubelle doit exister

    for fichier
    do
        if [ -f "$fichier" ];then
            printf "Voulez-vous detruire $fichier ? (o/n) "
            read reponse
            if [ "$reponse" = o ];then
```

```
                mv "$fichier" $HOME/poubelle
          fi
      fi
done

$ mkdir $HOME/poubelle
$ chmod +x detruit
$ touch f1 f2 f3
$ ./detruit f1 f2 f3
Voulez-vous detruire f1 ? (o/n) o
Voulez-vous detruire f2 ? (o/n) n
Voulez-vous detruire f3 ? (o/n) o
$ ls f*
f2
$ ls $HOME/poubelle
f1  f3
$
```

Exercice n°16

```
$ cat detruitbis
#!/bin/sh
# @(#) detruitbis
# Remarque: le repertoire $HOME/poubelle doit exister

while [ "$#" -gt 0 ]
do
      fichier=$1
      if [ -f "$fichier" ];then
            printf "Voulez-vous detruire $fichier ? (o/n) "
            read reponse
            if [ "$reponse" = o ];then
                  mv "$fichier" $HOME/poubelle
            fi
      fi
      shift   # on passe a l'argument suivant
done

$
```

Exercice n°17

```
$ more info_users
#!/bin/sh
# info_users

echo "Informations utilisateurs"
echo
echo "1 - Affiche les comptes utilisateurs"
echo "2 - Affiche les dernieres connexions"
echo "3 - Affiche les utilisateurs connectes"
printf "Rentrer votre choix ? "
read choix

case "$choix" in
1)
      more /etc/passwd
```

```
            ;;
2)
      last | more
            ;;
3)
      who | more
            ;;
*)
      echo "choix incorrect"
            ;;
esac
```

```
$ ksh info_users
Informations utilisateurs

1 - Affiche les comptes utilisateurs
2 - Affiche les dernieres connexions
3 - Affiche les utilisateurs connectes
Rentrer votre choix ? 3
jf       pts/0      mai 30 08:29  (pikachu.pokemon)
$
```

Exercice n°18

```
$ more info_users
#!/bin/sh
# info_users

while :
do
      echo "Informations utilisateurs"
      echo
      echo "1 - Affiche les comptes utilisateurs"
      echo "2 - Affiche les dernieres connexions"
      echo "3 - Affiche les utilisateurs connectes"
      echo "4 - FIN"
      printf "Votre choix ? "
      read choix

      case "$choix" in
      1)
            more /etc/passwd
            ;;
      2)
            last | more
            ;;
      3)
            who | more
            ;;
      4)
            break
            ;;
      *)
            echo "choix incorrect"
            ;;
      esac
```

```
done
$ ksh info_users
Informations utilisateurs

1 - Affiche les comptes utilisateurs
2 - Affiche les dernieres connexions
3 - Affiche les utilisateurs connectes
4 - FIN
Votre choix ? 3
jf       pts/0     mai 30 08:29   (pikachu.pokemon)
Informations utilisateurs

1 - Affiche les comptes utilisateurs
2 - Affiche les dernieres connexions
3 - Affiche les utilisateurs connectes
4 - FIN
Rentrer votre choix ? 4
$
```

Atelier 7 : Les alias et les fonctions

<u>Exercice n°1</u>
```
$ alias heure="date +%T"
```

<u>Exercice n°2</u>
```
$ alias attrib_dir="ls -ld"
```

<u>Exercice n°3</u>
Il suffit de créer un alias nommé echo, initialisé avec le chemin de la version Posix de la commande **echo**, si celle-ci est dans le répertoire /bin/posix :
```
$ alias echo=/bin/posix/echo
```

<u>Exercice n°4</u>
Il suffit de les exporter à l'aide de l'option «x» de la commande **alias**.
```
$ alias -x heure="date +%T"
$ alias -x attrib_dir="ls -ld"
$ alias -x echo=/bin/posix/echo
```

<u>Exercice n°5</u>
Il faut définir les alias dans le fichier ~/.kshrc et initialiser la variable d'environnement ENV, dans le fichier .profile, avec le nom de ce fichier.
```
$ echo "export ENV=~/.kshrc" >> ~/.profile
```

<u>Exercice n°6</u>
```
$ majuscule () {
[ -z "$1" ] && return 1
contenu=$(cat $1 | tr "[a-z]" "[A-Z]")
echo $contenu > $1
return 0
}
```

<u>Exercice n°7</u>
```
$ cat gestion_rep
# ce script est un gestionnaire de répertoires
verif_rep () {
echo "Chemin du répertoire :"
read rep
[ -d "$rep" ] && return 0
```

```
return 1
}
cree_rep () {
if verif_rep
     then echo "$rep existe déjà"
else
   if [ ! –z "$rep" ]
     then
       echo "Création du répertoire $rep"
       mkdir "$rep"
     fi
fi
}
liste_rep () {
if verif_rep
     then
        ls -l "$rep"
else
     echo " $rep inexistant ou n'est pas un répertoire"
fi
}
attrib_rep () {
if verif_rep
     then
        ls -ld "$rep"
else
     echo " $rep inexistant ou n'est pas un répertoire"
fi
}
supprime_rep () {
if verif_rep
     then echo "Suppression du répertoire $rep"
     rm –r "$rep"
else
     echo " $rep inexistant ou n'est pas un répertoire"
fi
}
#*********************** Programme principal ***************
while :
do
cat << Fin
     Créer un répertoire
     Afficher les attributs d'un répertoire
     Lister les fichiers d'un réperoire
     Supprimer un répertoire
     Quitter
Fin
echo "Votre choisx : "
read choix
case $choix in
'c' | 'C'        ) cree_rep ;;
'a' | 'A'        ) attrib_rep ;;
'l' | 'L'        ) liste_rep ;;
```

```
's' | 'S'          ) supprime_rep;;
'q' | 'Q'          ) echo "Au revoir"
                     exit 0 ;;
esac
done
```

Exercice n°8

```
$ more info_users
#!/bin/sh
# info_users

pause() {
     echo "Appuyer sur return pour continuer"
     read BIDON
}

confirme() {
     printf "%s (o/n) ? " "$*"
     read reponse
     case "$reponse" in
     o*|O*)
          return 0
          ;;
     *)
          return 1
          ;;
     esac
}

while :
do
     clear
#-------Affichage du menu
     cat << EOT
Informations utilisateurs

1 - Affiche les comptes utilisateurs
2 - Affiche les dernieres connexions
3 - Affiche les utilisateurs connectes
4 - FIN
Votre choix ?
EOT
#-------fin d'affichage du menu

     read choix

     case "$choix" in
     1)
          more /etc/passwd
          pause
          ;;
     2)
          last | more
          pause
          ;;
```

```
        3)
                who | more
                pause
                ;;
        4)
                if confirme "Etes-vous sur de vouloir quitter "
                then
                        break
                fi
                ;;
        *)
                echo "choix incorrect"
                ;;
        esac
done
$ ksh info_users
Informations utilisateurs

1 - Affiche les comptes utilisateurs
2 - Affiche les dernieres connexions
3 - Affiche les utilisateurs connectes
4 - FIN
Votre choix ?
4
Etes-vous sur de vouloir quitter  (o/n) ? o
$
```

Exercice n°9

```
$ more exoBIB.sh
# exoBIB.sh

pause() {
    echo "Appuyer sur Entree pour continuer"
    read BIDON
}

confirme() {
    printf "%s (o/n) ? " "$*"
    read reponse
    case "$reponse" in
    o*|O*)
        return 0
        ;;
    *)
        return 1
        ;;
    esac
}
$
$ more info_users
#!/bin/sh
# info_users

. exoBIB.sh  # bibliotheque utilisable en Bourne ou Korn Shell
```

```
while :
do
     clear
#-------Affichage du menu
     cat << EOT
Informations utilisateurs

1 - Affiche les comptes utilisateurs
2 - Affiche les dernieres connexions
3 - Affiche les utilisateurs connectes
4 - FIN
Votre choix ?
EOT
#-------fin d'affichage du menu

     read choix

     case "$choix" in
     1)
          more /etc/passwd
          pause
          ;;
     2)
          last | more
          pause
          ;;
     3)
          who | more
          pause
          ;;
     4)
          if confirme "Etes-vous sur de vouloir quitter "
          then
               break
          fi
          ;;
     *)
          echo "choix incorrect"
          ;;
     esac
done
$

AUTRE SOLUTION : LES BIBLIOTHEQUES KORN SHELL :

$ ls -l ~/bib
total 4
-rwxr-xr-x   1 jf      other      138 mai  30 15:23 confirme
-rwxr-xr-x   1 jf      other       75 mai  30 15:23 pause
$ cat ~/bib/pause
# pause

pause() {
     echo "Appuyer sur return pour continuer"
     read BIDON
}
```

```
$ cat ~/bib/confirme
# confirme

confirme() {
    printf "%s (o/n) ? " "$*"
    read reponse
    case "$reponse" in
    o*|O*)
        return 0
        ;;
    *)
        return 1
        ;;
    esac
}
$ more info_users
#!/usr/bin/ksh
# info_users

FPATH=~/bib  # bibliotheque Korn Shell

while :
do
    clear
#-------Affichage du menu
    cat << EOT
Informations utilisateurs

1 - Affiche les comptes utilisateurs
2 - Affiche les dernieres connexions
3 - Affiche les utilisateurs connectes
4 - FIN
Votre choix ?
EOT
#-------fin d'affichage du menu

    read choix

    case "$choix" in
    1)
        more /etc/passwd
        pause
        ;;
    2)
        last | more
        pause
        ;;
    3)
        who | more
        pause
        ;;
    4)
        if confirme "Etes-vous sur de vouloir quitter "
        then
            break
```

```
            fi
            ;;
    *)
            echo "choix incorrect"
            ;;
esac
done
$
```

Exercice n°10

```
$ ls -l pause confirme
-rwxr-xr-x  1 jf    other      110 mai  30 15:31 confirme
-rwxr-xr-x  1 jf    other       61 mai  30 15:31 pause
$ cat pause
# pause

echo "Appuyer sur return pour continuer"
read BIDON

$ cat confirme
# confirme

printf "%s (o/n) ? " "$*"
read reponse
case "$reponse" in
o*|O*)
    exit 0
    ;;
*)
    exit 1
    ;;
esac

$ more exo07c.sh
#!/bin/sh
# info_users

while :
do
    clear
#-------Affichage du menu
    cat << EOT
Informations utilisateurs

1 - Affiche les comptes utilisateurs
2 - Affiche les dernieres connexions
3 - Affiche les utilisateurs connectes
4 - FIN
Votre choix ?
EOT
#-------fin d'affichage du menu

    read choix

    case "$choix" in
```

```
        1)
                more /etc/passwd
                pause
                ;;
        2)
                last | more
                pause
                ;;
        3)
                who | more
                pause
                ;;
        4)
                if confirme "Etes-vous sur de vouloir quitter "
                then
                        break
                fi
                ;;
        *)
                echo "choix incorrect"
                ;;
        esac
done
$
```

Atelier 8 : L'arithmétique

Exercice n°1
```
$ expr \( 5 - 2 \) \* \( 6 + 1 \)
21
```

Exercice n°2
```
$ bc
3.14 * 2.5 * 2.5
7.85
quit
```

Exercice n°3
```
$ cat > script.minsec
# conversion d'un total secondes en minutes et secondes
minutes=`expr $1 / 60`
secondes=`expr $1 % 60`
echo "Résultat $minutes minutes et $secondes secondes"
^D
$
```

Exercice n°4
```
$ cat > num_param
# ce script affiche les numéros de paramètres
num=1
while [ $# -gt 0 ]
do
    echo "Paramètre Numéro $num : $1"
    num=`expr $num + 1`
    shift    # Au suivant
done
```

```
^D
$
```

Exercice n°5
```
$ cat > nombres
#!/bin/ksh
# ce script affiche les n premiers nombres
[ $# -eq 0 ] && exit 1
typeset -i nb=0
while ((nb<$1))
do
     echo $nb
     let nb=nb+1
done
^D
$
```

Exercice n°6
```
$ cat > somme
# ce script calcule la somme des n premiers nombres
typeset -i nb=0 somme=0
[ $# -eq 0 ] && exit 1
while ((nb<$1))
do
     let somme=somme+nb
     let nb=nb+1
done
echo "La somme des $nb premiers nombres est : $somme"
^D
$
```

Exercice n°7
```
$ cat > cpt_lig
# ce script compte le nombre de lignes saisies
integer nb_ligne=0
while
     echo "Entrez un texte ou <fin> pour quitter :\c"
     read ligne
do
     if [ "$ligne" = "fin" ]
     then
             break
     fi
     echo "$ligne" >> ficligne
     let nb_ligne=nb_ligne+1
done
echo "$nb_ligne enregistrées"
^D
$
```

Exercice n°8
```
#!/bin/ksh
integer i j trouve nb
i=0            # Le nombre d'éléments déjà trouvés
while ((i<6))
do
 nb=RANDOM%50     # Le tirage aléatoire
```

```
j=0
trouve=0        # Boucle de vérification, le nombre est-il déjà tiré
while ((j<=i))
do
 if  [[ ${loto[$j]} == $nb  ]]
   then
     trouve=1
     break
 fi
 j=j+1
done
if (( trouve == 0 ))  # C'est un nouveau nombre, on le range dans le tableau
  then
     loto[$i]=$nb
     i=i+1
 fi
done
# Affichage des resultats
echo "Le loto gagnant est : ${loto[*]}"
```

Atelier 9 : Les expressions régulières

<u>Exercice n°1</u>

```
$ ls -l | grep '^d'
drwxr-xr-x  2 jf     other      512 mai  30 13:00 rep2
drwxr-xr-x  2 jf     other      512 mai  30 13:01 repert
drwxr-xr-x  3 jf     other     1024 mai  30 15:40 save
drwxr-xr-x  2 jf     other      512 mai  30 11:34 srep

$ ls -F | grep '/$'
rep2/
repert/
save/
srep/
$
```

<u>Exercice n°2</u>
```
$ grep '#' ~/.profile
```

<u>Exercice n°3</u>
Il faut tenir compte des espaces et/ou tabulations de début de ligne,
et donc taper   « [<espace><Tabulation>] » comme début de chaîne :
```
$ grep '^[    ]*#' ~/.profile
```

<u>Exercice n°4</u>
Il faut tenir compte des espaces et/ou tabulations de début de ligne,
et donc taper   « [<espace><Tabulation>] » comme début de chaîne :
```
$ grep '^[    ]*[A-Z]*=' ~/.profile
```

<u>Exercice n°5</u>
```
$ echo $PATH | grep '\.$'
```

<u>Exercice n°6</u>

SOLUTION SIMPLE

```
$ man cal |grep "[12][0-9][0-9][0-9]"
Reformatting page.  Wait... done
    An unusual calendar is printed for September 1752.  That  is
```



```
SunOS 5.7        Last change: 1 Feb 1995              1
    cal 9 1752
    The command cal 83 refers to the year 83, not 1983.
SunOS 5.7        Last change: 1 Feb 1995              2
$
```

SOLUTION PLUS CORRECTE :

```
$ man cal | egrep "(^|[^0-9])[12][0-9][0-9][0-9]([^0-9]|$)"
Reformatting page.  Wait... done
    An unusual calendar is printed for September 1752.  That is
SunOS 5.7        Last change: 1 Feb 1995              1
    cal 9 1752
    The command cal 83 refers to the year 83, not 1983.
SunOS 5.7        Last change: 1 Feb 1995              2
$
```

PERL EST L'OUTIL LE PLUS PUISSANT

```
$ man cal | perl -e "while(<>){ /\b[12]\d{3}\b/ && print }"
```

Exercice n°7

```
$ man cal | grep "\.$"
Reformatting page.  Wait... done
    dar for the current month is written.
            (December). The default is the current month.
            to 9999. The default is the current year.
    LC_MESSAGES, and NLSPATH.
    0       Successful completion.
    >0      An error occurred.
    The command cal 83 refers to the year 83, not 1983.
    The year is always considered to start in January.
$
```

Exercice n°8
```
$ grep '^[^:]*[0-9] [0-9]*:' /etc/passwd
```

Exercice n°9
```
$ egrep '^al(ice|ain)' /etc/passwd
```

Exercice n°10

Remarque

Les pages de manuels ne sont pas toutes identiques d'un Unix à un autre. Si le mot
« days » et « date » ne se trouvent pas dans la même ligne, on recherche d'autres mots,
par exemple : « month » suivi de « days ».

```
$ man cal | grep 'month.*days'
Reformatting page.  Wait... done
    the  month  11 days were skipped to make up for lack of leap
$
```

Exercice n°11

Remarque

La solution n'est possible a peu de frais qu'avec la version GNU de egrep :

```
$ egrep -e ':(/bin|/usr/bin)/(|[kc]|ba)sh$' -e ':$' passwd.new
daemon:x:2:2:daemon:/sbin:
games:x:12:100::/var/games:
postgres:x:26:2:Postgres Database Admin:/var/lib/pgsql:/bin/bash
```

```
squid:x:31:65534:WWW proxy squid:/var/squid:/usr/bin/sh
fax:x:33:14:Facsimile Agent:/var/spool/fax:/bin/ksh
adabas:x:36:100:Adabas-D Database Admin:/usr/lib/adabas:/bin/csh
ixess:x:38:29:IXware Admin:/usr/lib/ixware:/bin/ksh
irc:x:39:65534:IRC Daemon:/usr/lib/ircd:/bin/sh
ftp:x:40:2:ftp account:/usr/local/ftp:/bin/bash
+:::::
$
```

Exercice n°12
```
echo albert.dubois@societe.com| \
grep -E '^[a-z]{5,11}\.[a-z]{5,11}@[a-zA-Z0-9-]{3,}\.[a-z]{2,3}$'
```

Atelier 10 : Les chaînes de caractères

Exercice n°1
```
$ expr "$PATH" : ".*"
```

Exercice n°2
```
$ mkdir ~/bin
$ PATH=$PATH:~/bin
```

Exercice n°3
```
$ expr "$PATH" : ".*:\(.*\)"
```

Exercice n°4
```
$ echo ${PATH##*:}
```

Exercice n°5
```
$ cat > chaine8
#!/bin/ksh
echo "Entrez une chaîne (maximum huit caractères ) :\c"
read ch8
typeset -L8 ch8
echo $ch8
^D
```

Exercice n°6
```
$ cat > chaine
echo "Entrez une référence absolue d'un nom de fichier :\c"
read ref
rep_fic=`dirname $ref`
nom_fic=`basename $ref`
echo "Nom du fichier :  $nom_fic"
echo "Répertoire du fichier : $rep_fic"
^D
```

Exercice n°7
```
# !/bin/ksh
# Ce script vérifie qu'une variable contient
# un nombre réel avec la syntaxe suivante :
# [ signe][chiffre...],chiffre...
# Il exige un chiffre après la virgule mais pas obligatoirement
# avant
echo "Saisissez un nombre reel"
read nb
if [[ $nb != ?(+|-)*([0-9]),+([0-9]) ]]
   then
     echo "La chaine $nb n'est pas un reel"
fi
```

　　　　　　　　　　　　　　　　　　　　　

Atelier 11 : La gestion de fichiers

<u>Exercice n°1</u>
$ echo "echo 'Bienvenue '" >> ~/.profile

<u>Exercice n°2</u>
$ cat > message
mail pierre << Fin
Bonjour Pierre
Je suis de retour, si tu veux qu'on se voie ce midi.
Fin
echo "Le message a bien été envoyé à Pierre"
^D

<u>Exercice n°3</u>
$ cat > redir.tout
exec > fic.res
date
who
id   # l'UID (User Id) et le GID (Group ID)
^D

<u>Exercice n°4</u>
$ cat > les_groupes
IFS=:
exec < /etc/group
while read nom password gid reste
do
      echo "Nom : $nom\tGID : $gid"
done
^D

<u>Exercice n°5</u>
$ cat > connexions
who | while read nom terminal date_heure
do
      echo "Nom : $nom\tDate et Heure de connexion : $date_heure"
done
^D

<u>Exercice n°6</u>
$ cat > societe
exec 3> ficsoc   # ouvre le fichier ficsoc pour écriture
while :
do
      echo "Société, Code postal et ville : \c"
      read nom codpost ville
      print -u3 $nom - $codpost - $ville
      echo "Voulez-vous continuer (o/n) : \c"
      read reponse
      if ["$reponse" = n]
      then
              break
      fi
done
^D

<u>Exercice n°7</u>
exec 3< ficsoc # ouvre le fichier ficsoc en lecture

```
IFS=-
echo "Société Code postal Ville"
while read -u3 nomsoc codpost ville
do
      echo "$nomsoc\t$codpost\t$ville"
done
^D
```

Exercice n°8

```
$ cat agenda.sh
# agenda.sh

# == ajouter une nouvelle fiche
ajouter() {
      printf "Nom ? " ; read nom
      printf "Tel ? " ; read tel
      echo "$nom,$tel" >> agenda.txt
}

# == rechercher une fiche
rechercher() {
      printf "Nom (ou une partie du nom) ? "; read nom
      grep "$nom" agenda.txt
}

# == lister les fiches
lister() {
      sort agenda.txt |more
}

# == detruire une fiche
detruire() {
      printf "Nom (ou une partie du nom) ? "; read nom
      grep "$nom" agenda.txt
      if confirme "Etes-vous sur de la destruction ";then
              grep -v "$nom" agenda.txt > /tmp/agenda$$
              mv /tmp/agenda$$ agenda.txt
      fi
}

# == modifier une fiche
modifier() {
      printf "Nom ? "; read nom
      if grep "^$nom," agenda.txt > /dev/null ;then
              printf "Nouveau telephone ? "; read tel
              grep -v "^$nom," agenda.txt > /tmp/agenda$$
              echo "$nom,$tel" >> /tmp/agenda$$
              mv /tmp/agenda$$ agenda.txt
      fi
}

# == pause
pause() {
      echo "APPUYER SUR RETURN POUR CONTINUER"
      read BIDON
```

```
}

# == confirme
confirme() {
    printf "%s (o/n) ? " "$*"
    read reponse
    case "$reponse" in
    o*|O*)
            return 0
            ;;
    *)
            return 1
            ;;
    esac
}


# -------------------------------------------------------------
while : ;do
    echo "1 - Ajouter une nouvelle fiche"
    echo "2 - Rechercher une fiche (via une partie du nom)"
    echo "3 - Detruire une fiche"
    echo "4 - Modifier une fiche"
    echo "5 - Lister l'annuaire"
    echo "6 - FIN"
    echo "Choix ? "
    read choix

    case "$choix" in
    1)
            ajouter
            ;;
    2)
            rechercher
            pause
            ;;
    3)
            detruire
            ;;
    4)
            modifier
            ;;
    5)
            lister
            pause
            ;;
    6)
            if confirme "Vous etes sur de vouloir quitter ";then
                    break
            fi
            ;;
    *)
            echo "CHOIX INCORRECT"
            ;;
    esac
done
```

```
$ sh agenda.sh
1 - Ajouter une nouvelle fiche
2 - Rechercher une fiche (via une partie du nom)
3 - Detruire une fiche
4 - Modifier une fiche
5 - Lister l'annuaire
6 - FIN
Choix ?
6
Vous etes sur de vouloir quitter  (o/n) ? o
$ cat agenda.txt
alice,11-12
louis,88-67
thomas,33-55
francois,99-11
$
```

Exercice n°9

```
$ cat tue
#!/bin/sh
# @(#) tue nom_de_la_commande [tue]
# @(#) l'option tue provoque l'envoie du signal KILL

if [ "$#" = 0 ];then
     what tue
     exit 1
fi

if [ "$2" = tue ];then
     signal=-9
fi

ps -u $LOGNAME | while read pid term h cmd reste
do
     if [ "$cmd" = "$1" ];then
          kill $signal $pid
     fi
done

$
$ PATH=$PATH:/usr/ccs/bin
$ export PATH
$ ./tue
tue:
     tue nom_de_la_commande [tue]
     l'option tue provoque l'envoie du signal KILL
$ sleep 400 &
[1]    8288
$ sleep 450 &
[2]    8289
$ ./tue sleep
$ ps
  PID TTY     TIME CMD
 6713 pts/0   0:00 sh
```

```
 6723 pts/0   0:04 ksh
[2] + Terminated          sleep 450 &
[1] + Terminated          sleep 400 &
$ sleep 450 &
[1]    8294
$ sleep 450 &
[2]    8295
$ ./tue sleep tue
[2] + Killed              sleep 450 &
[1] + Killed              sleep 450 &
$
```

Exercice n°10

```
$ cat primes.sh
#!/usr/bin/ksh
# primes.sh

IFS=,
printf "\tMontant des primes\n\n\n"
Total=0

while read nom primes
do
     printf "%-20s %5d\n" $nom $primes
     let Total=Total+primes # PAS D'ESPACES !
done < primes.txt

printf "\nTotal des primes: %8d\n" $Total

$ cat primes.txt
pierre,400
cathy,950
alice,380
thomas,570
francois,160
beatrice,1190

$ ksh exo11c.sh
        Montant des primes


pierre                 400
cathy                  950
alice                  380
thomas                 570
francois               160
beatrice              1190

Total des primes:     3650
$
```

Exercice n°11

```
$ cat  primes.sh
#!/usr/bin/ksh
# primes.sh
```

```
IFS=,
Total=0
NB=0
if env | grep GPRIMES >/dev/null ;then
     Seuil=$GPRIMES
fi
printf "\tMontant des primes\n"
printf "\tsuperieures a $Seuil\n\n"

while read nom primes
do
     if let 'primes>Seuil' ;then
          printf "%-20s %5d\n" $nom $primes
     fi
     let Total=Total+primes # PAS D'ESPACES !
     let NB=NB+1
done < primes.txt
printf "\nTotal des primes: %8d\n" $Total
unset LC_MUMERIC
moyenne=$( echo "$Total/$NB" | bc -l )
printf "Moyenne des primes : %10.2f\n" $moyenne 2> /dev/null

$ ksh exo11d.sh
          Montant des primes
          superieures a 500

cathy                     950
thomas                    570
beatrice                 1190

Total des primes:        3650
Moyenne des primes :      608.33
$
```

Atelier 12 : La programmation multitâche en shell

<u>Exercice n°1</u>

```
# ce script doit être lancé en arrière-plan
$ cat > scrute_util
# Ce script doit être lancé en arrière-plan
[ $# -eq 0 ] && exit 1
i=1
while [ "$i" -lt 10 ]
do
     if who | grep "$1" > /dev/null
     then
              echo "$1 est connecté"
              exit 0
     fi
     sleep 60
     i=`expr $i + 1`
done
exit 1  # utilisateur non connecté
^D
```

Exercice n°2
```
# script avec redirection d'un ensemble de commandes
{
  date
  ps
} > fic.ps
sleep 5
cat fic.ps
^D
```

Exercice n°3
```
$ cat > script.lance
# ce script lance des tâches d'arrière-plan toutes les cinq secondes,
# et les tue au bout de vingt secondes
( while :
  do
      date >> fic.result
      ps >> fic.result
      sleep 5
  done
) &
sleep 20
kill $!
echo  "Fin des tâches d'arrière-plan"
^D
```

Exercice n°4
```
$ cat > script.int
# ce script affiche bonjour toutes les dix secondes
trap 'echo "Au revoir " ; exit 0'    2
while :
do
      echo "Bonjour"
      sleep 10
done
^D
```

Exercice n°5
```
$ cat > script.kill
# ce script ne peut être arrêté qu'avec le signal 9
# En conséquence il doit être lancé en arrière-plan
sig=1
while [ "$sig" -lt 30 ]
do
      trap '' $sig
      sig=`expr $sig + 1`
done
while :

do
      echo "Bonjour"
      sleep 10
done
^D
```

Exercice n°6

```
$ cat > emetteur
while  [ "$mesg" != "fin" ]
do
   echo "message à envoyer : \c"
   read mesg
   echo $mesg > le_tube
done
^D

$cat > recepteur
exec < le_tube
while  [ "$mesg" != "fin" ]
do
   read mesg || continue        # continue pour la lecture du tube vide
   echo "message recu : $mesg"
done
^D
```

Exercice n°7

```
while :
do
  if mkdir rep_verrou 2>/dev/null
    then
       echo "Entrée en section critique du processus $$"
       sleep 10
       echo "Sortie de la section critique du processus  $$"
       rmdir rep_verrou
       sleep 3  # pour que l'autre prenne la main
  fi
done
^D
```

Atelier 13 : Quelques commandes utiles

Exercice n°1

```
$ PS1='${PWD}'
```

Le shell modifie dynamiquement la valeur du prompt, bien que le caractère $ soit protégé car il fait, de manière transparente à l'utilisateur, un *eval* de la variable PS1.

Exercice n°2

```
$ cat programme
PS3="Gestion des clients :  "
select CHOIX in 'Ajouter un client'  'Supprimer un client' Fin
do
    case $REPLY in
      1) echo "Fonction : $CHOIX"
         ajoucli ;;
      2) echo "Fonction : $CHOIX"
         suppcli;;
      3) echo"Fin"
         break;;
      *) echo"Choix incorrect $REPLY"
          ;;
    esac
done
```

Exercice n°3
```
$ cat programme
COMMANDE=/bin/ksh
integer CPTOPT=0
while getopts :c: OPTION
do
   case $OPTION in
     c) COMMANDE=$OPTARG
        CPTOPT=CPTOPT+1
        if (( CPTOPT >= 2 ))
          then
            echo "Vous n'avez droit qu'à une commande"
        fi
        ;;
     \?) echo "Option incorrecte $OPTARG"
         exit 1
         ;;
   esac
done
shift $((OPTIND -1))
eval "$COMMANDE" $*
```

Atelier 14 : Des commandes simples et pratiques

Exercice n°1
On commente au sens de *what* les lignes qui indiquent la date, la version, le nom de l'auteur et la syntaxe de l'appel du script.

Exercice n°2
```
$ cd /etc
$ file * | grep 'text$' | cut -d: -f1 |xargs grep 'sed '
```

Exercice n°3
```
PS1=$(tput smso) '${PWD}'$(tput rmso)
```

Atelier 15 : Le filtre sed

Exercice n°1
```
$ sed 's/:/!/' /etc/passwd
$ sed 's/:/!/g' /etc/passwd
```

Exercice n°2
```
$ cat > programme
1i\
=========== liste des utilisateurs ==========
$a\
==================================
^D
$ sed -f programme /etc/passwd
```

Exercice n°3
```
$ sed -n '5,10p' /etc/passwd
```

Exercice n°4
```
$ sed '5,10d' /etc/passwd
```

Exercice n°5
```
$ sed 's/.$//' fichier
```

Exercice n°6

$ find . 2>/dev/null | sed -e 's/^./C:/' -e 's:/:\\:g' | tr '[a-z]' '[A-Z]'

...
C:\SATAN-1.1.1\RECONFIG
C:\SATAN-1.1.1\REPENT
C:\SATAN-1.1.1\CHANGES
C:\SATAN-1.1.1.TAR
C:\CORSHELL
C:\CORSHELL\PRIMES.TXT
C:\CORSHELL\EXO16H.AWK
C:\CORSHELL\EXO16I.AWK
C:\CORSHELL\PRIM_SRV.TXT
C:\CORSHELL\EXO16J.AWK
$

Exercice n°7
$ ls -l | sed 's/ */ /g' # Il y a deux espaces avant *, pour dire au moins un.

Exercice n°8

$ sed 's/:.*$//' /etc/passwd | tail

Exercice n°9
$ sed 's/^\([^:]*:[^:]*:\)[^:]*\(:.*\)$/\1\2/' /etc/group

Atelier 16 : Le processeur de texte awk

Exercice n°1
$ awk -F: '{ print "Nom : " $1 " UID : " $3 }' /etc/passwd

Exercice n°2
$ awk -F: '{ print NR " " $1 }' /etc/group

Exercice n°3

$ awk 'NR == 5, NR == 10' /etc/passwd

Exercice n°4

$ awk 'END { print NR }' /etc/passwd

Exercice n°5
$ awk -F: '{ print $NF }' /etc/passwd

Exercice n°6

$ awk -F: '{ if ($3 > maxuid) maxuid = $3 }\
> END { print maxuid}' /etc/passwd
65534
$

Exercice n°7

$ awk -F: '$7 == "" { print $1 }' /etc/passwd

Autre solution (NF correspond au nombre de champs, et $NF est équivalent à $7)

$ awk -F: '$NF == "" { print $1 }' /etc/passwd

Exercice n°8

$ awk -F: '$7 ~ /sh/ || $7 == "" { print $1 }' /etc/passwd

Exercice n°9

```
$ awk -F: '{ $2="" ; print $0 }' /etc/passwd
```

```
$ awk  'BEGIN { FS=":" ; OFS=":" } { $2="" ; print $0 }' /etc/passwd
```

Exercice n°10

```
$ awk -F: '$3 > 100' /etc/passwd
```

Exercice n°11

```
$ awk '$2 > 1000000 { print $1 }' villes
```

```
$ awk '{ if ( $2 > 1000000 ) print $1 }' villes
```

Exercice n°12

```
BEGIN                 {
                        FS=":" ; OFS=":" }
$3 !~ /^[0-9][0-9]*$/ { print "Ligne : "  NR " Erreur UID : " $0 }
```

Exercice n°13

```
$ cat  primes.awk
# exo

BEGIN {
    FS=","
    Total = 0
    print "   Montant des primes\n"
}


{
    printf "%-20s %10.2f Euros\n", $1, $2
    Total = Total + $2
}

END {
    print "\nTotal des primes : ", Total, " Euros"
}

$ cat primes.txt
pierre,400
cathy,950
alice,380
thomas,570
francois,160
beatrice,1190
$ awk -f primes.awk primes.txt
    Montant des primes

pierre                  400,00 Euros
cathy                   950,00 Euros
alice                   380,00 Euros
thomas                  570,00 Euros
francois                160,00 Euros
beatrice               1190,00 Euros

Total des primes :  3650  Euros
```

Exercice n°14
```
$ cat primes.awk
# primes.awk

BEGIN {
    FS=","
    Total = 0
    Seuil = ENVIRON["GPRIMES"]
    print "   Montant des primes"
    print "   superieures a : ", Seuil, "\n"
}

$2 > Seuil {
    printf "%-20s %10.2f Euros\n", $1, $2
}

{    Total += $2 }

END {
    print "\nTotal des primes : ", Total, " Euros"
    printf "Valeur moyenne d'une prime: %10.2f\n", Total / NR
}

$ cat primes.txt
pierre,400
cathy,950
alice,380
thomas,570
francois,160
beatrice,1190
$ nawk -f exo16i.awk primes.txt
     Montant des primes
     superieures a :   500

cathy                     950,00 Euros
thomas                    570,00 Euros
beatrice                 1190,00 Euros

Total des primes :  3650  Euros
Valeur moyenne d'une prime:      608,33
```

Exercice n°15

```
$ cat exo16j.awk
# exo6j.awk

BEGIN {
    FS = ","
    print "Total des primes par service"
}

{    primes[ $2 ] += $3 }

END {
```

```
        printf "%-20s : %-10s\n",  "Service", " Total"
        for ( service in primes )
            printf "%-20s : %6d\n", service, primes[ service ]
}
```

```
$ cat  prim_srv.txt
pierre,exploit,400
cathy,dessin,950
alice,dessin,380
thomas,exploit,570
francois,dessin,160
beatrice,compta,1190
```

```
$ awk -f primes.awk  prim_srv.txt
Total des primes par service
Service                 :   Total
exploit                 :     970
compta                  :    1190
dessin                  :    1490
```

Exercice n°16
```
NF > 0 {
  inverse=""
  for (i=1;i<= NF;i++) inverse=$i FS inverse
  print inverse }
```

Exercice n°17
```
BEGIN {
  print "\nListe des groupes par utilisateur\n"
  FS=":"
}
{
  nomgrp=$1
  FS=","
  split($4,uttemp)
  FS=":"
  for ( i in uttemp)
   if ( uttemp[i] in tbgrparut )
     tbgrparut[uttemp[i]] = tbgrparut[uttemp[i]] "," nomgrp
   else
     tbgrparut[uttemp[i]] = nomgrp
}

END {
 for ( nom in tbgrparut)
   printf "Nom : %-15s Groupe %s\n",nom,tbgrparut[nom]
}
```

Exercice n°18
```
NF > 0
{
for (i=1 ; i<=NF ; i++)
  if ( $i in mots )
    mots[$i]++
  else
    mots[$i]=1
}
```

```
END {
  for ( mot in mots )
    print "MOT : " mot "NOMBRE D'OCCURRENCES  " mots[mot]
}
```

<u>Exercice n°19</u>

Le corrigé suppose qu'il n'y a pas de processus ayant le PID 0 (« scheduler »). Si c'est le cas, il faut éliminer la ligne avant d'exécuter le programme ou modifier le programme **awk**.

```
function recpid(pid,decale,  tproc)
{
if (pid==0)printf "%s PID = %5d %s\n",decale,pid,tblcom[pid];
decale = decale ELOIGNE
SEP=FS; FS=":";
split(tblproc[pid],tproc);
FS=SEP
for ( i in tproc)
  {
    printf "%s PID = %5d %s\n",decale,tproc[i],tblcom[tproc[i]];
    if ( tproc[i] in tblproc) recpid(tproc[i],decale);
  }
}
BEGIN { PID=0 ; PPID=0;
    ELOIGNE="   ";
}
{
PID=$2; PPID=$3; COM= $8;
if ( PPID in tblproc)
  tblproc[PPID]=tblproc[PPID] ":" PID;
else
  tblproc[PPID]=PID;
tblcom[PID]=COM;
}
END {
  recpid(0,"");
}
```

Atelier 17 :Shell et l'administration UNIX et Linux

<u>Exercice n°1</u>

```
#!/bin/sh
# imp_man : imprime une section du man
LE_MAN=/usr/share/man
PREFIXE=sman
BIDON=/tmp/bidon$$

if [  "$#" -lt  1 ]; then
    echo "Nombre incorrect d'arguments" 1>&2
    exit 1;
fi
SEC=$1
cd "${LE_MAN}/${PREFIXE}${SEC}"
for fichier in `ls`
do
    page_man=`echo $fichier | sed 's/\.[^.]*$//'`
```

```
            echo "<$page_man>" 1>&2
            if [ "$page_man" = "Intro" ]; then continue; fi
            man -s$SEC "$page_man" | col -b >> $BIDON
done

# lp $BIDON
# rm -f $BIDON
```

Exercice n°2
```
#!/bin/sh
# cree_user : cree un utilisateur
gid_par_defaut=staff
home_par_defaut=/home
shell_par_defaut=ksh

echo "Nom de l'utilisateur ? \c"
read nom

echo "UID ? (valider pour l'uid par defaut) \c"
read uid
if [ "x$uid" = "x" ];then uid=""; else uid="-u $uid"; fi

echo "GID ? (valider pour le gid par defaut:$gid_par_defaut) \c"
read gid
if [ "x$gid" = "x" ];then gid=$gid_par_defaut; fi

echo "Commentaire ? \c"
read comm

echo "Repertoire de connexion ? (par defaut : ${home_par_defaut}/${nom}) \c"
read home
if [ "x$home" = "x" ];then home=${home_par_defaut}/${nom} ;fi

echo "Shell ? (par defaut ${shell_par_defaut}) \c"
read shell
if [ "x$shell" = "x" ];then
     shell=/usr/bin/$shell_par_defaut;
else
     shell=/usr/bin/$shell;
fi

# retirer le mot echo pour declencher reellement la commande
echo useradd $uid -g $gid -c "$comm" -d $home -m -s $shell $nom

# passwd $nom   # retirer le diese pour la demande du mot de passe
```

Exercice n°3
```
#!/bin/ksh
# mod_perm

if [ "$#" -ne 4 ]; then
     echo "usage: mod_perm user group perm rep "
     exit 1
fi
```

```
user=$1
group=$2
perm=$3
rep=$4

if ! id $user 2> /dev/null 1>&2 ;then
    echo "L'utilisateur $user n'existe pas "
    exit 1
fi
if awk -F: '{ print $1}' /etc/group | grep "^$group\$" 2> /dev/null 1>&2
then ::else
    echo "Le groupe $group n'existe pas"
    exit 1
fi
touch /tmp/bidon$$
if ! chmod "$perm" /tmp/bidon$$ 2> /dev/null;then
    echo "Droits incorrects"
    rm /tmp/bidon$$
    exit 1
fi
rm /tmp/bidon$$
if [ ! -d $rep ];then
    echo "Le repertoire $rep n'existe pas "
    exit 1
fi

echochown -R "$user" $rep
echochgrp -R "$group" $rep
echochmod -R "$perm" $rep
```

<u>Exercice n°4</u>

```
#!/bin/sh
# df.sh : surveille le remplissage des disques
SEUIL=80    # on peut mettre un faible seuil pour les tests
message=/tmp/bidon$$

df -k | grep -v '^Filesystem' | sed 's/%//' |
    while read fs total used avail capa mount
do
    if echo $mount | grep '^/cdrom/' > /dev/null ;then continue; fi
    if [ $capa  -gt  $SEUIL ];then
        printf "%-20s %5d%%\n" $mount $capa  >> $message
    fi
done
if [ -r $message ];then
    mailx -s "LES DISQUES SONT PLEINS!" root < $message
    rm -f $message
fi
```

<u>Exercice n°5</u>

```
#!/bin/sh
# sauve : sauvegarde les fichiers d'un utilisateur
TAPE=/tmp/sauve.tar ; export TAPE    # pour les tests
cd
```

```
while : ; do
    echo "1 - Sauvegarde"
    echo "2 - Liste"
    echo "3 - Restaure"
    echo "4 - FIN"
    echo "Choix ? \c"
    read choix

    case "$choix" in
    1)
        tar cv $HOME
        ;;
    2)
        tar tv | more
        ;;
    3)
        echo "Fichier ou repertoire a restaurer (rien=tout)"
        read fichier
        if [ "x$fichier" = "x" ];then
            tar xv
        elif tar tv | grep $fichier >/dev/null;then
            tar xv `tar tv | grep $fichier | awk '{ print $8 }'`
        fi
        ;;
    4)   break
        ;;
    esac
done
```

Exercice n°6
```
#!/bin/sh

# descendants : liste les descendants d'un processus

if [ $# -ne 1 ];then
    echo nombre incorrects de parametres
    exit 1
fi
ANCETRE=$1
ps -p $1 -o pid,ppid,comm
if [ $? != 0 ];then exit 1;fi

ps -o pid,ppid,comm  -e | sed '1d' | sort -n| while read pid ppid cmd ;do
    for proc in $ANCETRE
    do
        if [ $proc = $ppid ];then
            ANCETRE="$ANCETRE $pid"
            printf "%5d %5d %-20s\n" $pid $ppid $cmd
            break
        fi
    done
done
```

Exercice n° 7
```
# cd /etc/rc2.d
```

```
# echo   "ps -ef  >  /home/pierre/ps.log   2>&1"  >  S99essai
# chmod  700  S99essai
# # === deuxième solution
# cd /etc/init.d
# vi  essai
# cat  essai
#!/bin/sh
# essai : active ps au démarrage
case  "$1"  in
start)
     ps  -ef  >  /home/pierre/ps.log 2>&1
     ;;
esac
# chmod  700 essai
# ln   essai   /etc/rc2.d/S99essai
# shutdown   -y  -g0  -i6
```

Exercice n°8

```
#!/usr/bin/ksh

# cree_spool : cree un nouveau spool

echo "Nom du spool ? \c"
read spool

echo "Peripherique d'impression ? \c"
read device

if [ -e "${device}" ];then
    chown lp  "${device}"
    chmod 600 "${device}"
else
    exit 1
fi

if /usr/lib/lpadmin -p "${spool}" -v "${device}" -m standard ;then
    echo "la commande se termine avec succes"
fi
```

Exercice n°9

```
#!/bin/sh
# lst_part : liste les partitions qui ne sont pas des FS montés

prtvtoc /dev/dsk/${1}s2 | grep -v '^\*' |
    while read  part tag flag first sectors last mount
do
    if [ "$part" -eq 2  ];then continue ;fi
    if [ "$sectors" -eq 0 ];then continue ;fi
    if df -k | awk '{ print $6 }' |grep "$mount" >/dev/null 2>&1 ;then
        continue
    fi
    printf "Partition: %3d, Taille(en secteurs): %10d %s\n" \
        $part $sectors $mount
done
```

Exercice n° 10
```
#!/bin/sh

# lst_doc_perif : liste les documentations sur les  peripheriques
LE_MAN=/usr/share/man
PREFIXE=sman
SEC=7d

cd "${LE_MAN}/${PREFIXE}${SEC}"
exec 2> /dev/null

for fichier in `ls`
do
    page_man=`echo $fichier | sed 's/\.[^.]*$//'`
    echo "<$page_man>" 1>&2
    if [ "$page_man" = "Intro" ]; then continue; fi
    FLAG=no
    man -s$SEC "$page_man" | col -b  | while read ligne ;do
        if [ $FLAG = oui ];then
            echo $ligne
            continue 2
        fi
if echo $ligne |grep '^NAME' > /dev/null ; then
            FLAG=oui
        fi
    done
done
```

Exercice n°11
```
#!/bin/sh
# rotate_log : rotation des fichiers logs
LOG=messages
cd  /var/adm
mv $LOG  $LOG.old
cp  /dev/null  $LOG
chmod  644  $LOG
kill  -HUP  `cat /etc/syslog.pid`
```

Remarque

Le script précédent est une simplification du script /usr/lib/newsyslog qui est activé par le crontab de root. Son principe est le suivant : on renomme d'abord le fichier *log* courant. Cette opération n'a pas d'influence sur les écritures qui continuent de s'ajouter au fichier. On recrée le fichier *log*, vide, avec des droits corrects. On demande ensuite au processus syslogd de relire son fichier de configuration, ce qui provoque l'ouverture du fichier */var/adm/messages* qui correspond au fichier que l'on vient de créer. Suggestion supplémentaire, on peut compresser les copies pour qu'elles prennent moins de place.

Exercice n°12
```
#!/bin/sh
# top : simule la commande top
bidon=/tmp/bidon$$
#trap "rm $bidon;clear"  TERM INT
clear

while : ;do
```

```
            > $bidon
            uptime >> $bidon
            vmstat >> $bidon
            echo   >> $bidon
            /usr/ucb/ps aux | head -15 >> $bidon
            tput cup 1 1
            cat $bidon
            sleep 5
done
```

Exercice n°13
```
#!/bin/sh
# ping_mult : ping plusieurs machines

if [ $# = 0 ];then
      echo "usage: ping_mult machine ..."
      exit 1
fi
exec 2> /dev/null
mknod /tmp/tube$$ p
trap "rm -f /tmp/tube$$" INT TERM

for machine
do
      /usr/sbin/ping $machine >/tmp/tube$$ 2>&1  &
      ( PIDPING=$!; sleep 5; kill $PIDPING 2>/dev/null)&
      if cat /tmp/tube$$ | grep alive > /dev/null 2>&1; then
            echo "$machine repond"
      else
            echo "----->$machine ne repond pas"
      fi
done
rm -f /tmp/tube$$
```

Exercice n°14
```
#!/usr/bin/ksh
# save_profile : sauve les profils, y compris grahiques d'une
# liste d'utilisateurs donnée en paramètre
for user
do
      if ps -u "$user" |  grep 'wm$' > /dev/null ;then
            echo "l'utilisateur $user est connecté sous X"
            continue
      fi
      cd ~$user
      if tar cvf /var/adm/profile.${user}.tar .[!.]* >/dev/null 2>&1 ;then
            echo "Sauvegarde du profil de $user accomplie"
      fi
done
```

Exercice n°15
On utilise le programme perl indiqué dans l'énoncé.
```
#   cat nouveau.pass
pierre,alpha
paul,beta
```

```
cathy,gamma
celine,iota
# cat mod_pass
#!/usr/bin/ksh

# mod_pass : change les mots de passe
car="0123456789ABCDEFGHIJKLMNOPQRSTUVWXYZabcdefghijklmnopqrstuv
wxyz"
lg_car=`echo ${#car}`
echo $lg_car


# cd /etc   # pour les tests, on utilise une copie de /etc/shadow qui est dans un
# répertoire de travail.
cp -f shadow shadow.old
cp -f shadow shadow.tmp1
chmod u+w shadow.tmp1
> toto
for ligne in `cat nouveau.pass` ;do
    user=`echo $ligne |sed 's/,.*//'`
    pass_clair=`echo $ligne |sed 's/.*,//'`
    if ! id $user >/dev/null 2>&1 ; then
        echo "utilisateur $user inconnu"
        continue
    fi
    i=`expr \( $RANDOM % $lg_car \) + 1`
    j=`expr \( $RANDOM % $lg_car \) + 1`
    racine=`echo $car | cut -c$i,$i`
    racine=$racine`echo $car | cut -c$j,$j`
    pass_crypt=$(perl  -e "print crypt($pass_clair, $racine)")
    echo "<$user>=<$pass_crypt>" >> toto
    sed "/^$user:/s!^[^:]*:[^:]*:!$user:$pass_crypt:!" \
        shadow.tmp1 > shadow.tmp2
    mv -f shadow.tmp2 shadow.tmp1
done
mv -f shadow.tmp1 shadow
```

Exercice n°16
Sauvegarde

1) quelques explications

- La solution présentée utilise, en plus des fichiers donnés dans le cahier des charges, les fichiers « jour » et « epoque ».

· Le fichier « *jour* » indique la position actuelle dans le cycle de sauvegarde. Après chaque « run » (exécution de **seve_backup**), on incrémente le nombre stocké dans ce fichier. Si le fichier n'existe pas ou bien à pour valeur zéro ou la durée du cycle de sauvegarde, sa valeur est réinitialisée à zéro, ce qui a pour conséquence d'effectuer une sauvegarde totale. Dans les autres cas, on réalise une sauvegarde incrémentale.

· Le fichier « *epoque* » contient la date de la dernière sauvegarde incrémentale. Le contenu de ce fichier est utilisé par la commande tar pour déterminer les fichiers à sauvegarder quand on réalise une sauvegarde incrémentale

- Le cœur du programme est la sauvegarde d'un FS qui est réalisée par la commande suivante :
```
rsh $CLIENT tar -cv -N \"$EPOQUE\" -f - $FS 2>seve.index |dd of=$ARCHIVE 2>
/dev/null
```

- On teste que la sauvegarde s'est bien effectuée en essayant de relire son contenu (tar tvf).

2) le script :

```
#!/bin/bash
# @(#) seve_backup : sauvegarde en reseau
# ====== Initialisations
# -- lecture de la bibliotheque
. ./seve_bib
# -- sortie si on n'est pas root
exit_si_pas_root
# -- lecture du fichier de configuration
lec_conf
if [ "$DEBUG" ];then
    echo "(Debug)BACKUP=$BACKUP,DEVICE=$DEVICE,CYCLE=$CYCLE"
fi


# -- lecture du jour courant (du cycle), calcul du niveau incremental
JOUR=`cat jour 2>/dev/null`
if [ "$JOUR" = "" ];then JOUR=0; fi
if [ "$JOUR" = "$CYCLE" ];then JOUR=0; fi
if [ "$JOUR" -eq 0 ];then
    NIVEAU=full
    JOUR=1;
else
    NIVEAU=inc
    let JOUR=$JOUR+1
fi
if [ "$DEBUG" ];then echo "(Debug)JOUR=$JOUR,NIVEAU=$NIVEAU" ;fi
# -- lecture epoque si on fait une sauvegarde incrementale
if [ "$NIVEAU" = inc ];then
    EPOQUE=`cat epoque`
    if [ "$EPOQUE" = "" ];then
            echo "$0: ERREUR: lecture epoque impossible" 1>&2
            exit 1
    fi
else
    EPOQUE=""
fi
if [ "$DEBUG" ];then echo "(Debug)EPOQUE=$EPOQUE"; fi


# -- lecture du label de la cartouche (simule par le fichier cartouche
CARTOUCHE=`cat cartouche 2>/dev/null`
if [ "$DEBUG" ];then echo "(Debug):CARTOUCHE=$CARTOUCHE"; fi
# ====== sauvegarde sur disque
# -- reinit repertoire de sauvegarde
( cd $BACKUP; rm -f label [1-9]* 2>/dev/null)
# -- ecrit les premieres lignes du label
echo $CARTOUCHE > $BACKUP/label
echo $NIVEAU >> $BACKUP/label
date >> $BACKUP/label
# -- boucle : a chaque tour de boucle, on sauve un fs d'un client
I=1
for ligne in `cat fs.lst`
do
```

```
        # -- lecture des champs
        IFS=, ; set $ligne ; CLIENT=$1 ; FS=$2

        # -- calcule du nom de l archive
        ARCHIVE=${BACKUP}/$I
        # -- sauvegarde proprement dite
        if [ "$NIVEAU" = full ];then
                rsh $CLIENT \
                tar -cv -f - $FS 2>seve.index | \
                dd of=$ARCHIVE 2> /dev/null
        else
                rsh $CLIENT \
                tar -cv -N \"$EPOQUE\" -f - $FS 2>seve.index | \
                dd of=$ARCHIVE 2> /dev/null
        fi
        # -- verification
        if tar tvf $ARCHIVE >/dev/null 2>&1; then
                echo "OK: sauvegarde $CLIENT $FS"
                # -- mise a jour du label
                echo "$I $CLIENT $FS" >> $BACKUP/label
                # -- mise a jour de l'historique
                echo "$CLIENT $FS `date '+%Y%m%d'` $CARTOUCHE $NIVEAU" \
                        >> seve.dumpdates
                # -- on ajoute les erreurs/warnings au log (STDOUT
                grep '^tar:' seve.index
                # -- incremente I
                let I=$I+1
        else
                echo "ECHEC: sauvegarde $CLIENT $FS"
        fi

        if [ "$DEBUG" ];then
                echo "(Debug)CLIENT=$CLIENT,FS=$FS,ARCHIVE=$ARCHIVE"
        fi
done

# -- calcul de la date et mise a jour epoque si full
echo $JOUR > jour
if [ "$NIVEAU" = full ];then
    (export LANG=C; date > epoque)
    if [ "$DEBUG" ];then echo "(Debug)epoque=`cat epoque`"; fi
fi

# ======= ecriture sur la cartouche
cd $BACKUP
dd if=label of=$DEVICE 2>/dev/null
tail +4 label | awk '{ print $1}' | while read fic
do
    if [ "$DEBUG" ];then echo "(Debug):fic=$fic" ;fi
    if dd if=$fic of=$DEVICE 2>/dev/null ;then
            echo "OK: ecriture fichier $fic"
    else
            echo "ECHEC: ecriture fichier $fic"
    fi
done

# seve_bib : bibliotheque pour l'appli SEVE
# -- lecture du fichier de configuration, mise a jour des variables
```

```
lec_conf() {
    while read var valeur ;do
            eval $var=$valeur
    done < seve.conf
}

# -- sortie du programme si l'on n'est pas root (test avec id=107)
exit_si_pas_root() {
    if ! (id | grep '^uid=0(' > /dev/null 2>&1);then
            echo "$0: ERROR: il faut etre root" 1>&2
            exit 1
    fi
}
```

Restauration

Voici un exemple :

L'utilisateur pierre du système mars perd son fichier .profile (/home/pierre/.profile)

1) L'administrateur visualise le fichier seve.dumpdates pour déterminer la cartouche qui contient la dernière sauvegarde du FS /home du client mars.

2) Il met la cartouche et lit le label, c'est le premier fichier, en utilisant le nom du lecteur sans rembobinage.

3) Grâce au label il connaît le numéro du fichier à restaurer et en utilisant la commande mt, il se positionne dessus. Il utilise la commande dd pour recopier le fichier tar dans /tmp, sous le nom ARCHIVE

4) l'administrateur utilise la commande suivante pour déterminer si l'archive contient le fichier recherché :

```
# tar tvf /tmp/ARCHIVE |grep   home/pierre/.profile
```

Si le fichier est trouvé, on passe à l'étape suivante, sinon, on boucle sur les étapes 1 à 4.

5) Sur le client mars, l'administrateur lance les commandes suivantes :

```
# cd  /
# rsh serveur dd if=/tmp/ARCHIVE | tar  xvf -  home/pierre/.profile
```

Index

Références Internet et bibliographie

Références Internet

Librairies, éditeurs d'ouvrages informatiques

- Eyrolles
http://www.eyrolles.fr

- Le monde en « tique »
http://www.lmet.fr

- O'Reilly
http://www.oreilly.fr

Les sites officiels des shells

- Le Korn Shell
http://www.kornshell.com

- Le shell Bash (GNU)
http://www.gnu.org/software/bash/bash.html

- Le shell tcsh
http://www.tcsh.org

- Le shell zsh
http://www.zsh.org

Télécharger des logiciels

- GNU, sources d'applications sous forme de paquetages GNU
(autoconf, bash, bison, emacs, gawk, gcc, gdb, ghostscript, ghostview, gimp,gnome,
gperf, grep, make, patch, RCS, smail, GNU tar, gzip, Gnu PG, ...)
http://www.gnu.org/order/ftp.html
ftp://ftp.gnu.org/gnu
http://www.gnu.org   Le site web d'accueil

- GNU, le compilateur GCC sous forme binaire (AIX, Solaris, HP-UX, Irix, SCO, ...)
http://gcc.gnu.org/install/binaries.html

- GNU Software for Windows
http://www.gnusoftware.com

- Les outils BSD (tcsh, ...)
http://www.netbsd.org/Documentation/software/packages.html

- Awk for Windows
http://cm.bell-labs.com/cm/cs/who/bwk/awk95.exe

- Outils GNU for Windows
http://www.wzw.tu-muenchen.de/~syring/win32/UnxUtils.html

- Cygwin, UNIX environment for Windows
http://sources.redhat.com/cygwin/

- Sunfreeware.com - Freeware for Solaris
(disponibles au format PKG et gzippés, gzip est disponible non zippé)
http://sunfreeware.com/

- sudo
http://www.courtesan.com/sudo/

- Les exemples du livre « Learning the Korn shell »
ftp://ftp.uu.net/published/oreilly/nutshell/ksh/ksh.tar.Z

Guides en lignes

- An Introduction to the Unix Shell
http://www.ling.helsinki.fi/users/reriksso/unix/shell.html

- Introduction to Unix, CHAPTER 9 Shell Programming
http://wks.uts.ohio-state.edu/unix_course/intro-104.html

Divers

- Forum Internet sur les Shells Unix
new:comp.unix.shell
(Remarque: le site http://groups.google.com permet d'accèder aux forums @)

- FAQs sur les Shells Unix
http://www.faqs.org/faqs/unix-faq/shell/

- Heiner's SHELLdorado - your UNIX shell scripting resource
http://oase-shareware.org/shell/
http://oase-shareware.org/shell/links/   Liens

- DMOZ
http://dmoz.org/Computers/Software/Operating_Systems/Unix/Shell/

- Yahoo
http://dir.yahoo.com/Computers_and_Internet/Programming_and_Development/
Languages/awk/
http://dir.yahoo.com/Computers_and_Internet/Software/Operating_Systems/UNIX/
Shells

Bibliographie

Ouvrages généraux sur UNIX

UNIX
par Michael Wielsch, 1994, aux éditions Micro Application.

Learning the UNIX Operating System
par Jerry Peek, Grace Todino & John Strang, aux éditions O'Reilly.

Ouvrage traitant des commandes UNIX

UNIX Utilisateur
par Abdelmadjid Berlat, Jean-François Bouchaudy et Gilles Goubet, 1999,
aux éditions Eyrolles, Tsoft

Ouvrages généraux d'administration UNIX

UNIX Administration
par Jean-François Bouchaudy et Gilles Goubet, 2002,
aux éditions Eyrolles, Tsoft

Ouvrages traitant des shells UNIX

Bash

Learning the bash
par Cameron Newbam & Bill Rosenblatt, 1995, aux éditions O'Reilly & Associates.

Bourne

Portable Shell Programming : An Extensive Collection of Bourne Shell Examples
(Hewlett-Packard Professional Books)
par Bruce Blinn, 1995, aux éditions Prentice Hall

Unix Shell Programming» (Hayden Books Unix System Library)
par Stephen G. Kochan, Patrick H. Wood, 1990, aux éditions Hayden Books

Csh

Teach Yourself the Unix C Shell in 14 Days (Unix Library)
par David Ennis, James C., Jr. Armstrong, 1994, aux éditions Sams

Using csh & tcsh
par Paul Dubois, 1995, aux éditions O'Reilly

Ksh

The Korn Shell : User and Programming Manual
par Anatole Olczak, 1997, aux éditions Addison-Wesley

Learning the Korn Shell (A Nutshell Handbook)
par Bill Rosenblatt, 1993, aux éditions O'Reilly

Unix Shell Programming
par Ted Burns & all, 1997, aux éditions John Wiley & Sons

Ouvrages traitant d'autres outils système

Effective awk Programming
par Arnold RObbins, 2001, aux éditions O'Reilly.

Applying RCS and SCCS
par Don Bolinger & Tan Bronson, 1995, aux éditions O'Reilly.

CVS Pocket Reference
par Gregor N. Purdy, 2000, aux éditions O'Reilly.

Unix Power Tools
par Jerry Peek, Tim O'Reilly and Mike Loukides , 1993, aux éditions O'Reilly
(contient une introduction au shell, à Perl, aux outils GNU, et plein d'astuces et de
scripts).

Maîtrise des expressions régulières
par Jeffrey E.F. Friedl, 2001, aux éditions O'Reilly.

Introduction à Perl
par Ranal L. Swartz & Tom Christiansen, 1997, aux éditions O'Reilly.

Sed & awk
par Dale Dougherty, 1997, aux éditions O'Reilly.

Learning GNU Emacs
par Debra Cameron & Eric Raymond, 1996, aux éditions O'Reilly.

Learning the vi Editor
par Linda Lam & Arnold Robbins, 6ème édition, 1998, aux éditions O'Reilly.

Les Guides de formation TSoft

Rédigés par des professionnels de la formation, les Guides de formation TSoft ont été adoptés par de nombreuses entreprises comme supports de cours ou manuels d'autoformation.

Chaque ouvrage de la collection est découpé en modules thématiques présentés sous forme de fiches descriptives très pratiques, illustrées de nombreux exemples de code. Chaque module se termine par une série d'exercices récapitulatifs minutés, dont les corrigés sont donnés en fin d'ouvrage.

E D I T E U R

45,60 €

Code éditeur : G11147
ISBN : 978-2-212-11147-7

Acquérir rapidement la maîtrise des scripts shell

Destiné aux utilisateurs et aux administrateurs UNIX souhaitant maîtriser l'écriture de scripts shell, ce guide de formation est construit sous forme de fiches pratiques avec plus de 160 exercices corrigés : idéal pour l'autoformation ou comme support de cours.

Mise à jour et augmentée de 80 pages, cette deuxième édition décrit la syntaxe des langages shell, les expressions régulières, les expressions génériques et le traitement des chaînes de caractères, la programmation multitâche en shell, la gestion de fichiers, le filtre sed et le processeur de texte awk, ainsi que d'utilisation du shell dans les tâches d'administration UNIX ou Linux.

À qui s'adresse l'ouvrage ?

▶ Aux utilisateurs UNIX ou Linux souhaitant s'initier aux langages shell pour automatiser des tâches répétitives.
▶ À tous les administrateurs de systèmes UNIX ou Linux.

Au sommaire

Présentation des différents shell UNIX – Rappel des commandes : modes vi, fc, emacs – Utilisation du shell en interactif : jokers, caractères d'échappement, redirections, etc. – Les scripts shell – Les variables – Les instructions de contrôle : if, test, case, while, until, for… – Les alias et les fonctions – L'arithmétique – Les expressions régulières et les outils grep (egrep, gnu grep) – Les chaînes de caractères et les expressions génériques – La gestion des fichiers – La programmation multitâche en shell – Quelques commandes utiles : eval, select, getopts – Des commandes simples et pratiques : what, xargs et tput – Le filtre sed – Le processeur de texte awk – Le shell et l'administration UNIX et Linux – Annexes : commandes POSIX 2, shell POSIX (sh), Korn shell (ksh), shell Bash (bash), C shell, awk, sed, corrigé des exercices.

Un groupe d'auteurs : AURORE APL

Abdelmadjid Berlat, *diplômé en mathématiques de la décision, anime des formations Unix, langage C, réseaux, TCP/IP et administration de réseaux (SNMP).*

Jean-François Bouchaudy, *docteur en biophysique, est analyste programmeur (développement d'applications en C et d'applications TCP/IP sous Unix). Il anime des formations Unix, langage C, C++, TCP/IP, Internet.*

Gilles Goubet, *diplômé de l'ESIEE, est chef de projets (développement d'applications en C, d'applications réseaux et d'applications temps réel). Il anime des formations Unix, langage C, C++, Java, ADA, temps réel.*

www.eyrolles.com

EYROLLES